高等院校软件工程学科系列教材

*S*oftware
Optimization
Technologies

软件优化技术

陈 虎 汤德佑 黄 敏 ●著

机械工业出版社
CHINA MACHINE PRESS

本书融合了底层技术和软件优化技术两个层面的内容，以编程实践为核心，提供了较多的编程习题，旨在提升读者的编程能力。全书分为七章，第 1 章介绍了软件性能工程、延迟、吞吐率、加速比等基本概念和性能测试方法。后续章节围绕着 CPU、SIMD 指令系统、多线程、GPU、面向对象程序设计语言（C++和 Java）、磁盘与网络等专题展开。每章的内容既相对独立，又相互有联系。

本书适合软件工程、计算机相关专业的学生阅读。

图书在版编目（CIP）数据

软件优化技术 / 陈虎，汤德佑，黄敏著. —北京：机械工业出版社，2023.12
高等院校软件工程学科系列教材
ISBN 978-7-111-74245-6

Ⅰ. ①软… Ⅱ. ①陈… ②汤… ③黄… Ⅲ. ①软件工程-高等学校-教材 Ⅳ. ①TP311.5

中国国家版本馆 CIP 数据核字（2023）第 220998 号

机械工业出版社（北京市百万庄大街 22 号 邮政编码 100037）
策划编辑：姚 蕾   责任编辑：姚 蕾
责任校对：曹若菲 张 薇   责任印制：刘 媛

涿州市京南印刷厂印刷
2024 年 2 月第 1 版第 1 次印刷
185mm×260mm・14 印张・319 千字
标准书号：ISBN 978-7-111-74245-6
定价：69.00 元

电话服务   网络服务
客服电话：010-88361066   机 工 官 网：www.cmpbook.com
          010-88379833   机 工 官 博：weibo.com/cmp1952
          010-68326294   金 书 网：www.golden-book.com
封底无防伪标均为盗版   机工教育服务网：www.cmpedu.com

前　言

从 2004 年开始，我们在 Intel 公司的支持下开设了"多核软件设计"课程，开始向本科生和硕士生讲述多核处理器上的软件优化技术。在过去十多年中，我们一直在补充这门课程的教学内容，逐渐涵盖了 CPU 的一般软件优化技术、SIMD 软件设计方法、GPU 体系结构与软件设计等多个方面。在此过程中，我们发现现有的教材还有很多需要提升的空间，主要体现在三个方面。

- ❏ 在现有计算机科学技术或软件工程的课程体系中，计算机体系结构（组成原理）、操作系统、编译原理等底层技术相关课程的理论性很强，且相对孤立，没有体现出这些底层技术与软件设计的关联以及对软件优化的支持。
- ❏ 从计算机专业或软件工程专业学生的编程能力培养角度看，现有的课程往往集中在算法的设计与优化、软件工程规范性等方面，缺少软件性能工程方面的基本训练，使得学生所设计的软件在性能方面难以满足实际应用的要求。
- ❏ 学生不了解现优 CPU、内存、磁盘、网络等底层系统硬件参数，难以准确估计系统的实际性能和及时预判可能存在的性能瓶颈，直接制约了软件总体结构设计及优化的能力。

这些问题促使我们撰写一本将计算机体系结构、操作系统、编译器、虚拟机等底层技术与软件优化技术相关联的教材，让读者能够理解软件优化的基本方法以及这些方法背后的原理，并通过编程实践掌握提升软件性能的常见方法。与其他教材相比，本书具有以下特点。

- ❏ 融合了底层技术和软件优化技术两个层面的内容。介绍软件优化技术时，分底层技术要点、软件优化基本方法、基于优秀开源代码或者学术论文的综合实例分析三个部分进行讲解。通过这些内容，读者可以理解计算机底层技术对软件性能的影响，掌握软件优化的基本方法，并学习实际系统中的应用方法。
- ❏ 以编程实践为核心。本书提供了较多的编程习题，核心目标是提升读者的编程能力。这些习题几乎都来自计算机或软件专业本科的常见算法或者实际工作生活中经常遇见的问题，方便读者理解算法的背景和基本原理。通过对同一个问题使用不同的软件优化技术，读者还可以对比不同优化技术的效果。

本书分为七章，其中第 1 章介绍了软件性能工程、延迟、吞吐率、加速比等基本概念和性能测试方法，后续章节围绕着 6 个专题展开。每章的内容既相对独立，又相互有联系。很多软件优化问题往往需要综合多章所介绍的技术逐步完成。

教师使用指导

在课程教学中，教师可以根据课时情况选择本书的若干章或者专题讲述底层技术的基本原理及基本优化实例，也可以根据科研情况，讲解其他程序优化实例。其中第 1~4 章为本科生的基本教学内容，第 5~7 章可以用于工程硕士研究生的知识扩展。

在日常作业中，教师可以选择书中的实验题作为编程作业。根据已有的教学实践经验，本科学生每两至三周可以完成一个较为复杂的软件优化作业，并根据编程实验书写完整的实验报告。教师可以联系本书作者（chenhu@scut.edu.cn）以获得本书实验题的参考程序。

本课程可以不进行书面考试，而是以学生平时的实验报告作为评分依据。此外，可以考虑采用程序竞赛作为考试的形式，例如对同一个问题（如矩阵乘法），根据学生所优化程序的运行时间长短进行排名和打分。这种方法可以更为有效地激励学生进行软件优化的热情。

学生使用指导

在本课程中，学生需要通过大量的编程练习来提升自己的编程能力，加深对计算机底层技术的理解和认识。在此过程中需要注意以下三点。

❑ 需要预先做好实验平台的准备，并充分了解实验平台的技术参数。

❑ 需要重视实验报告的写作。规范的实验报告便于交流技术思想，对实验数据的分析更能促进读者理解多种软件优化技术。

❑ 需要尽可能阅读相关的参考文献，扩展知识面。本书的篇幅有限，难以完整地涵盖所有的技术细节，需要读者通过参考文献进一步提升自我学习的能力。

需要指出的是，由于作者水平和知识面有限，本书所列举的优化方法不一定是最新或者最好的，还需要读者进一步去探索。

本书的编著工作由本人完成，汤德佑老师和黄敏老师认真审校了本书的主要内容。感谢华为"智能基座"项目的支持。

最后，感谢家人的默默付出，感谢陈焕鑫、刘家辉、陈捷瑞、徐烨威等同学为本书所做的工作。

陈　虎

华南理工大学软件学院

2023 年 8 月

目　录

第1章

引　言

随着"后摩尔定律"时代的到来,仅依赖大幅度缩减晶体管的尺寸以获得性能提升将变得日益困难。为了继续提升整个计算系统的性能,需要从算法、软件和计算机体系结构三个层面[1]持续改进。软件是算法在特定计算机体系结构上的实现,起着承上启下的作用。本书正是从软件优化的角度讨论提升系统性能的方法。

本章主要介绍了软件优化的基本概念和方法。1.1 节中讨论了软件优化的主要方法,软件优化在软件工程中的作用,并评述了软件优化相关的一些观点。1.2 节讨论了延迟和吞吐率等两个方面的性能指标,介绍了加速比和 Amdahl 定理,最后简要介绍了计算机系统性能评价中常用的 $M/M/k$ 模型。1.3 节介绍了性能调优和测试过程中的常用软件工具以及 Linux/Windows 操作系统上测量程序运行时间的方法。1.4 节给出了一个完整的程序性能分析实例,包含实验报告的范例。1.5 节和 1.6 节中的扩展阅读和习题可帮助读者进一步扩展知识面,巩固本章的主要知识点。

1.1　软件优化概述

软件优化是一个涉及面非常广泛的主题,优化的对象可以是性能、功耗、存储容量等不同方面。本书主要讨论提升系统性能的软件优化技术。

1.1.1　软件优化的主要方法

软件优化可以在编译器(解释器)、库、操作系统等软件层面进行,也可以从 CPU 的指令系统和体系结构,或者磁盘/网络等硬件角度考虑,如图 1-1所示。很多时候,需要综合使用多个层次的优化技术。

在各种优化方式中,编译器层面的优化较为简单。主要是设置编译选项,提升编译器自主优化的级别。在某些编译器中,可以在源代码中加入编译制导语句,指导编译器产生更优化的代码。在某些解释执行的语言(例如 Java)中,解释器往往会采用 JIT(Just

In Time）技术，即自动将解释执行的代码即时编译为高效执行的机器代码，以提升执行效率。

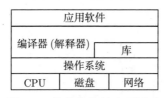

图 1-1　软件优化的主要层次

在软件设计中往往会使用库函数，例如高级语言的内存管理库、C++ 的 STL、科学计算的 BLAS 等。这些库极大地方便了应用软件的开发，往往也是影响应用软件性能的重要因素，需要对经常使用的库进行性能评测，分析其实现原理，掌握它们的主要性能特征和影响库性能的主要因素，以求扬长避短，最大限度发挥这些基础库的技术优势。同样，操作系统调用与库使用有很多类似的地方，也需要深入理解操作系统调用的实现原理和主要性能特点。

应用软件的性能瓶颈可能来自计算能力、存储器访问、文件系统、网络等方面，这些都与底层硬件的技术参数密切相关。在计算能力方面，CPU 的核数、主频、流水线结构特征、SIMD（单指令流多数据流）指令支持情况都是影响性能的关键性因素。在存储器访问方面，CPU 上的 Cache 结构和容量参数尤其重要，存储器系统的带宽和延迟也是决定性能的重要因素。文件系统的性能对于大数据处理尤其重要，机械硬盘或者 SSD 有着不同的性能特点，文件的访问模式对文件系统性能也有着至关重要的影响。在网络方面，不同的网络结构具有不同的延迟和吞吐率，而且多个节点之间的并行软件框架特征也有着很大的不同。需要根据这些底层特征确定软件系统的整体设计和关键运行参数。

一般而言，主要有三种软件性能优化方法。

❑ 开发并行性。当前微处理器上具备了指令级、数据级、线程级等多个层次的并行性可供软件使用。指令级并行性又分为时间并行性（流水线）、空间并行性（超标量的多指令并行执行）两类，数据级并行性主要是 SIMD 指令系统的使用，线程级并行性是利用多线程方法并行使用 CPU 上的多个核。这些内容将分别在本书的第 2 章、第 3 章和第 4 章介绍。

❑ 延迟隐蔽。延迟隐蔽本质上也是开发系统的并行性，其侧重点是并行运行不同类型的部件，以相互掩盖执行时间。这种方法可以体现在系统的不同层次，例如，通过 Cache 预取方法掩盖 Cache 读取内存的延迟；同时执行 I/O 操作和 CPU 计算，掩盖 I/O 操作的延迟。这种方法会贯穿在很多应用场景中，应用非常灵活。

❑ 操作的规则化。对于硬件系统而言，不规则的操作（例如不规则的存储器访问、不规则的条件分支、零散的 I/O 访问等）将严重影响硬件效率。需要仔细分析硬件操作的特性，将不规则的硬件操作转化为规则的操作，提升硬件效率。

软件优化往往综合运用多种方法和策略,对同一个应用问题需要综合使用多种手段,有时还需要在不同方法之间进行比较和权衡,以求整个软硬件系统发挥出最大效能。作为一本介绍通用性软件优化方法的书籍,本书主要讨论单个计算节点上的软件优化技术,重点是 CPU、存储器系统和文件系统方面的性能优化,以及某些通用库(例如 STL)的优化使用。对于特定算法或问题的软件优化,由于涉及较深入的领域知识,不在本书的讨论范围之内。读者可以根据本书提供的主要思路和方法,自行寻找特定问题的优化方法。

1.1.2 软件性能工程

作为软件工程的一个重要组成部分,软件性能工程[2]贯穿在软件需求分析、设计、实现、测试的多个阶段中。需要在软件开发的各个阶段都充分重视性能问题,才能保证最终软件产品能满足最初的性能要求。在软件工程的各个阶段中,性能优化相关的工作如表 1-1 和图 1-2 所示。

表 1-1 软件工程各个阶段中的软件性能优化

阶段	主要工作
需求分析阶段	1. 确定软件的运行平台 2. 明确软件的性能指标 3. 满足软件的可移植要求
设计阶段	1. 找到影响软件系统性能的关键性模块 2. 并行化软件结构设计 3. 可移植软件结构设计
实现阶段	1. 基准程序设计与性能分析 2. 关键模块的性能优化与测试
测试阶段	1. 软件系统整体性能测试与热点分析

在软件的需求分析阶段,主要考虑性能指标和可移植两个方面的问题。性能指标既要符合应用的需要,又要在运行平台能提供的性能范围内。必要时需要对关键性能参数进行预先测试和估计,以找到合理的性能指标。在设定软件性能指标时,需要预先明确以下测试要素。

- 工作负载,包括作业类型、负载随时间变化的特征、输入数据量、输出数据量等。
- 软件平台,包括操作系统、编译器、网络协议、所使用的服务和基础库等。
- 硬件平台,包括 CPU 型号、内存的容量和带宽、网络系统与硬盘的容量和带宽等。
- 性能指标描述,可以是响应时间也可以是吞吐率,还有可能包括功耗、存储容量等。
- 性能测试,确定使用标准的测试程序(Benchmark),还是使用工作环境中的实际软件和数据。
- 软件生命周期内可能需要迁移的新运行平台,例如不同种类的 CPU 或者操作系统,尽可能列举未来所使用平台的主要参数。

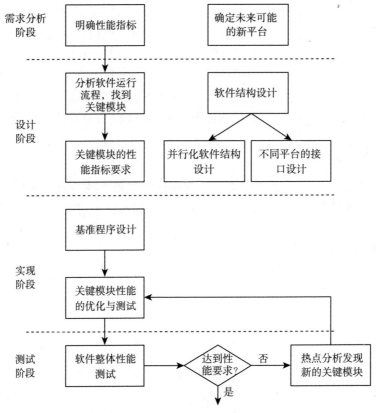

图 1-2　软件性能工程的总体流程

在软件设计阶段，首先需要为整个软件系统建立模型，分析软件的运行流程，预判软件中影响性能的关键模块，推算这些关键模块所应达到的性能指标要求。其次需要列举这些关键模块的主要设计方案，进行理论评估，必要时需要事先设计并实现关键模块，以评估其性能是否满足要求。在软件结构设计方面，主要有并行化软件结构设计和可移植性两个方面需要考虑。在并行化软件结构设计方面，需要考虑采用何种并行化模型实现软件的并行化总体结构。在可移植性方面，需要设计能够适应不同平台特征的公共接口，为后续软件的移植提供灵活的框架。

在软件实现和测试阶段，应该首先快速实现一个简单而正确的版本，作为后续性能调优的基准和正确性检查的测试案例来源。在此基础上，使用多种软件优化方法对关键模块进行优化和性能测试。在关键模块的性能达到预期指标后，再按照需求分析阶段确定的性能测试方法测试软件的性能。如果没有达到性能指标要求，就需要对整个软件重新进行热点分析，寻找影响性能的瓶颈。如果发现性能瓶颈不是设计阶段估计的关键模块，就需要对新的关键模块进行更为详细的测试，再综合各种软件优化方法对其进行优化，直至达到性能要求。

1.1.3　关于软件优化的一些观点

本节将评述关于软件优化的常见观点。

观点一：过早的优化是万恶之源。

这是一种非常流行的说法。按照这样的说法，软件优化往往是在构成正确运行的软件之后才进行的。我们认同应该尽快构建能正确运行的软件系统，但并不是一开始就构造充分优化的系统。但是，如果在设计之初没有考虑到软件优化的关键性问题，例如线程结构、可以并行的核心数据结构和算法、可移植性等，而是在发现性能瓶颈时才去重新调整和优化已有的软件结构，那么将使得整个软件被迫进行大规模修改和测试，从而严重地影响软件的开发进度和质量。

我们认为软件的性能是软件需求分析中不可或缺的一个部分，需要在初始设计时就对性能指标做出严格的规定，同时要分析决定系统性能的主要因素，并在设计软件结构时就充分考虑如何实现关键性能指标，选择合理的优化方法（虽然不一定在开始时就实现），在线程结构、数据结构和算法选择上为后续的软件优化方法预留空间，尽可能减少性能优化过程对软件整体结构的修改。

观点二：性能优化一定需要非常底层的知识和技术，例如汇编语言编程。

毫无疑问，对计算机体系结构、汇编语言、操作系统、编译器和库等基础知识非常了解，将大大有助于性能优化的过程。但是，软件优化有很多层次，特别是现代编译技术的发展，使得很多性能优化工作在高级语言层面就可以实现。根据我们的经验，性能优化的努力和效果曲线大致如图 1-3 所示。

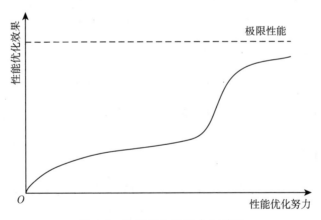

图 1-3　性能优化的努力与效果

利用现代编译技术、优化的软件库等对源代码进行少量修改，就可以使得性能有较为明显的提升。但是要让性能逼近系统所能达到的性能极限，则需要花费很大的气力，比如使用包括汇编语言编程在内的多种优化方法。

观点三：软件优化主要依靠算法。

算法的优化与改进往往可以在算法复杂度层面提升软件系统的性能，这对于大规模的计算尤其有帮助。但是必须注意算法是否具有体系结构的友好性，即算法能否在现代微处理器等硬件系统上高效运行。以排序算法为例，虽然快速排序算法的复杂度为 $O(N \log N)$，但是由于其访存不规范、难以并行化，在现代微处理器上基数排序等对体系结构友好的排序方法往往实际性能更好。

需要注意的是，现代微处理器体系结构的快速发展（例如多核处理器、GPU、SIMD 指令系统等）使得很多传统算法需要重新设计和修改，以适应不同体系结构的特征。针对不同体系结构特点的优化也一直是当前算法研究的一个重要领域。

观点四：软件优化往往针对特定体系结构，可移植性比较差。

软件优化技术往往与特定的体系结构密不可分，这的确会影响软件优化的可移植性。可以通过优化软件结构的方法提升软件系统的可移植性。例如，在不同硬件平台上使用针对不同体系结构的库，但是库的接口保持一致，从而保持高层软件的一致性，减少跨平台移植的难度和工作量。因此，需要在软件总体设计阶段就预先为不同平台确定一个统一的接口层，以方便后续的跨平台移植。

观点五：软件优化永无止境。

并非需要永无止境地进行软件优化，其终止条件一般有两个：① 已经达到了预期的指标要求；② 已经非常接近系统的性能极限。可以根据应用的实际需求来确定第一个条件，但是要确定系统的性能极限往往比较困难，需要详细分析整个系统的性能瓶颈，然后进行推算和估计才能得到初步的结论。

观点六：软件优化需要对整个软件系统进行。

我们往往只对软件的"热点"（即最影响性能的部分）进行优化，以期以最小的成本获得最大的收益。软件优化的一般过程往往是：发现热点，分析热点形成的原因，再对热点进行优化。值得注意的是，当完成一个热点的修改后，原先不是热点的软件模块有可能成为新的热点。因此需要反复使用上述热点优化方法进行改进，从而最终达到性能要求。

1.2　评价软件性能的指标和方法

1.2.1　延迟和吞吐率

延迟和吞吐率是描述软件性能的两种常见指标。其中延迟是指完成一项任务所需要的时间，吞吐率是指在单位时间内能完成的任务数量。有的软件系统侧重于延迟，有的侧重于吞吐率，也可能需要同时满足两个方面的要求。我们以例子 1.1 为例说明延迟和吞吐率的不同。

例子 1.1　延迟和吞吐率。从 A 地到 B 地有两种交通方式：4 个人乘坐小轿车需要 30min 到达，50 个人乘坐公共汽车需要 50min 到达，请比较两种交通方式的性能。

答：从延迟角度考虑，小轿车和公共汽车的延迟分别是 30min 和 50min，明显小轿车更优。从吞吐率角度考虑，小轿车的吞吐率是 4 人/30min ≈ 0.13 人/min，公共汽车的吞吐率则达到了 1 人/min，公共汽车的吞吐率更高。

三种不同情况下延迟和吞吐率之间的关系如图 1-4 所示。

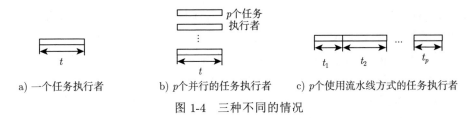

图 1-4　三种不同的情况

（1）仅有一个任务执行者，执行一个任务所需要的时间为 t 时，任务的延迟为 t，吞吐率为 $1/t$。

（2）p 个任务执行者同时执行不同任务，每个任务执行者一次执行一个任务所需要的时间均为 t 时，延迟为 t，吞吐率为 p/t。

（3）p 个任务执行者按照流水线方式执行任务的不同阶段，每个任务执行者负责一段，对应的执行时间为 t_i 时，一个任务的延迟为 $\sum_{i=1,\cdots,p} t_i$，整个系统的吞吐率为 $\min(1/t_i)$。

注意在第 3 种情况下，吞吐率最低的一段可能成为整个系统的瓶颈。此时，可以通过增加这一阶段的任务执行者，保持整个流水线各段的吞吐率较为均衡。

值得注意的是，在实际应用中延迟或吞吐率往往会发生波动。可以使用求多次测量结果平均值的方法来评价系统，也可以使用 90% 测试案例的测量结果作为指标。表 1-2 给出了两种方案的延迟测试结果。这两个方案的平均延迟都是 1s，但是方案 1 中 90% 测试案例的延迟都小于 1s，方案 2 中仅有 60% 的延迟小于 1s。易见，方案 1 的延迟波动较小，而方案 2 的延迟波动较大，稳定性较差。仅从平均延迟角度看，难以判断两者的差别。而如果按照 90% 的原则，那么方案 1 中 90% 的测试案例延迟小于或等于 0.987s，而方案 2 中 90% 的测试案例延迟小于或等于 1.273s。由此可见，方案 1 明显优于方案 2。

表 1-2　两种不同方案的延迟测试结果[3]（单位：s）

测试案例	方案 1 的延迟	方案 2 的延迟
1	0.924	0.796
2	0.927	0.798
3	0.954	0.802
4	0.957	0.823
5	0.961	0.919
6	0.965	0.977
7	0.972	1.076
8	0.979	1.216
9	0.987	1.273
10	1.373	1.320

1.2.2　加速比和效率

在保持运行平台和输入数据不变的情况下，T_1 为未优化程序的执行时间，T_2 为优化后程序的执行时间，加速比（性能比）S 定义为：

$$S = \frac{T_1}{T_2} \tag{1.1}$$

在 $S>1$ 时，表明优化后的程序性能更好，否则表明优化后的效果反而不如原有程序。加速比的测试可以分为以下三种情况。

（1）测试数据规模相同，硬件平台相同。主要考察优化软件是否能充分发挥基础软硬件平台的潜在计算能力，或者算法的改进情况。

（2）测试数据规模相同，硬件平台的数量增加（例如从单个处理器核增加到多个处理器核）。主要考察软件的可扩展能力，即在计算资源增加时，性能是否也随之线性增加。

（3）硬件平台相同，测试数据的规模发生变化。主要考察系统性能随测试数据规模变化而变化的规律。

N 个部件并行执行时的加速比 S_N 往往会随着并行部件的增加而发生变化。效率指标反映了对可并行部件的利用情况，定义为：

$$\eta_N = \frac{S_N}{N} \tag{1.2}$$

在大多数情况下，程序的效率小于 1。如果在并行部件数量 N 显著增加时，效率依然保持接近于 1，则说明该程序具有良好的可扩展性。

例子 1.2 2021 年 6 月全球最强超级计算机排行榜第一名为日本的 Fugaku 超级计算机，其处理器核数为 7,630,848 个，运行 Linpack 的实际性能为 442,010 TFLOPS，硬件能达到的峰值性能为 537,212 TFLOPS。求其效率和较单个核的加速比。

答：其效率为 442,010/537,212≈0.82，加速比达到 0.82×7,630,848≈6,257,295。

1.2.3 Amdahl 定理

假设一个程序串行执行时间为 1，其中可并行成分的执行时间为 $p(0 < p < 1)$。如果有 N 个并行执行部件同时执行可并行成分，则可并行成分的执行时间为 p/N。因此，N 个并行部件执行此任务的时间 $T_N = (1-p) + p/N$。有 N 个并行部件时的加速比遵循 Amdahl 定理，如式 (1.3) 所示：

$$S_N = \frac{1}{(1-p) + p/N} \tag{1.3}$$

当 N 趋近于无穷大时：

$$S_\infty = \lim_{N \to \infty} S_N = \frac{1}{1-p} \tag{1.4}$$

这说明在具有无限多执行部件的情况下，可并行成分的执行时间将趋近于 0，程序的加速比上限取决于程序中的不可并行成分。

例子 1.3 在一个 8 核处理器上某程序的效率要达到 90%，求此程序可并行成分的最小比例。

答：在 8 核处理器上运行 8 个线程，效率为 90%时，其加速比应该达到 7.2，根据式 (1.3)，可以求得 $p \approx 0.98$。

1.2.4　$M/M/k$ 模型

可以使用排队论等数学方法为复杂的软件和计算机系统建立模型，估计系统性能。较为常见的数学模型是 $M/M/k$ 模型[4]，其中认为请求的到达时间间隔和服务时间符合指数分布，且等待队列长度为无限长，如图 1-5 所示。假设在单位时间内平均到达 λ 个任务，具有 k 个服务者，且每个服务者在单位时间内平均完成 μ 个任务。

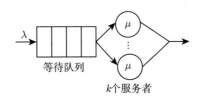

图 1-5　$M/M/k$ 模型

$M/M/k$ 模型的主要指标包括以下几个。

❑ 请求到达速度和服务速度之比：

$$\rho = \lambda/\mu, \rho < k$$

❑ 系统的利用率：

$$\rho^* = \rho/k, \rho^* < 1$$

❑ 任务的平均服务时间：

$$E[s] = 1/\mu$$

❑ 系统空闲（具有 0 个任务）的概率：

$$P_0 = \frac{1}{\sum_{n=0}^{k-1} \frac{\rho^n}{n!} + \frac{\rho^k}{(k-1)!(k-\rho)}}$$

❑ 系统中具有 n 个任务的概率：

$$P_n = \begin{cases} \dfrac{\rho^n}{n!} P_0 & n = 0, \cdots, k-1 \\[2mm] \dfrac{\rho^n}{k! k^{n-k}} P_0 & n \geqslant k \end{cases}$$

❑ 平均队列长度：

$$E[nq] = \frac{P_0 \rho^{k-1}}{(k-1)!(k-\rho)^2}$$

❑ 请求在队列中的平均等待时间：

$$E[q] = E[nq]/\lambda$$

❑ 请求的平均响应时间：

$$E[r] = E[s] + E[q]$$

例子 1.4 任务平均到达时间间隔为 10min。系统中有两个服务者，其中单个服务者完成一个任务的平均时间为 8min。求该系统的主要指标。

答：请求到达速度 $\lambda = 6$ 个任务/h，单个服务者的服务速度 $\mu = 7.5$ 个任务/h，请求到达速度和服务速度之比 $\rho = \lambda/\mu = 0.8$，服务者数量 $k = 2$，系统的利用率 $\rho^* = 0.4$。

系统空闲的概率 $P_0 = \dfrac{1}{\sum_{n=0}^{k-1} \dfrac{\rho^n}{n!} + \dfrac{\rho^k}{(k-1)!(k-\rho)}} = \dfrac{1}{\dfrac{0.8^0}{0!} + \dfrac{0.8^1}{1!} + \dfrac{0.8^2}{(2-1)(2-0.8)}}$
≈ 0.4286

平均队列长度 $E[nq] = \dfrac{P_0 \rho^{k-1}}{(k-1)!(k-\rho)^2} = \dfrac{(0.4286)0.8}{(2-1)!(2-0.8)^2} \approx 0.238$

请求在队列中的平均等待时间 $E[q] = E[nq]/\lambda = 0.238/6 \approx 0.04\text{h}$

任务的平均服务时间 $E[s] = 1/\mu = 1/7.5 \approx 0.133\text{h}$

请求的平均响应时间 $E[r] = E[s] + E[q] = 0.133 + 0.04 = 0.173\text{h}$

系统的吞吐率和响应时间往往成为一对矛盾：如果负载较少，则可以获得更短的响应时间，但是系统的资源将得不到充分利用，吞吐率较低；反之，如果资源利用率较高，吞吐率得到有效提升，则响应时间可能大幅度变长。现有的研究表明，系统的合理利用率应该位于利用率–响应时间曲线的**拐点**附近，可以在延迟和吞吐率之间保持较好的平衡。其中拐点是指利用率–响应时间曲线经过零点的切线在该曲线上的切点所在位置。表1-3 列举了取不同 k 值时拐点的资源利用率。

表 1-3　$M/M/k$ 模型的拐点

k	1	2	4	8	16	32	64	128
拐点的资源利用率	50%	57%	66%	74%	81%	86%	89%	92%

1.3 常用软件工具和时间测量方法

1.3.1 常用软件工具

1. 获取软硬件平台参数的软件工具

在 Windows 系统上可以使用 CPU-Z 工具，在 Linux 平台上可以通过查看/proc/cpuinfo获取硬件平台的主要参数。CPU 参数主要包括：型号、微结构、主频、核数、Cache 层次和主存容量、扩展指令系统的支持等。软件平台参数主要是操作系统、编译器以及相关主要计算库的版本。表 1-4 给出了一个典型的软硬件平台参数表。

表 1-4　软硬件平台参数表

CPU 型号	Intel Core i7 6700HQ	微结构	Skylake
主频	2.6GHz	核数	4
L1 Cache	32KB 数据和 32KB 指令/核	L2 Cache	256KB/核
L3 Cache	6MB	主存容量	8GB
操作系统	Windows 10.0.16299.431	编译器	MS VS2013 12.0.21005.1

2. 编译器

编译器对于软件系统性能优化有着重要的作用，设置各种不同的编译优化选项可以使系统发挥出潜在的性能优势。常见的编译器主要有：GNU 组织的 gcc 编译器、微软公司的 Visual Studio（VS）编译器、Intel 公司的 Intel C 编译器（icc）。它们的平台支持情况如表 1-5 所示。

表 1-5　三种主要编译器的平台支持情况

编译器	gcc	VS	icc
操作系统	Linux	Windows	Linux/Windows
CPU	x86、ARM 等多种 CPU	x86	x86

基本编译优化选项

gcc 中最常用的编译优化选项为-O2 或者-O3。在这个层次上的编译优化往往采用与 CPU 体系结构无关的优化。例如：循环展开、函数内嵌等。

VS 的编译分为 Debug 和 Release 两种模式。在 Debug 模式下，编译器不进行任何优化。在 Release 模式下，采用和 gcc 类似的-O2 优化方法。

icc 的基本编译优化选项也是-O2 或者-O3。

3. 性能分析工具

通过性能分析工具可以得到程序实际运行中每个函数的被调用次数、累计执行时间、平均执行时间等信息。通过这些信息可以快速发现程序中的热点。最基本的性能分析工具是 Linux 上的 gprof 工具。

gprof 的基本使用方法

（1）在编译中加入-pg 选项。

（2）正常运行可执行程序，将生成 gmon.out 文件。

（3）使用 gprof 工具分析 gmon.out 文件。

在 VS 中也具有类似功能。在工具栏的"分析"中选择"性能和诊断",可使用图形化方法得到程序中各个函数的执行时间比例和 CPU 利用率等数据。

icc 系统中有非常完善的性能分析工具,不仅可以获得特定函数的执行时间和比例,还可以得到 x86 处理器中的具体性能指标,例如 Cache 命中率、平均 IPC 等,为程序的优化提供更为丰富的信息。

4. 反汇编工具

在必要时需要查看编译器产生的汇编代码,以分析可能存在的问题。不同的编译器具有不同的反汇编方法。

- ❑ Linux 上的反汇编工具是 objdump,可以反汇编 obj 文件或者可执行文件。使用-d 参数就可以获得汇编代码。
- ❑ 在 VS 中使用"调试"命令下的"窗口"→"反汇编"命令,可以直接在工具中查看程序的汇编代码。可以在字符模式下运行 VS 包含的 dumpbin 工具,功能类似于 objdump。

例子 1.5 编译优化与反汇编

使用 gcc 在无优化参数和有-O2 优化参数的情况下,分别编译程序示例 1.1。

使用 objdump 命令生成两者的汇编程序,并在其中找到 <main> 函数的位置。

不使用优化编译选项的汇编程序如程序示例 1.2 所示。其中循环变量 i 存储于堆栈位置-0x4(%rbp),累加和变量 s 存储于-0x8(%rbp)。位于程序地址 40055c 到 40056a 之间的 5 条指令构成了循环体:

- ❑ 40055c 地址处的指令将循环变量值取到%eax 寄存器中;
- ❑ 40055f 地址处的指令将%eax 的值累加到变量 s 中;
- ❑ 400562 地址处的指令将循环变量 i 加 1;
- ❑ 400566 地址处的指令将循环变量 i 与 99 相比较;
- ❑ 40056a 地址处的指令将在循环变量 i 小于或等于 99 时跳转至循环体起始位置。

使用-O2 优化选项的汇编指令如程序示例 1.3 所示。其中最主要的区别在于程序变量 i 和 s 不再存储于堆栈中,而是直接存放在寄存器%eax 和%esi 中。循环体位于地址 400458 到 400460 之间,仅包含四条指令,分别用于:① 将%eax 寄存器累加到%esi 寄存器中;② 将%eax 寄存器加 1;③ 将%eax 寄存器与 100 相比较;④ 在比较结果为不相等时跳转到循环入口。

```
#include <stdlib.h>
#include <stdio.h>

main(){
    int i=0;
    int s=0;
    for(i=0;i<100;i++) s+=i;
    printf("sum=%d\n",s);
```

```
}
```

程序示例 1.1 测试反汇编的 C 语言代码

```
40053d: 55                    push    %rbp
40053e: 48 89 e5              mov     %rsp,%rbp
400541: 48 83 ec 10           sub     $0x10,%rsp
400545: c7 45 fc 00 00 00 00  movl    $0x0,-0x4(%rbp)
40054c: c7 45 f8 00 00 00 00  movl    $0x0,-0x8(%rbp)
400553: c7 45 fc 00 00 00 00  movl    $0x0,-0x4(%rbp)
40055a: eb 0a                 jmp     400566 <main+0x29>
40055c: 8b 45 fc              mov     -0x4(%rbp),%eax
40055f: 01 45 f8              add     %eax,-0x8(%rbp)
400562: 83 45 fc 01           addl    $0x1,-0x4(%rbp)
400566: 83 7d fc 63           cmpl    $0x63,-0x4(%rbp)
40056a: 7e f0                 jle     40055c <main+0x1f>
40056c: 8b 45 f8              mov     -0x8(%rbp),%eax
40056f: 89 c6                 mov     %eax,%esi
400571: bf 14 06 40 00        mov     $0x400614,%edi
400576: b8 00 00 00 00        mov     $0x0,%eax
40057b: e8 a0 fe ff ff        callq   400420 <printf@plt>
400580: c9                    leaveq
400581: c3                    retq
```

程序示例 1.2 编译器未优化的汇编代码

```
400450: 31 f6                 xor     %esi,%esi
400452: 31 c0                 xor     %eax,%eax
400454: 0f 1f 40 00           nopl    0x0(%rax)
400458: 01 c6                 add     %eax,%esi
40045a: 83 c0 01              add     $0x1,%eax
40045d: 83 f8 64              cmp     $0x64,%eax
400460: 75 f6                 jne     400458 <main+0x8>
400462: bf e4 05 40 00        mov     $0x4005e4,%edi
400467: 31 c0                 xor     %eax,%eax
400469: e9 b2 ff ff ff        jmpq    400420 <printf@plt>
40046e: 66 90                 xchg    %ax,%ax
```

程序示例 1.3 编译器优化后的汇编代码

1.3.2 时间测量

测量程序的运行时间是性能优化的基本工作。在 Linux 和 Windows 平台上具有不同的时间测量方法。

Linux 操作系统提供多种精度的时间测量调用,最常用的测量函数是 gettimeofday(),可以获得当前的时间,精度可以达到 μs 级别,其函数相关数据结构和原型见程序示例1.4。

```
#include<sys/time.h>
struct timeval{
```

```
    long tv_sec;  //s
    long tv_usec; //μs
};

int gettimeofday(struct timeval *tv, structtimezone *tz);
```

程序示例 1.4　Linux 的 gettimeofday()

如果需要测量一段程序的执行时间,则需要在程序执行前后分别调用 gettimeofday() 函数, 再计算两者之间的时间值。程序示例 1.5 测量了 Linux 平台上 function_to_test() 函数的执行时间。

```
struct timeval start;
struct timeval end;
unsigned long diff;
gettimeofday(&start,NULL);
function_to_test(); //待测试的程序段
gettimeofday(&end,NULL);
diff = 1000000 * (end.tv_sec-start.tv_sec)+ end.tv_usec-start.tv_usec;
printf("the difference is %ld\n",diff);//diff为function_to_test的执行时间, 以μs为单位
```

程序示例 1.5　Linux 的时间测量

Windows 上时间测量方法也很多。μs 级的测量函数一般使用 QueryPerformanceFre-quency() 和 QueryPerformanceCounter()。这两个函数的定义如程序示例 1.6 所示。

```
#include<Windows.h>
// lpPerformanceCount返回当前高精度计时器的值
BOOL WINAPI QueryPerformanceCounter(_Out_ LARGE_INTEGER *lpPerformanceCount);
// lpFrequency返回高精度计时器的频率
BOOL WINAPI QueryPerformanceFrequency(_Out_ LARGE_INTEGER *lpFrequency);
```

程序示例 1.6　Windows 平台的时间测量函数

程序示例 1.7 测量了 Windows 平台上 function_to_test() 函数的执行时间。

```
LARGE_INTEGER  large_interger;
double freq;
__int64 diff;
__int64 start, end;
QueryPerformanceFrequency(&large_interger);
freq = large_interger.QuadPart;
QueryPerformanceCounter(&large_interger);
start= large_interger.QuadPart;
function_to_test(); //待测试的程序段
QueryPerformanceCounter(&large_interger);
end = large_interger.QuadPart;
diff=1000*(end - start) / freq;
printf("the difference is %ld\n",diff);//diff为function_to_test的执行时间, 单位为ms
```

程序示例 1.7　Windows 平台的时间测量

1.4　一个程序性能分析的实例

在软件优化的过程中，需要对软件性能进行详尽的测试与分析，并从中找到影响性能的关键性因素，良好的实验和性能分析报告对于性能分析具有重要作用。

实验报告一般包括问题描述、实验方法和实验结果分析等部分。问题描述主要介绍问题的背景以及软件测试的目标，并介绍实验相关的硬件、操作系统、编译器等信息。实验方法讨论实验的具体输入、输出参数设计和实验过程设计。影响程序执行时间的因素往往有多个方面，为了更清晰地分析不同因素对程序性能的影响，经常会保持其他因素不变，而仅变化一个因素，从而考察此因素设置为不同参数时对性能的影响。实验结果分析是对比不同输入/输出参数和不同软件实现方案时的性能，并从中发现影响性能的关键性因素。

本节将以对 C 语言中 qsort() 函数性能的测试与分析说明实验报告的书写规范。

【实验报告范例】

问题描述

qsort() 函数是 C 语言中常见的排序函数。本实验将分析数据规模、数据类型、输入数据排列三个方面对该函数执行时间的影响，实验所使用的软硬件平台参数如表 1-6 所示。

表 1-6　实验用软硬件平台参数

CPU 型号	Intel Core i5-4430 CPU	微结构	x86-64
主频	3.00GHz	核数	4
操作系统	Windows 7	编译器	Visual Studio2015

实验方法

为了测试数据规模、数据类型、输入数据排列三个方面对 qsort() 函数的性能影响，在数据规模方面，设定 1M、10M、100M 三种不同的元素数量；在数据类型方面，使用 32 位整数、64 位整数和 32 位单精度浮点数三种不同的类型；在输入数据排列方面，考虑完全随机、倒序和近似顺序三种情况。

（1）完全随机：每个元素都由随机数产生函数 rand() 产生。

（2）倒序：在完全随机测试案例基础上使用 qsort() 进行从大到小的降序排列得到的数据序列。

（3）近似顺序：在完全随机测试案例基础上使用 qsort() 进行从小到大的升序排列，然后从中挑选千分之一的相邻数据交换得到的数据序列。

实验结果分析

上述三方面的参数各自有三种可能性，相互组合可以得到 27 种不同的测试案例。这些案例中 qsort() 函数升序排序时间如表 1-7 所示。

表 1-7 排序的性能评测（单位：ms）

数据类型	输入数据排列	数据规模		
		1M	10M	100M
32 位整数	完全随机	958	10,816	124,229
	倒序	610	6962	80,000
	近似顺序	596	6961	79,157
64 位整数	完全随机	922	10,743	123,402
	倒序	607	6941	80,408
	近似顺序	607	6889	79,273
32 位单精度浮点数	完全随机	927	10,708	122,651
	倒序	630	7350	83,340
	近似顺序	616	7265	82760

实验结果呈现以下特点。

❑ 在相同数据类型和输入数据排列下，数据规模增至原来的 10 倍，排序时间一般随之变为 11.5 倍左右。

❑ 在相同数据规模和输入数据排列下，数据类型的区别对性能的影响不大。

❑ 在相同数据规模和数据类型下，输入数据排列对性能影响较大：完全随机的排序时间最长；倒序和近似顺序的时间比较接近，大约为完全随机排序时间的 65% 左右。

之所以产生上述现象，主要是因为以下原因。

❑ qsort() 函数采用了快速排序方法，其计算复杂度为 $O(n \log n)$。在 n 等于 1M 和 10M 时，$10n \log(10n)/n \log n$ 的值分别为 11.6 和 11.4，这与上述第 1 个特点完全符合。

❑ qsort() 函数中，数据类型仅影响其比较过程，对其控制开销和数据搬移开销影响不大，所以数据类型的差异对性能影响不大。

❑ qsort() 函数内部可能会对不同排列类型的数据进行优化处理，使得对倒序排列和近似顺序排列的数据排序时有较高的性能。

1.5 扩展阅读

面向特定领域的算法库不仅在算法设计方面进行了优化，还根据硬件平台的特点进行了针对性优化，因此熟悉相关领域算法库的使用方法和其基本算法原理对于提升软件性能具有重要作用。表 1-8 列举了一些常用的算法库。

在不同的应用领域中，往往采用不同的基准测试程序评价软件系统或计算机系统性能。在高性能计算领域，一般使用峰值计算性能和实际计算性能作为指标，计算性能的单位一般为每秒能完成的 64 位双精度浮点计算：其中峰值计算性能是所有节点的峰值计算性能之和，实际计算性能是运行 Linpack 基准测试程序（使用高斯消去法求解稠密线性方程组）时每秒实际完成的 64 位双精度浮点计算。例如，我国性能最高的超级计算机"神威·太湖之光"的峰值计算性能为 125 TFLOPS，实际计算性能为 94 TFLOPS，即每秒最多完成 125×10^{12} 次 64 位双精度浮点计算，在运行 Linpack 基准测试程序时

每秒完成 94×10^{12} 次 64 位双精度浮点计算。

表 1-8　常用算法库

应用领域	算法库名称	网址
Intel 公司的数学计算库	MKL	https://software.intel.com/
ARM 公司的数学计算库	ACL	https://github.com/ARM-software/ComputeLibrary
基础线性代数计算库	BLAS	www.openblas.net/
任意精度整数计算库	GMP	https://gmplib.org/
密码学算法	OpenSSL	https://www.openssl.org/
计算机视觉算法	OpenCV	https://opencv.org/
快速傅里叶变化	FFTW	http://www.fftw.org/

在数据库领域，往往使用 TPC 系列的基准测试程序，其中包括 TPC-A，用于评价在联机事务处理（OLTP）环境下的数据库和硬件的性能；TPC-B，用于测试不包括网络的纯事务处理量；TPC-C，用于测试联机订货系统；TPC-D、TPC-H 和 TPC-R，用于测试决策支持系统；TPC-W，用于测试基于 Web 商业（Commerce）模拟通过 Internet 进行市场服务和销售的商业行为。TPC 的测试结果一般以系统吞吐率作为指标，例如 TPC-C 测试指标为每分钟完成的事务数。

在深度学习领域，MLPerf 测试以 ResNet50、SSD、BERT 等常见深度学习网络为基准，测试特定深度学习硬件、软件和服务完成标准测试数据集的时间。

除了本书介绍的排队论外，往往还使用 Petri 网、Markov 过程等方法[5-6]为计算机系统建立数学模型，并估计系统的关键性参数。

1.6　习题

习题 1.1　烘焙蛋糕分为三个阶段：备料、烘焙和包装。烘焙由 1 台电烤箱完成，一次可以烘焙 4 个蛋糕，耗时 10min。备料和包装由人工完成，1 名员工分别需要花费 8min 完成备料和 4min 完成包装，请回答以下问题。

（1）完成 1 个蛋糕所需的时间（延迟）是多少？

（2）在只有 1 台电烤箱的情况下，生产蛋糕的吞吐率是多少？此时，备料和包装阶段各应配备几名员工？

（3）如果只有 4 名员工和 1 台电烤箱，那么在员工岗位固定的情况下，应该如何配置才能达到最高的吞吐率？

习题 1.2　某程序在不同节点数下的运行时间如表 1-9 所示，请计算不同节点数对应的加速比和效率，并分析此程序的可扩展能力。

表 1-9　加速比的计算

节点数	1	4	16	64
运行时间/s	2500	630	173	42

习题 1.3   程序示例 1.8 中函数 f1()、f3() 和 f5() 的执行时间分别为 1ms、3ms 和 5ms。不考虑循环的开销，请回答以下问题。

（1）程序示例 1.8 的执行时间是多少？

（2）下述三种性能优化方案中，哪种优化方法的效果最好？

（a）f1() 的执行时间减少 10%，即变为 0.9ms；

（b）f3() 的执行时间减少 20%，即变为 2.4ms；

（c）f5() 的执行时间减少 30%，即变为 3.5ms。

```
for(i=0;i<1000;i+){
    if(i%30==0) f3();
    if(i%50==0) f5();
    f1();
}
```

程序示例 1.8   习题 1.3的 C 语言程序

习题 1.4   考虑两个 $M/M/k$ 模型，其中模型 A 的参数为 $\lambda_A = 9$ 个任务/h，$\mu_A = 5$ 个任务/h，$k_A = 2$；模型 B 的参数为 $\lambda_B = 18$ 个任务/h，$\mu_B = 5$ 个任务/h，$k_B = 4$。

（1）分别求两个模型的利用率、服务时间、平均队列长度、平均等待时间和平均响应时间。

（2）两者的系统利用率和服务者的性能相同，即 $\lambda_A/(k_A\mu_A) = \lambda_B/(k_B\mu_B)$ 和 $\mu_A = \mu_B$，请比较两者的平均队列长度、平均等待时间和平均响应时间，并说明哪个模型更好。

1.7   实验题

实验题 1.1（编译器标志）   请对程序示例 1.9 使用-g 和-O2 两种参数进行编译，然后进行反汇编，比较两者汇编代码的区别。

```
float inner_product(float *a,float *b,int N){
  float s=0;
  int i;
  for(i=0;i<N;i++){
    s+=a[i]*b[i];
  }
  return s;
}
```

程序示例 1.9   实验题 1.1的 C 语言程序

实验题 1.2（个人身份证号）   请完成一个基于身份证号码的个人信息系统，核心功能包括以下两个。

❑ 一次性插入 N 条个人信息记录。

❑ 从整个信息库中根据身份证号码查询个人信息。

个人信息的数据结构如程序示例 1.10 所示，其中字符串 id 为我国居民身份证号码[7]，长度为 18 个字符，包括：6 个数字字符的地址码[8]，8 个数字字符的出生日期（次序为年月日），3 个数字字符的顺序码（奇数分配给男性，偶数分配给女性）和 1 个数字字符的校验码[9]。

个人信息系统对外提供两个功能函数，如程序示例 1.11 所示。其中 person_insert() 函数用于插入 N 条个人信息，内容存储在 p 指针指向的个人信息数据结构中；person_search() 用于查找字符串类型的 id 对应的个人信息，如果查找到，则返回对应的个人信息数据结构指针，否则返回 NULL 指针。

需要测量两个时间。

（1）连续插入 N 条记录所需要的时间 T_i。

（2）连续进行 M 次查找所需要的时间 T_s。

再由此计算出两个指标。

（1）每秒钟插入的记录数 $B_i = N/T_i$（N 的取值分别为 10^6、10^7、10^8、10^9）。

（2）每秒钟查找的记录数 $B_s = M/T_s$（M 的取值为 10^6）。

C++ STL 的 map 方法可以建立 (key, value) 的映射关系，使用 key 快速查找到对应的 value。以 map 方法为核心，采用下述不同的方案实现上述两个功能函数，并评估不同方案的性能提升，从而更加深刻地理解 map 方法的性能特征。

实现方案 1

key 为身份证号码（字符串类型），value 为个人信息（person 数据结构）。

实现方案 2

在数量 N 小于 10^9 时，可以将所有的个人信息存放在一个数组中。此时，value 不再存放整个数据结构的内容，而是仅存放这个数据结构在整个数组中的索引（32 位无符号整数），因此 value 的数据容量从 112 个字节减小到 4 个字节。

实现方案 3

在实现方案 2 的基础上，可以根据身份证号码的构成规则将含 18 个字符的字符串 id 转换为 64 位整数。此时，key 的数据类型从字符串类型转化为 64 位整数。

实现方案 4

在实现方案 3 的基础上，可以提取身份证号码的日期（共 366 种可能），从而形成 366 个映射。这样能减少映射中元素的数量，并有可能使得 key 缩减为 32 位无符号整数。

请实现上述四种方案，并按照 1.4 节的格式撰写完整的测试报告。

```
struct person{
    char id[18];        //18位身份证号码
    char name[20];      //姓名
    char address[60];   //地址
    char phone_num[14]; //电话号码
};
```

程序示例 1.10　实验题 1.2 的个人信息数据结构

```
void person_insert(struct person *p, int N);   //插入N条个人信息
struct person *person_search(char *id);        //根据id查找到个人信息
```

程序示例 1.11　实验题 1.2的对外函数接口

参考文献

[1] CHARLES E, LEISERSON J S E B C E, THOMPSON N C. There's plenty of room at the top: what will drive computer performance after Moore's law?[J/OL]. Science, 2020, 368(6495): 1079.

[2] EBERT C. Software performance engineering[M/OL]. Berlin: Springer Berlin Heidelberg, 2005: 181-201. https://doi.org/10.1007/3-540-26734-4_11.

[3] MILLSAP C. Thinking clearly about performance[J/OL]. Queue, 2010, 8(9): 10-20. https://doi.org/10.1145/1854039.1854041.

[4] THOMOPOULOS N T. Multi servers, infinite queue (M/M/k)[M/OL]. Boston: Springer US, 2012: 41-48. https://doi.org/10.1007/978-1-4614-3713-0_6.

[5] JAIN R. The art of computer systems performance analysis[M]. New York: John Wiley & Sons, Inc., 1992.

[6] AJMONE MARSAN G C M, Balbo G. Performance models of multiprocessor systems[M]. Cambridge: MIT Press, 1986.

[7] 国家质量技术监督局. 公民身份号码: GB 11643—1999[S]. 北京：中国标准出版社, 1999.

[8] 中国标准化研究院. 中华人民共和国行政区划代码: GB/T 2260—2007[S]. 北京：中国标准出版社, 2008.

[9] International Organization for Standardization. Data processing —check character systems: ISO 7064:1983[S]. Geneve: ISO, 1983.

第 2 章

CPU 上的基本优化方法

本章将介绍 CPU 上的基本优化方法。2.1 节中将介绍指令分类、指令铁律、20/80 原则、流水线等计算机体系结构的基本知识，然后较为详细地讨论 Intel 的 Skylake 和 ARM 的 A57 两种典型微处理器的微结构。在此基础上，将在后续的四节中分别讨论针对算术逻辑指令、条件分支指令、Cache 和循环结构的优化方法。在 2.6 节中，通过 Linux 内核的 ECC 计算和 Hash 表构建等实例说明多种优化方法的综合运用。

2.1 计算机体系结构基础

2.1.1 指令集体系结构

指令集体系结构（Instruction Set Architecture）是计算机系统的软硬件接口，一方面是高级语言经过编译得到的目标，另一方面是微处理器执行的基本操作，在计算机系统中具有举足轻重的作用。

目前，广泛使用的指令系统包括以下两种。

❑ 个人计算机和服务器系统中常用的 Intel x86 指令系统，又可以分为 32 位的 IA32 和 64 位的 x64 两种类型。

❑ 嵌入式系统中常用的 ARM 指令系统，又可以分为 ARMv4、ARMv5、ARMv6 等不同版本。

除此之外，IBM 公司的 Power 指令系统和 MIPS 公司的 MIPS 指令系统也在特定应用领域有所使用，斯坦福大学提出的开源指令系统 RISC-V 也得到了全球计算机界的关注。

1. 指令集体系结构的基本构成

指令集体系结构一般由微处理器支持的数据类型、寄存器和存储器结构、指令描述等组成。

现代微处理器支持的数据类型主要包括 8 位、16 位、32 位、64 位有符号或无符号整数，32 位单精度浮点数和 64 位双精度浮点数等。较为简单的处理器可能不支持 64 位整数或浮点数指令，某些特定的处理器可能会提供定点数据类型以支持数字信号处理，有些微处理器系统还支持 16 位半精度浮点数据类型以提升深度学习的性能。

微处理器的寄存器结构指明了程序员可以使用的寄存器数量、宽度、功能等。内存结构指明了系统的内存组织方法，例如大端对齐或者小端对齐等。

指令系统一般分为特权级指令和用户级指令两个部分。特权级指令主要用于操作系统的管理和控制，例如对页表的访问指令、中断开关指令、I/O 指令等；用户级指令分为算术逻辑运算指令、分支指令和访存指令三种类型。

- ❏ 算术逻辑运算指令包括：加、减、乘、除等整数或浮点算术运算，对数、三角函数等浮点超越函数运算，与、或、非等逻辑运算，逻辑左右移、算术右移、循环移位等移位运算。
- ❏ 分支指令包括：无条件分支、条件分支、函数调用/返回三类。
- ❏ 访存指令分为存储器读和存储器写两类，往往支持多种寻址方式。

2. RISC-V 的整数指令集体系结构简介

RISC-V 指令集体系结构[1] 分为基本部分和扩展部分，常见的指令分为以下部分。

- ❏ "I"，包含整数的基本计算、存储器读写和分支指令。
- ❏ "M"，包含整数乘除法指令。
- ❏ "A"，包含存储器的原子读、写、修改和处理器间的同步指令。
- ❏ "F"，包含标准单精度浮点扩展集，增加了单精度浮点寄存器、浮点计算和存储器读写指令。
- ❏ "D"，包含标准双精度浮点扩展集，增加了双精度浮点寄存器、双精度计算指令。

RISC-V 指令集体系结构中支持的数据类型包括整数、单精度浮点数、双精度浮点数、十进制浮点数等。

对于整数指令系统而言，RISC-V 的寄存器包含 32 个 32 位的数据寄存器 x0:x31 和 32 位的 PC 寄存器，其中 x0 寄存器的值始终为 0（又称为零寄存器）。

RISC-V 的基本指令长度为 32 位，分为 R、I、S、B、U 和 J 六种类型，如图 2-1 所示。

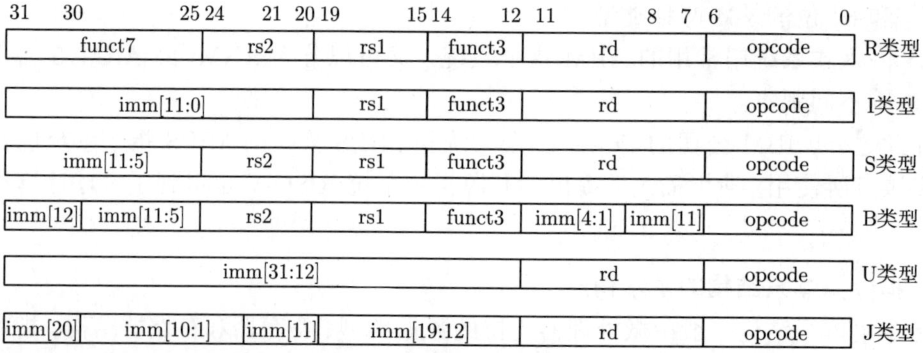

图 2-1　RISC-V 的指令格式

整数计算指令分为寄存器–寄存器和寄存器–立即数两大类。其中，寄存器–寄存器整数计算指令采用 R 类型格式，支持 ADD/SLT/SLTU/AND/OR/XOR/SLL/SRL/SUB/SRA 等类型的计算。例如，ADD 指令是将 rs1 寄存器和 rs2 寄存器的值相加，将结果写入 rd 寄存器，如图 2-2 所示。寄存器-立即数整数计算指令采用 I 类型格式，包括 ADDI、SLTI[U]、ANDI/ORI/XORI 等不同类型的指令，例如，ADDI 指令是对 12 位立即数 imm[11:0] 进行有符号扩展后将之与寄存器 rs1 相加，并把结果写入 rd 寄存器，如图 2-3 所示。

31		25 24		20 19		15 14		12 11		7 6		0
funct7		rs2		rs1		funct3			rd		opcode	
7		5		5		3			5		7	
00000000		src2		src1		ADD / SLT / SLTU			dest		OP	
00000000		src2		src1		AND / OR / XOR			dest		OP	
00000000		src2		src1		SLL / SRL			dest		OP	
01000000		src2		src1		SUB / SRA			dest		OP	

图 2-2　RISC-V 中 R 类型整数计算指令

31		20 19		15 14		12 11		7 6		0
imm[11:0]		rs1		funct3		rd		opcode		
12		5		3		5		7		
I-immediate[11:0]		src		ADDI / SLTI[U]		dest		OP-IMM		
I-immediate[11:0]		src		ANDI / ORI / XORI		dest		OP-IMM		

图 2-3　RISC-V 中 I 类型整数计算指令

无条件跳转指令采用 J 类型格式，将 PC 和指令中的 21 位立即数（有符号扩展）相加得到新的 PC（注意：立即数的最低一位固定为 0，因此略去）。当前 PC+4 的值存储于 rd 寄存器，用于实现函数返回，如图 2-4 所示。

31	30		21 20		19		12 11		7 6		0
imm[20]	imm[10:1]			imm[11]		imm[19:12]		rd		opcode	
1	10			1		8		5		7	
	offset[20:1]							dest		JAL	

图 2-4　RISC-V 中 JAL 指令

条件分支指令采用 S 类型格式，具有多种分支判断功能。例如，BEQ 指令是在 rs1 寄存器和 rs2 寄存器中的值相等时，将 PC 设置为指令中的 13 位立即数（有符号扩展）与 PC 相加的结果，否则 PC 等于 PC+4，如图 2-5 所示。

31	30		25 24		20 19		15 14		12 11		8 7		6 5		0
imm[12]	imm[10:5]		rs2		rs1		funct3		imm[4:1]		imm[11]		opcode		
1	6		5		5		3		4		1		7		
offset[12,10:5]			src2		src1		BEQ/BNE		offset[11,4:1]				BRANCH		
offset[12,10:5]			src2		src1		BLT[U]		offset[11,4:1]				BRANCH		
offset[12,10:5]			src2		src1		BGE[U]		offset[11,4:1]				BRANCH		

图 2-5　RISC-V 中条件分支指令

存储器读和写指令分别采用了 I 类型格式和 S 类型格式，存储器访问的字节地址等于 rs1 寄存器加上 12 位立即数（有符号扩展）。读指令中，存储器读出的内容存储于 rd 寄存器。写指令中，将 rs2 寄存器的内容写入存储器。指令格式如图 2-6 所示。

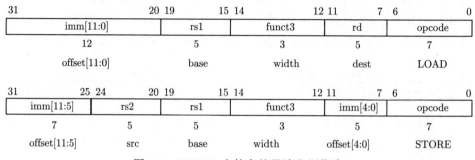

图 2-6　RISC-V 中的存储器读和写指令

3. 程序的指令特征

大量的实际测试表明，应用程序中运算、访存和分支这三种类型指令的比例一般为 3:2:1，即一半的指令是算术逻辑运算指令，1/3 是存储器访问指令，1/6 是分支指令。应用程序自身的特征决定了不同指令类型出现的比例，例如，矩阵乘法等计算类型的程序中往往运算指令的比例更高，而操作系统、编译器等控制类程序中存储器访问和分支指令的比例会较高。此外，大部分程序体现出 20/80 的特征，即程序 80% 的运行时间是在执行程序中 20% 的指令。这 20% 的指令决定了整个程序的性能，常常体现为程序的循环结构。

本章介绍的优化方法将围绕这两个特征展开：一方面，讨论针对运算、访存和分支类型指令的优化方法；另一方面，更加详细地讨论循环结构的优化方法。

2.1.2　指令铁律

假设程序完成特定功能需要执行 N 条指令，在某处理器上执行每条指令需要 CPI（Cycles Per Instruction）个周期，每个周期需要 t 秒，则这个程序在此处理器上的执行时间为：

$$T = N \times \mathrm{CPI} \times t \tag{2.1}$$

使用主频 $f\,(=1/t)$ 代替每个周期的时间 t，使用每个周期执行的指令数 $\mathrm{IPC} = 1/\mathrm{CPI}$（Instructions Per Cycle）代替 CPI，则有：

$$T = \frac{N}{\mathrm{IPC} \times f} \tag{2.2}$$

例子 2.1　主频为 1GHz 的某处理器，支持整数运算指令和浮点运算指令，其中一条整数运算指令需要 1 个周期，而一条浮点运算指令需要 3 个周期。假设程序 A 共需执行 10^8 条指令，其中整数运算指令的占比为 75%，浮点运算指令的占比为 25%。

（1）求程序 A 在该处理器上的平均 CPI 以及执行时间。

（2）对该处理器有两种改进方案，一种是将主频提升到 1.2GHz，而各类指令的执行周期数不变，另外一种是将浮点指令执行的周期数减少到 2 个周期，而主频不变。对于程序 A，两种改进方案哪种更优？

（3）如果程序 B 中整数运算指令和浮点运算指令的比例是 1:1，那么对于程序 B，两种改进方案哪种更优？

答：（1）在该处理器上，程序 A 的平均 CPI $= 0.75 \times 1 + 0.25 \times 3 = 1.5$ 周期/指令，执行时间为 $10^8 \times 1.5 \times 10^{-9} = 0.15\text{s}$。

（2）对于第一种改进方案，程序 A 的执行时间为 $10^8 \times 1.5 \times 10^{-9}/1.2 = 0.125\text{s}$；对于第二种改进方案，程序 A 的平均 CPI $= 0.75 \times 1 + 0.25 \times 2 = 1.25$ 周期/指令，程序 A 的执行时间为 $10^8 \times 1.25 \times 10^{-9} = 0.125\text{s}$。两种改进方式对于程序 A 的性能相同。

（3）由于程序 B 中浮点运算指令的比例高于程序 A，因此第二种改进方式对于程序 B 具有更高的性能。

式 (2.1) 和式 (2.2) 称为程序执行时间的铁律，其内涵覆盖了计算机系统的多个层次，如图 2-7 所示。

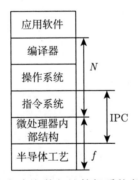

图 2-7　指令铁律中各个参数与计算机系统各个层次之间的关系

对于完成特定功能的程序，N 由两个因素决定：编译器的优化程度和指令系统的能力。如果指令系统提供了复杂的指令功能，则 N 值可能会比较小。IPC 由处理器的微结构和指令系统共同决定。如果指令系统较为简单，在芯片上晶体管数量固定的前提下多条指令可以同时执行，那么 IPC 可能会较大。f 由半导体工艺、微结构共同决定。对于较为简单的逻辑通路，频率 f 可能会更高。

在 20 世纪 80 年代，出现了**复杂指令集计算机**（CISC，Complex Instruction Set Computer）和**精简指令集计算机**（RISC，Reduced Instruction Set Computer）两种不同的技术路线，前者以 x86 指令系统为代表，后者以 MIPS 和 ARM 指令系统为代表。从指令铁律的角度看，RISC 指令系统可以达到较高的 IPC 和 f，而 CISC 处理器由于指令功能较为强大，因此特定程序所需要的指令数 N 可能会更少。

经过近四十年的发展和演化，RISC 指令系统逐渐占据了主流地位。虽然 x86 处理器依然支持 CISC 指令系统，但也是将复杂指令转化为简单的微操作进行实现。与此同时，RISC 指令系统本身也在不断增强，其指令种类和功能完全不亚于 x86 指令系统，但始终保持了两个重要特点：① 指令定长，便于取指和译码；② 内存中的数据必须通过存储器读指令加载到寄存器中才能执行算术逻辑运算。

在指令系统和编译器确定的情况下，N 将保持固定。为了减少程序执行的时间，现代微处理器系统广泛使用了流水线技术和超标量技术以提升 f 和 IPC。

2.1.3 流水线及其相关性

流水线是当前微处理器系统中最常见的设计方法，可以在不显著增加器件的情况下，提升处理器的主频。在微处理器等数字电路系统中，电路主频主要取决于时序逻辑之间组合电路最长路径的延迟。在理想情况下，在组合电路的中间加入一级时序逻辑，其最长路径的延迟将降低一半，可以使电路的工作主频提升接近一倍，如图 2-8 所示。

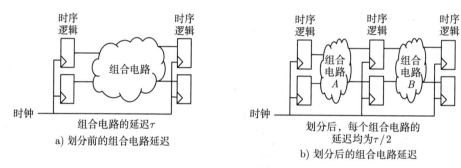

图 2-8　划分组合电路以降低组合电路最长路径延迟

最基本的微处理器（例如 ARM9 微处理器）流水线划分为 5 级：取指、译码、执行、访存和写回。现代微处理器的流水线可以达到 20 级以上，主频可以达到 2GHz 以上。多条指令在处理器流水线的不同段上同时运行，可以显著提升系统性能，但是由于指令之间的相关性，可能使得处理器的流水线发生停顿。指令之间的相关性有三种类型。

❑ 数据相关，即后条指令需要前条指令的结果作为操作数。如果后条指令读取操作数时，前条指令还没有执行完成，就会导致流水线发生停顿，直至前条指令执行结束。在现代微处理器上，比较简单的指令延迟都是一个周期，结合数据重定向方法，使得后面的指令可以顺利执行。但是对于多周期延迟的复杂指令（例如除法指令的延迟大约为 20 个周期）或者 Cache 不命中时的存储器访问指令（例如一级 Cache 不命中时，延迟要达到数十个周期），将会产生数据相关性的问题，阻滞流水线的流动。

❑ 控制相关，即条件分支指令执行前不能确定后续程序执行的路径到底是 True 分支还是 False 分支。如果简单地等待条件分支指令执行结束再执行后续指令，将使得后续指令无法进入流水线执行，从而导致流水线停顿。为了解决这个问题，现代微处理器往往使用分支预测方法，即根据条件分支的历史信息预测当前指令的分支方向，直接从预测的分支中取指令继续执行，而无须等待条件分支指令执行结束。如果转移预测失败（即预测的分支方向和实际分支方向不同）就需要取消所有预先执行的指令，从而造成严重的流水线停顿。

❑ 部件相关，即前后两条指令需要同时占用相同的功能部件。此时，后面的指令需要等待前面的指令完成并释放功能部件，才能得到执行。这种情况往往发生在除法、超越函数计算等复杂指令的功能部件上。

2.1.4　超标量和乱序执行

现代微处理器往往支持**超标量**（Superscalar），即多个译码器和功能部件同时运行，在一个周期内能同时提交和完成多条指令，使得 IPC 大于 1。与此同时，为了缓解前后指令的相关性问题，**乱序执行**（Out-Of-Order）使用硬件来判断待指令发射窗口内未执行指令之间的相关性，可以将操作数全部就绪的指令提前提交执行，而不是完全按照指令之间的次序来执行指令。

微处理器的多个功能部件具有不同的分工，执行不同类型的指令。在功能部件中，不同类型指令的延迟（完成一条指令所需要的周期数）和吞吐率（每个周期所能提交的此类型指令数）也有所不同。对于很多计算指令，即使其延迟可能大于 1 个周期，也仍然可以在每个周期中向多级流水线提交同类型指令，其指令吞吐率将保持为 1。对于复杂指令（例如除法指令、超越函数计算指令），该类指令往往需要独占整个流水线，使得指令的吞吐率小于 1。

例子 2.2　考虑计算三角形面积的海伦公式 $S = \sqrt{p(p-a)(p-b)(p-c)}$，其中 a、b、c 为三角形三边的长度，$p = (a+b+c)/2$。设 a、b、c 均为单精度浮点数，且存储于寄存器 F1、F2 和 F3（共有 8 个浮点寄存器 F0 $\cdots$ F7）。

为了减少除法和平方根运算的计算次数，采用如下公式计算：

$$S = \frac{\sqrt{(a+b+c)(a+b-c)(a+c-b)(b+c-a)}}{4}$$

注意到 $a+b+c$ 和 $a+b-c$ 中具有公共项 $a+b$，$a+c-b$ 和 $b+c-a$ 中具有公共项 $a-b$，海伦公式可以使用以下伪汇编语言代码计算：

1: FADD F1, F2, F4 //F4 = $a+b$

2: FSUB F1, F2, F5 //F5 = $a-b$

3: FADD F3, F4, F6 //F6 = $a+b+c$

4: FSUB F4, F3, F7 //F7 = $a+b-c$

5: FADD F3, F5, F1 //F1 = $a+c-b$

6: FSUB F3, F5, F2 //F2 = $b+c-a$

7: FMUL F6, F7, F0 //F0 = F6*F7

8: FMUL F1, F2, F2 //F2 = F1*F2

9: FMUL F2, F0, F0 //F0 = F2*F0

10: FSQRT F0, F0 //F0 = SQRT(F0)

11: FDIV F0, 4.0, F0 //F0 = F0/4.0

考虑以下两种微结构。

微结构 1 仅有一个功能部件。在此功能部件中，浮点加法、减法和乘法指令的延迟均为 3 个周期，每个周期可以执行 1 条指令；浮点平方根、除法指令的延迟均为 14 个周期，且该指令将独占整个功能部件。指令按照完全顺序方式执行。

微结构 2 在微结构 1 的基础上，又增加了一个功能部件。新增的功能仅支持浮点的加法、减法和乘法指令，且延迟和周期数与微结构 1 相同。指令按照超标量和乱序方式执行。

请讨论上述程序在这两种微结构上的执行性能。

答：上述指令之间的相关关系如图 2-9 所示，在微结构 1 和微结构 2 上的指令调度情况如图 2-10 和图 2-11 所示。微结构 1 中，第 3 条指令依赖于第 1 条指令的结果，因此该指令需要延迟一个周期才能执行。第 8、9、10、11 条指令也存在着同样的数据相关性。微结构 2 中，两个功能部件可以并行执行不相关的指令，例如第 1 条和第 2 条指令，以及后续的第 3 条和第 4 条指令。

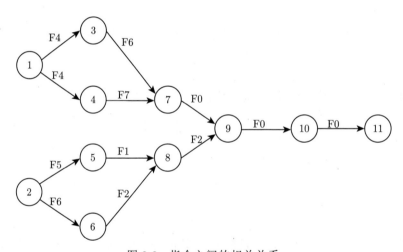

图 2-9 指令之间的相关关系

1: FADD F1, F2, F4 // F4 = $a+b$
2: FSUB F1, F2, F5 // F5 = $a-b$
3: FADD F3, F4, F6 // F6 = $a+b+c$
4: FSUB F4, F3, F7 // F7 = $a+b-c$
5: FADD F3, F5, F1 // F1 = $a+c-b$
6: FSUB F3, F5, F2 // F2 = $b+c-a$
7: FMUL F6, F7, F0 // F0 = F6*F7
8: FMUL F1, F2, F2 // F2 = F1*F2
9: FMUL F2, F0, F0 // F0 = F2*F0
10: FSQRT F0, F0 // F0 = SQRT(F0)
11: FDIV F0, 2.0, F0 // F0 = F0/2.0

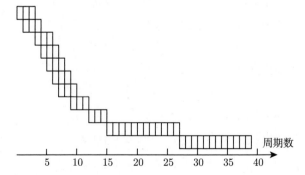

图 2-10 微结构 1 的指令调度

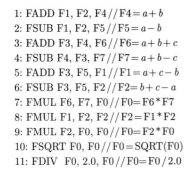
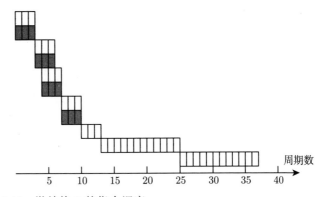

1: FADD F1, F2, F4 // F4 = $a + b$
2: FSUB F1, F2, F5 // F5 = $a - b$
3: FADD F3, F4, F6 // F6 = $a + b + c$
4: FSUB F4, F3, F7 // F7 = $a + b - c$
5: FADD F3, F5, F1 // F1 = $a + c - b$
6: FSUB F3, F5, F2 // F2 = $b + c - a$
7: FMUL F6, F7, F0 // F0 = F6 * F7
8: FMUL F1, F2, F2 // F2 = F1 * F2
9: FMUL F2, F0, F0 // F0 = F2 * F0
10: FSQRT F0, F0, F0 // F0 = SQRT(F0)
11: FDIV F0, 2.0, F0 // F0 = F0 / 2.0

图 2-11　微结构 2 的指令调度

虽然微结构 2 增加了一个功能部件，而且可以并行执行没有相关性的指令。但是，增强后的微结构对于这个问题的性能提升并不显著，总的执行时间仅从 39 个周期减少到 37 个周期。这主要是因为程序中可以并行执行的指令数量较少，而且串行执行的平方根指令和除法指令共需要 28 个周期，占据了大部分的程序整体运行时间。

2.1.5　典型微处理器的微结构

1. Intel 公司的 Skylake 微结构

Intel 公司的 Skylake 微结构（第 6 代 i7 处理器）如图 2-12 所示，该处理器分为前端、乱序执行引擎和 Cache/存储器系统三个部分。在处理器前端中，x86 指令将被首先译码为微操作。为了减少指令的反复译码，设置了已译码指令 Cache（Decoded Icache，DSB）。由 DSB 和遗留的译码流水线（Legacy Decode Pipeline）向指令译码队列（微操作队列）提供指令的微操作序列（最多包含 64 条微操作）。图中分支预测部件（Branch Prediction Unit，BPU）用于处理条件分支指令。乱序执行引擎将分析指令译码队列中的不相关微操作，并最多可以提交 7 个微操作到不同的功能部件并行执行。

Skylake 中 8 个功能部件支持的微操作类型如表 2-1 所示。

2. ARM 的 A57 微结构

A57 微结构分为顺序执行和乱序执行两个部分，如图 2-13 所示。顺序执行部分包括取指、译码、寄存器重命名、指令分配等流水线级。乱序执行部分包含 8 个功能部件，分别为分支部件、2 个整数部件（整数部件 0 和整数部件 1）、整数多周期部件、存储器读部件、存储器写部件和 2 个浮点/SIMD 部件（浮点/SIMD 部件 0 和浮点/SIMD 部件 1）。各个功能部件完成的微操作如表 2-2 所示。

A57 的指令调度单元可以在每个周期发射 3 个微操作，遵循以下原则：① 1 个微操作使用分支部件；② 最多 2 个微操作使用整数部件 0 和整数部件 1；③ 最多 2 个微操作使用整数多周期部件；④ 1 个微操作使用浮点/SIMD 部件 0；⑤ 1 个微操作使用浮点/SIMD1 部件；⑥ 最多 2 个微操作使用存储器读或者写部件。

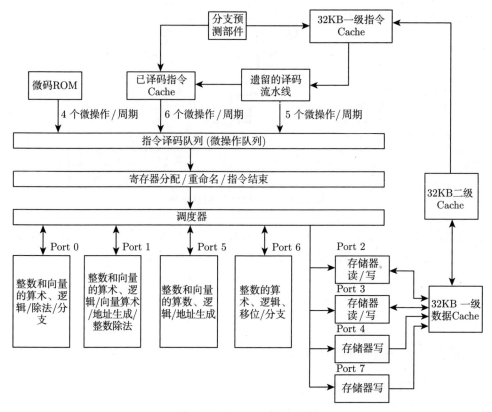

图 2-12 Skylake 的微结构

表 2-1 Skylake 中的功能部件

功能部件	微操作类型
Port0	整数和向量的算术、逻辑，向量移位、加法、乘法、融合乘加，整数和浮点除法，条件分支
Port1	整数和向量的算术、逻辑，向量移位、加法、乘法、融合乘加，地址生成，慢速整数计算
Port2	存储器读/写
Port3	存储器读/写
Port4	存储器写
Port5	整数和向量的算术、逻辑，向量混洗，地址生成
Port6	整数的算术、逻辑、移位，分支指令
Port7	存储器写

表 2-2 A57 中的功能部件

功能部件	微操作类型
分支部件	分支指令
2 个整数部件	整数算术逻辑运算
整数多周期部件	整数移位、乘法、除法、CRC 等
存储器读部件	存储器读和寄存器传输
存储器写部件	存储器写和特殊存储器操作
浮点/SIMD 部件 0	SIMD 计算，SIMD 整数乘法，浮点加法、乘法、除法、密码学计算
浮点/SIMD 部件 1	SIMD 计算，SIMD 移位，浮点加法、乘法

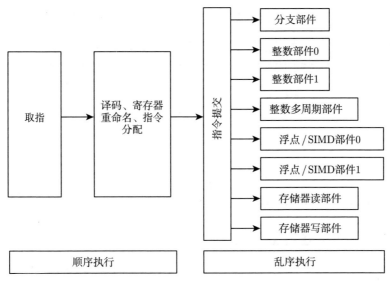

图 2-13　A57 微结构

2.2　针对算术逻辑指令的优化

2.2.1　现代微处理器的算术逻辑指令延迟与吞吐率

针对不同数据类型和计算的指令具有不同的延迟和吞吐率。其中，延迟是指某类型指令完成计算所需要的周期数，依赖于该类型指令结果的后续指令只有在其完成计算后才能执行；吞吐率指在一个周期内能同时执行该类型指令的数量。

按照指令的延迟和吞吐率，一般将指令分为以下三种。

- ❏ 延迟等于 1 且吞吐率大于 1 的简单指令。该类型指令在一个周期内得到结果，且可以在多个功能执行部件上同时执行多条不相关的该类型指令。
- ❏ 延迟大于 1 且吞吐率等于 1 的指令（例如 32 位整数乘法、浮点加法/乘法等指令）。该类型指令由一个多级流水线构成的功能部件实现，且每个周期都可以向这个流水线提交一条不相关的该类型指令。
- ❏ 延迟较长而且吞吐率小于 1 的指令（例如整数除法指令、浮点数的超越函数计算指令）。该类型指令实现复杂，并且不能在每个周期都提交该类型指令。

表 2-3 给出了 Skylake[2] 和 A57[3] 两种微结构上典型算术逻辑运算指令的延迟与吞吐率。其中，32 位整数加法指令在两种结构上的延迟都是 1 个周期，在 Skylake 结构上可以同时执行 4 条此类指令，在 A57 上可以同时执行 2 条。32 位整数乘法指令在两种结构上都是每个周期可以执行 1 条此类型指令，在 Skylake 和 A57 上分别需要 4 个和 3 个周期才能得到结果。在 Skylake 结构上，需要 26 个周期才能得到 32 位整数除法指令的结果，而且每 6 个周期才能执行 1 条此类指令。

在选择计算指令时，应尽可能选择延迟短且吞吐率高的指令。对于延迟较长但吞吐率等于 1 的指令，应尽可能地使用多条不相关的同类型指令填充流水线，以保持微处理器的指令吞吐率。同时，应尽量避免使用延迟长且吞吐率低的指令。

表 2-3　Skylake 和 A57 上典型指令的延迟与吞吐率

指令类型	Skylake		A57	
	延迟	吞吐率	延迟	吞吐率
32 位整数加法（寄存器）	1	4	1	2
32 位整数乘法（寄存器）	4	1	3	1
32 位整数除法	26	1/6	4~20	1/20~1/4
浮点加法	3	1	5	2
浮点乘法	4	1	5	2
浮点除法	14~16	1/4~1/5	7~17	2/15~2/5
浮点平方根	14~21	1/4~1/7	7~17	2/15~2/5

2.2.2　选择合适的数据类型

尽量采用 32 位整数或者单精度浮点数，避免使用效率较低的数据类型（例如 16 位整数、64 位整数或者双精度浮点数）。对于有符号整数和无符号整数，要根据不同情况来选择。如果需要将整数转换为浮点数，采用有符号整数的效率会高一些；而对于数组下标、循环变量等，无符号整数的处理效率会更高些。

如果原始算法使用字节操作，那么可以考虑将其转换为使用 32 位的字操作，此时 1 条 32 位指令就可以完成原先需要 4 条指令才能完成的操作。

例子 2.3　将一个长度为 N 的大写字母字符串 S 转换为全部由小写字母构成的字符串。

答：在 ASCII 字符表中，大写字母的 ASCII 码在 0100_0001 到 0101_1010 之间，小写字母的 ASCII 码在 0110_0001 到 0111_1010 之间，而且同一个字母的大小写对应的 ASCII 码之间的差异仅体现在第 5 位。例如，'A' 的 ASCII 码表示为 0100_0001，'a' 的 ASCII 码表示为 0110_0001，因此从大写字母到小写字母的转换只需要将大写字母的第 5 位改为 '1'。基于此特征，程序示例 2.1 使用 32 位无符号整数计算一次可以完成 4 个字符的转换。

```
unsigned int *p=(unsigned int *)S;
for(i=0;i<N/4;i++){
   p[i]|=0x20202020;
}
```

程序示例 2.1　大写字符串转换为小写字符串

在科学计算中往往需要使用双精度计算以满足精度的要求。微处理器能提供的双精度计算能力不如单精度，可以使用混合精度（mixed precision）方法在保持精度的基础上提升性能，即先使用单精度完成主体计算，再使用双精度完成精炼过程（refinement process）以达到双精度计算的精度要求。只要精炼过程的开销小于用单精度计算替换原有双精度计算所带来的收益，就可以提升计算的整体性能。

2.2.3　使用简单指令代替复杂指令

简单指令是指延迟较短、吞吐率较高的指令，复杂指令则反之。一般而言，简单指令是指加减法、逻辑、移位等指令，而复杂指令是指乘法、除法和求余、超越函数计算等。使用简单指令代替复杂指令往往需要一定的数学技巧优化原有的计算方法。

1. 替代整数乘法、除法等操作

设 $N = 2^n$，对于整数 x，可以使用左移、右移和"与"操作实现对 N 的乘法、除法和求余计算：

$$x \times N = x << n$$

$$\lfloor x/N \rfloor = x >> n$$

$$x \bmod N = X \wedge (N - 1)$$

同理，可以快速实现 $2^n x \pm 2^m x$ 的计算。例如 $18x = 2^4 x + 2^1 x = (x << 4) + (x << 1)$。

2. 使用乘法替代除法

如果除法中的分母为常数，则可以将除法转换为乘法。

例子 2.4　海伦公式中包含了除法操作，可以将除法操作转换为乘法操作，其中 $1/16 = 0.0625$。

$$S = \frac{\sqrt{(a+b+c)(a+b-c)(a+c-b)(b+c-a)}}{4}$$
$$= \sqrt{0.0625(a+b+c)(a+b-c)(a+c-b)(b+c-a)}$$

---

3. 使用乘法替代幂计算

幂计算往往可以使用乘法计算代替。例如当 N 为偶数时，$x^N = x^{N/2} \times x^{N/2}$，此时 x^N 的计算就由 $x^{N/2}$ 的计算和一次乘法替代。

例子 2.5（Horner 算法）　输入 x，求 N 次多项式 $f_N(x) = a_N x^N + a_{N-1} x^{N-1} + \cdots + a_0$ 的值，其中 $a_N, a_{N-1}, \cdots, a_0$ 为预先确定的常数。

答：上述表达式等价于 $f(x) = (\cdots (a_N x + a_{N-1})x + a_{N-2})x + \cdots)x + a_0$。此时一个 N 次多项式的计算由 N 次乘法和 $N + 1$ 次加法替代。

---

4. 使用较低复杂度的计算替代较高复杂度的计算

可以使用加法等较低复杂度的计算替代乘法等较高复杂度的计算。虽然会增加低复杂度计算的计算量，但是在数据规模较大时，依然可以获得很好的效果。以下面的矩阵乘法为例，每个 $C_{i,j}$ 的计算需要 2 次乘法和 1 次加法，因此整个矩阵乘法需要 8 次乘法和 4 次加法。对于 N 阶矩阵而言，其乘法计算的复杂度为 $O(N^3)$，加法计算的复杂度为 $O(N^2)$。由于矩阵元素乘法的计算复杂度较加法要高，因此可以考虑采用更多的加法操作以减少矩阵元素的乘法操作。

$$\begin{pmatrix} C_{11} & C_{12} \\ C_{21} & C_{22} \end{pmatrix} = \begin{pmatrix} A_{11} & A_{12} \\ A_{21} & A_{22} \end{pmatrix} \begin{pmatrix} B_{11} & B_{12} \\ B_{21} & B_{22} \end{pmatrix}$$

例子 2.6（Strassen 矩阵乘法） 矩阵乘法可以转换为以下计算序列：

$P_1 = (A_{11} + A_{22})(B_{11} + B_{22})$

$P_2 = (A_{21} + A_{22})B_{11}$

$P_3 = A_{11}(B_{12} - B_{22})$

$P_4 = A_{22}(B_{21} - B_{11})$

$P_5 = (A_{11} + A_{12})B_{22}$

$P_6 = (A_{21} - A_{11})(B_{11} + B_{12})$

$P_7 = (A_{12} - A_{22})(B_{21} + B_{22})$

$C_{11} = P_1 + P_4 - P_5 + P_7$

$C_{12} = P_3 + P_5$

$C_{21} = P_2 + P_4$

$C_{22} = P_1 + P_3 - P_2 + P_6$

Strassen 方法中有 7 个矩阵元素乘法和 18 个矩阵元素加法/减法，以数量更多的复杂度较低的加法/减法为开销减少了一次复杂度较高的乘法，使得 N 阶矩阵乘法的复杂度降低为 $O(N^{2.8})$。

2.2.4 使用特殊指令

微处理器支持的一些特殊指令难以直接使用 C 语言进行描述，可以使用内嵌原语方式调用。x86 处理器中常用的计算类型内嵌原语[4] 如程序示例 2.2 所示。以对 32 位无符号整数前导 0 个数的计算为例，直接使用 _lzcnt_u32 内嵌原语实现，可以编译为 x86 处理器中的前导 0 计数指令 lzcnt。

```
#include <immintrin.h>
//32位无符号整数带进位加法a+b+c_in, out为加法结果, 函数返回进位结果
unsigned char _addcarry_u32 (unsigned char c_in, unsigned int a, unsigned int b,
    unsigned int *out)

//32位无符号整数带借位减法，并输出借位out
unsigned char _subborrow_u32 (unsigned char c_in, unsigned int a, unsigned int b,
    unsigned int *out);

//两个32位整数的乘法，返回64位结果, hi为高32位输出
unsigned int _mulx_u32 (unsigned int a, unsigned int b, unsigned int* hi);
```

```
//(NOT a) AND b
unsigned int _andn_u32 (unsigned int a, unsigned int b);

//32位整数的大端小端转换
int _bswap (int a);

//32位整数a的前导0计数
unsigned int _lzcnt_u32 (unsigned int a);

//32位整数a中1的数量
int _mm_popcnt_u32 (unsigned int a);

//32位无符号整数a尾部0的数量
unsigned int _tzcnt_u32 (unsigned int a);

//32位整数a的循环左移次数shift
unsigned int _rotl (unsigned int a, int shift);

//32位整数a的循环右移次数shift
unsigned int _rotr (unsigned int a, int shift)
```

程序示例 2.2　x86 处理器的计算类型内嵌原语

例子 2.7　将两个长度为 N 个 32 位的无符号长整数 a 和 b 相加，结果存放在 c 中。

答：程序示例 2.3 使用了 32 位带进位的加法内嵌原语 _addcarry_u32()，从最低 32 位开始一次完成了两个 32 位整数相加，并将进位传递到高 32 位加法计算。

```
void multi_percision_add(unsigned int *a, unsigned int *b, unsigned int *c, int N){
    unsigned char c_in=0;
    for(i=0;i<N;i++){
        c_in=_addcarry_u32(c_in,a[i],b[i],&(c[i]));
    }
}
```

程序示例 2.3　使用 x86 的 32 位带进位加法的长整数加法

2.2.5　查表法

当函数 $y = f(x)$ 的计算过程不规则且输入变量 x 为小于 X 的正整数时，可以考虑使用查表法快速实现 $f(X)$：预先计算出 $f(0), f(1), \cdots, f(X-1)$ 并存储在长度为 X 的数据表中。在计算 $f(x)$ 时，直接使用 x 作为下标访问预先计算好的数据表，即可得到 $f(x)$ 的值。

例子 2.8　输入 x 为 0 到 100 分之间的成绩（整数类型），输出为成绩分级 $'A'$ $'B'$ $'C'$ $'D'$ $'E'$ 中的一个。转换规则为：

$$f(x) = \begin{cases} 'A' & 100 \geqslant x \geqslant 90 \\ 'B' & 89 \geqslant x \geqslant 80 \\ 'C' & 79 \geqslant x \geqslant 70 \\ 'D' & 69 \geqslant x \geqslant 60 \\ 'E' & 59 \geqslant x \geqslant 0 \end{cases}$$

答：可以预先构造一个大小为 101 的字符数组 score，而且数组初始化为 score[0:59] = 'E'，score[60:69] = 'D'，score[70:79] = 'C'，score[80:89] = 'B'，score[90:100]= 'A'。转换时，只需要将 x 作为访问 score 数组的下标，即可得到成绩转换的结果。

查表法也广泛应用于浮点类型的超越函数计算[5]。函数 $f(x)$ 的计算可以分为三个阶段。

- ❏ 归约：将输入参数 x 归约到一个非常接近于 0 的 y，以及针对 x 在表中预先存储的近似值 $f(\overline{x})$。
- ❏ 近似：由于 $|y|$ 较小，$f(y)$ 的多项式近似收敛很快，因此使用多项式近似方法计算 $f(y)$。
- ❏ 重构：由 $f(\overline{x})$ 和 $f(y)$ 推导 $f(x)$。

例子 2.9　使用查表法计算 $\sin(x)$，$x \in [0, \pi/4]$。

答：在归约阶段，如果 $x < 1/16$，则可以直接使用多项式近似；否则，确定最接近 x 的"断点" $c_{jk} = 2^{-j}(1+k/8)$，$j = 1,2,3,4$ 且 $k = 0,1,2,\cdots,7$。记 $r = x - c_{jk}$，可知 $|r| \leqslant 1/32$。查表得到预先计算的 $\sin(c_{jk})$ 和 $\cos(c_{jk})$。

在近似阶段，使用多项式近似计算 $\sin(r)$ 和 $\cos(r)$。由于 $|r| \leqslant 1/32$，因此多项式方法可以较快收敛，计算量较小。

在重构阶段，使用 $\sin(x) = \sin(c_{jk})\cos(r) + \cos(c_{jk})\sin(r)$ 重构 $\sin(x)$。

2.3　针对条件分支指令的优化

2.3.1　分支预测

为了提升分支预测的准确性，现代微处理器往往会记录特定分支指令（由该分支指令的地址区分）过去的转移方向，并由此预测当前条件分支的转移方向。

图 2-14 给出了一位分支转移预测器的状态转移图。当微处理器执行到条件分支指令时，将使用 PC 在转移预测表中查找对应的预测状态机。如果该状态机的状态为 0，则预测不发生转移，继续执行当前 PC 的后续指令；否则预测发生转移，执行分支目标地址处的指令。在条件分支指令执行完毕后，实际的分支方向将更新当前预测状态机的状态，如果实际方向为 T，则状态转移到 1，否则转移到 0。一位分支预测的本质是当

前分支方向总是和上一次分支方向相同。

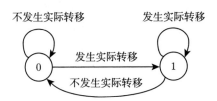

图 2-14 一位分支预测器的状态转移图

例子 2.10 请计算下述汇编指令序列在一位分支预测器上的预测成功率，jl 为条件分支指令，当 R0 小于 R1 时将跳转到 loop 处运行。

mov R0, #0

mov R1, #100 //从 0 到 99，循环 100 次

loop: … 循环体

add R0,#1

cmp R0, R1

jl loop //如果 R0 小于 R1，则跳转到 loop 处

答：该程序段总共执行 100 次，其中前 99 次的实际分支方向为 T，最后一次的分支方向为 F。如果相关的分支预测状态机状态初始化为 0，则实际分支方向和预测分支方向如表 2-4 所示。此时，一位分支预测器在第一次和最后一次的预测失败，总的预测成功率为 98%。一般而言，对于循环 N 次的此类循环结构，一位分支预测器的预测准确率为 $(N-2)/N$。

表 2-4 循环 100 次时 1 位循环预测器的实际分支方向和预测分支方向

循环次数	1	2	……	99	100
实际分支方向	转移	转移	……	转移	不转移
预测分支方向	不转移	转移	……	转移	转移

为了适应更为复杂的分支模式，实际微处理器中往往采用两位或更高位的分支预测器，参见习题 2.6。一位或两位分支预测器仅记录了分支指令的局部信息，但是某些分支指令还具有全局特征，即分支的方向依赖于前面分支指令转移的方向。在程序示例 2.4 中，第 3 行的分支语句的方向和前面两行的分支方向具有依赖关系：如果前两个分支都发生转移，则第 3 个分支必然不发生转移；如果前面两个分支一个发生转移另一个不发生转移，则第 3 个分支必然发生转移。全局分支预测将记录前面若干个分支的方向，并由此预测当前分支的方向。

```
if(x==3) a++;
if(y==3) b++;
if(x!=y) c++;
```

程序示例 2.4 全局分支预测的例子

微处理器系统往往无法事先确定特定分支适应于全局预测还是局部预测，为此引入了自适应分支预测器，即对每个分支同时包含局部预测器和全局预测器，由仲裁器根据这两类分支预测器的预测准确程度选择某个预测器的预测结果作为输出。硬件的分支预测多种多样，越有规律的分支方向越易于硬件做出正确的预测。

2.3.2　消除分支

分支预测对循环比较有效，但是对于依赖于数据的分支往往难以预测，这时可以考虑采用数据相关性来代替控制性，从而直接取消分支指令。

例子 2.11　在二叉树数据结构中，需要根据输入 c 选择进入左子树或者右子树。典型的代码片段如程序示例 2.5 所示：当 c 等于 0 时选择左子树，当 c 等于 1 时选择右子树。由于 c 等于 0 或 1 的概率都是 50%，此分支发生转移或不发生转移的概率均为 50%，此时分支预测部件难以做出准确的预测。请设计一个消除分支的二叉树访问程序。

答：程序示例 2.6 可以消除其中的分支转移，将控制相关转换为数据相关。

```
struct Node{
    struct Node *left,*right;
};
struct Node *cur_node;
if(c==0) cur_node=cur_node->left;
else cur_node=cur_node->right;
```

程序示例 2.5　根据输入 c 的内容选择左右子树（基于条件分支指令）

```
struct Node{
    struct Node *node_list[2]; //node_list[0]和node_list[1]分别存储了左子树和右子树指针
};
struct Node *cur_node;
cur_node=cur_node->node_list[c];
```

程序示例 2.6　根据输入 c 的内容选择左右子树（消除条件分支指令）

2.3.3　组合多个分支以提高分支预测的准确度

提高分支预测准确度的关键是让分支总是倾向于向某个特定的方向跳转，而尽量避免跳转或者不跳转的概率都是 50% 的情形。在需要多个条件组合的时候，虽然单个条件跳转或不跳转的概率都是 50%，但是如果多个条件组合在一起，其概率就可能发生变化。

例子 2.12　程序示例 2.7 用于判断 a、b、c 三个值是否同时不为 0。如果三个变量 a、b、c 不为 0 的概率均为 50%，则这段代码将编译出的 3 条分支语句的分支可预测性

就很差。请修改程序以提高跳转预测的效率。

答：将原有程序修改为程序示例 2.8。对三个变量进行逻辑或计算后，结果不为 0 的概率变为 87.5%，且只有一个分支语句，这样可以有效提高分支预测的准确率。

```
if(a!=0 && b!=0 && c!=0)
```

程序示例 2.7　三个单独的分支

```
if((a|b|c)!=0)
```

程序示例 2.8　三个单独的分支合并为一个分支

2.3.4　使用条件执行指令

x86 处理器支持 CMOV 类型指令。这类指令的含义是在某些条件成立的时候才执行 MOV 指令，否则将不执行。这类指令对于处理小规模的条件分支指令非常有利。程序示例 2.9 中，c 为 a、b 两个值中的较小者。

```
int c=b;
if(a<b)c=a;
```

程序示例 2.9　求 a 和 b 的最小值 c

如果不使用 CMOV 指令，则编译得到的汇编语句如程序示例 2.10 所示。可以看出其中的条件分支语句 jle 依赖于 a 和 b 的值，分支方向难以确定。

```
mov    12(%esp), %edx        ;获取变量b
movl   8(%esp), %eax         ;获取变量a
cmp    %edx, %eax            ;比较a和b
jle        .L2
movl   %edx, %eax            ;a>b时，将b保存到eax寄存器中
.L2:
movl   %eax, 4(%esp)         ;a<=b时，将a赋值给c;
```

程序示例 2.10　求 a 和 b 的最小值 c 的汇编程序（不使用 CMOV 指令）

使用 CMOV 指令进行了编译优化后，可以得到程序示例 2.11。可以看出，条件分支指令已经被 cmovge 指令代替。

```
cmpl     %edx, %eax          ;比较edx和eax寄存器
cmovge   %edx, %eax          ;如果edx>=eax时，将edx值赋给eax
```

程序示例 2.11　求 $c = \min\{a,b\}$ 的汇编程序（使用 CMOV 指令）

需要注意的是，CMOV 指令是 x86 后续增加的指令。cpuinfo 的 flags 中具有 "cmov" 字段表示该类型 CPU 支持 CMOV 指令。

> gcc 编译器根据当前 CPU 平台的属性自动决定是否使用 CMOV 指令，也可以通
> 过-march 指定对应的 CPU。
> icc 编译器使用/Qx 编译选项指定目标 CPU。

2.3.5 合理使用 switch 语句

编译器在编译 switch 语句时将根据 case 中数据的不同情况形成代码。如果不同数值的 case 数量大于 4，而且相对比较紧凑，编译器将采用跳转表方法实现 switch 语句，仅需要一次分支转移。良好结构的 switch 语句如程序示例 2.12 所示，其对应的汇编语句如程序示例 2.13 所示。

```
int c;
float x;
scanf("%d",&c);
scanf("%f",&x);
switch(c){
    case 0: {x=x+1.2;break;}
    case 1: {x=x-1.8;break;}
    case 2: {x=x*3.2;break;}
    case 3: {x=x/8.2;break;}
    case 4: {x=x*x+4.2;break;}
    case 5: {x=x*x-8.2;break;}
    case 6: {x=x*2+x*x;break;}
    case 7: {x=x*x*x+2*x;break;}
    default: x=x+1.0;
}
```

程序示例 2.12   基于跳转表的 switch 语句

```
4005a6: 83 7c 24 08 07        cmpl    $0x7,0x8(%rsp)
4005ab: 0f 87 27 01 00 00     ja      4006d8 <main+0x168>
4005b1: 8b 44 24 08           mov     0x8(%rsp),%eax
4005b5: ff 24 c5 80 08 40 00 jmpq    *0x400880(,%rax,8)
```

程序示例 2.13   程序示例 2.12 中 switch 语句对应的汇编语句

如果 case 的数值跨度较大，编译器难以产生跳转表，则使用树形的多条分支语句实现 switch 语句。当 N 为 case 的数量时，需要经过 $\log N$ 条分支指令才能到达 case 语句对应的指令。程序示例 2.14 给出一个需要多次分支指令实现的 switch 语句，汇编程序如程序示例 2.15 所示。

```
int c;
float x;
scanf("%d",&c);
scanf("%f",&x);
switch(c){
    case 100: {x=x+1.2;break;}
```

```
case 2000: {x=x-1.8;break;}
case 2100: {x=x*3.2;break;}
case 4000: {x=x/8.2;break;}
case 4001: {x=x*x+4.2;break;}
case 8000: {x=x*x-8.2;break;}
case 200: {x=x*2+x*x;break;}
case 70: {x=x*x*x+2*x;break;}
default: x=x+1.0;
}
```

程序示例 2.14　需要多次分支的 switch 语句

```
40059a: 3d d0 07 00 00        cmp    $0x7d0,%eax     //0x7d0=2000
40059f: 0f 84 58 01 00 00     je     4006fd <main+0x18d>
4005a5: 7e 45                 jle    4005ec <main+0x7c>
4005a7: 3d a0 0f 00 00        cmp    $0xfa0,%eax     //0xfa0=4000
4005ac: 0f 84 2e 01 00 00     je     4006e0 <main+0x170>
4005b2: 0f 8e c6 00 00 00     jle    40067e <main+0x10e>
4005b8: 3d a1 0f 00 00        cmp    $0xfa1,%eax     //0xfa1=4001
4005bd: 0f 84 99 00 00 00     je     40065c <main+0xec>
4005c3: 3d 40 1f 00 00        cmp    $0x1f40,%eax    //0x1f40=800
4005c8: 75 3b                 jne    400605 <main+0x95>
...
4005ec: 83 f8 64             cmp    $0x64,%eax       //0x64=100
4005ef: 0f 84 aa 00 00 00    je     40069f <main+0x12f>
4005f5: 3d c8 00 00 00       cmp    $0xc8,%eax       //0xc8=200
4005fa: 74 43                je     40063f <main+0xcf>
4005fc: 83 f8 46             cmp    $0x46,%eax       //0x46=70
4005ff: 0f 84 b7 00 00 00    je     4006bc <main+0x14c>
...
40067e: 3d 34 08 00 00       cmp    $0x834,%eax      //0x834=2100
400683: 75 80               jne    400605 <main+0x95>
```

程序示例 2.15　程序示例 2.14 中 switch 语句对应的汇编语句

2.4　针对 Cache 的优化

2.4.1　现代微处理器的 Cache

现代 DRAM 存储器的访问延迟一般是 60～70ns，而 CPU 主频在 2GHz 以上。CPU 直接访问 DRAM 构成的主存需要等待数百个周期，这成为 CPU 的重要瓶颈。Cache 是减少 CPU 访问生存延迟的重要手段，本节将主要讨论针对 Cache 的软件优化技术。

Cache 由若干个组（set）构成，一个组中具有若干行（line）和对应的地址高位部分（tag），与存储器交换数据的基本单位是行。Cache 的总容量 = 组数 × 组中的行数 × 行大小，如图 2-15 所示。如果整个 Cache 只有一个组，则称为全相联映射 Cache；如果一个组内仅有一行，则称为单相联映射 Cache；否则，称为组相联映射 Cache。目前的 Cache 一般都使用组相联映射方法。

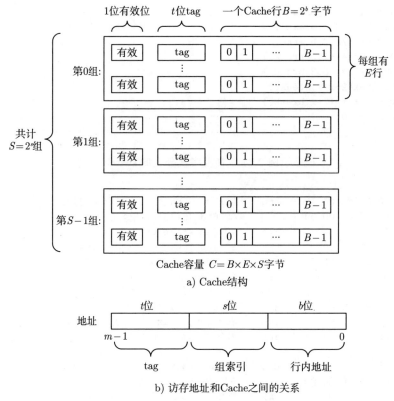

b) 访存地址和Cache之间的关系

图 2-15　Cache 的组织结构

CPU 提交给 Cache 的访存地址分为三段：tag、组索引和行内地址。访问 Cache 时，将首先使用组索引，取得该组内所有行的 tag。然后将组内所有行的 tag 与地址的 tag 字段比较。如果某行的 tag 与地址的 tag 字段相同，且该行为有效状态，则表示 Cache 命中。当 Cache 命中时，将根据地址中的行内地址从 Cache 的行中取出对应的数据。如果 Cache 不命中，则从当前选中的组中根据一定的替换策略选择一个被替换的行，然后从主存中根据 CPU 给出的地址读入一行数据并替换选中的行。最后从 Cache 中读出数据返回给 CPU。

为了平滑处理器主频和 DRAM 主存访问延迟之间的巨大差异，现代微处理器往往都设置了多级 Cache。以 Skylake 处理器为例，每个核带有一级数据 Cache 和一级指令 Cache、统一的二级 Cache、多个核共享的一个三级 Cache，具体配置如表 2-5 所示。

表 2-5　Skylake 处理器的 Cache 配置

层级	容量/相联度	行大小（字节）	最小延迟（周期）	峰值带宽（字节/周期）	持续带宽（字节/周期）
一级指令 Cache	32KB/8	64			
一级数据 Cache	32KB/8	64	4	96	81
二级 Cache	256KB/4	64	12	64	29
三级 Cache	2~16MB	64	44	32	18

2.4.2 数据对齐

数据对齐有两方面的含义：① 结构大小的内存对齐；② 数组起始地址的对齐。前者的目的是让一个结构的大小恰好为 2 的整数次幂，从而防止出现同一个结构跨过不同 Cache 行的情况；后者的目的是让数组的起始地址为 2 的整数次幂。

```
struct stuff{
   char name[20]; //占用20B
   int age;        //占用4B
   int salary;     //占用4B
};//占用28B
struct stuff stuff_list[STUFF_NUM];
```

程序示例 2.16   不对齐的结构

程序示例 2.16 所示的数据结构占据了 28B。如果使用该结构构成数组，则一个结构元素可能会跨过一个 Cache 行边界，位于两个不同的行中，访问同一结构中元素时可能访问需要访问两次 Cache。为了解决这个问题，可以使用附加字段的方法使得该结构的大小为 2 的整数次幂，如程序示例 2.17 所示，也可以使用 #pragma pack(n) 编译制导语句使得结构内的成员按照 n 字节对齐。

```
struct stuff{
   char name[20]; //占用20B
   int age;        //占用4B
   int salary;     //占用4B
   int unused;     //占用4B
};//整个数据结构占用32B
struct stuff stuff_list[STUFF_NUM];
```

程序示例 2.17   对齐的结构

编译器可以根据程序的要求设定结构的对齐状态。

> 在 C 语言中，使用 #pragma pack(n) 要求编译器对后续声明的结构进行 n 字节对齐，其中 n 属于 {1,2,4,8,16,32}。使用 #pragma pack(show)、#pragma pack(push) 和 #pragma pack(pop) 显示、压入和弹出当前的对齐要求。
>
> 在 VS 中，使用/Zp[n] 编译开关指定结构按照 n 字节对齐，其中 n 属于 {1, 2, 4, 8, 16, 32}。
>
> 在 gcc 中，使用 __attribute__((aligned(n))) 修饰一个结构时，该结构将按照 n 字节对齐，其中 n 属于 {1,2,4,8,16,32}。使用 __attribute__((packed)) 修饰一个结构时，编译器将不对该结构进行对齐优化，而是按照程序定义的次序和内容产生结构。

为了让结构 stuff 能放置在同一个行中，还需要结构的起始地址也是 32B 对齐的。C 语言（C11 标准）中可以使用 alignas(n) 修饰符以保证局部变量是 n 字节对齐的，其中 n 为 2 的整数次幂。程序示例 2.18 保证了结构 OneStuff 按照 32B 对齐。

```
alignas(32) struct stuff OneStuff; //变量Onstuff按照32B对齐
```

程序示例 2.18　按照 32B 对齐的局部变量

　　C 语言中一般使用 malloc() 和 free() 来分配和释放堆上的内存,但是 malloc 返回的指针仅是 4B 或者 8B 对齐的。为了实现更多字节数的对齐,就需要使用专门的内存分配和释放函数。VS 中按照指定字节对齐的内存申请和释放函数定义如程序示例 2.19 所示。gcc 中按照指定字节对齐的内存申请函数定义如程序示例 2.20 所示,释放函数依然使用 free()。

```
#include<malloc.h>
void * _aligned_malloc(size_t size, size_t alignment);
//申请size大小, 且在alignment字节对齐的内存块, alignment要求为2的整数次幂
void _aligned_free (void *memblock);
//释放由_aligned_malloc申请的内存
```

程序示例 2.19　VS 中按照字节对齐的内存申请和释放函数

```
#include<malloc.h>
void *memalign(size_t alignment, size_t size);
//申请size大小, 且在alignment字节对齐的内存块, alignment要求为2的整数次幂
```

程序示例 2.20　gcc 中按照字节对齐的内存申请函数

2.4.3　SoA 的结构组织方式

　　一般程序习惯于采用 AoS(Array-of-Structure)的方式组织结构数组,如程序示例 2.17 所示。如果在计算过程中仅需要结构中的少量元素参与计算,此时会导致 Cache 利用率严重下降。

　　以计算所有员工的工资之和为例,在采用 AoS 的数据组织方式时,对应的程序如程序示例 2.21 所示。其中,一个 stuff 结构占据了 32B,在一个 Cache 行中包含了两个 stuff 结构。在程序示例 2.21 中,一个 Cache 行的 64B 中仅有 8B(两个结构中的 salary 字段)参与计算。如果系统初始时,stuff_list 的所有内容都在主存中,Cache 中没有包含它们,那么上述计算过程中,每访问两个 salary 字段就需要将整行(64B)从主存读入 Cache 中,有效存储器访问带宽仅为总存储器带宽的 1/8。如果主存的访问带宽为 32GB/s,则有效内存访问带宽仅为 4GB/s,CPU 最大的计算速度不超过每秒 1G 个元素。

```
float sum;
for(i=0,sum=0.0;i<STUFF_NUM;i++){
   sum+=(float)stuff_list[i].salary;
}
```

程序示例 2.21　AoS 结构下的员工工资之和

　　SoA(Structures-of-Array)数据组织方式是将各个结构中的各个字段分别形成数组,对 stuff 结构的修改如程序示例 2.22 所示。计算所有员工的工资总和时,就只需要访问

stuff 中的 salary 数组。此时，内存访问带宽的有效率可以达到 100%，CPU 每秒可以处理 8G 个元素。

```
struct stuff_SoA{
    char *name;
    int *salary;
    int *age;
};
struct stuff_SoA stuff;
float sum;
float *p=stuff.salary;
for(i=0,sum=0.0;i<STUFF_NUM;i++){
    sum+=p[i];
}
```

程序示例 2.22　SoA 结构下的员工工资之和

2.4.4　数据分块以提升 Cache 命中率

数据分块方法是将大规模数据分成若干可以容纳在一级 Cache 中的小块，在计算过程中反复使用这些小块，从而提升 Cache 命中率。本节将以矩阵乘法为例说明数据分块方法。

$N \times N$ 的矩阵 $A\{a_{i,j}\}$ 和 $B\{b_{i,j}\}$ 相乘可以得到 $N \times N$ 的矩阵 $C\{c_{i,j}\}$，其中矩阵 C 的元素 $c_{i,j}$ 的计算如下所示：

$$c_{i,j} = \sum_{k=1}^{N} a_{i,k} \times b_{k,j} \quad 1 \leqslant i,j \leqslant N$$

原始的矩阵乘法程序如程序示例 2.23 所示，其中的第 8 行需要访问矩阵 A 和矩阵 B 的元素。对于矩阵 A 的访问是按照地址从小到大的顺序进行的，有利于发挥 Cache 的性能。对于矩阵 B 的访问序列却是以 N 个单精度浮点数为跳距的，这将导致读取矩阵 B 的元素时出现大量的 Cache 缺失，严重影响程序性能。

```
1   //a和b为输入矩阵的指针，c为输出矩阵的指针，N为矩阵的阶数
2   void matrix_multiply(float *a,float *b, float *c, int N){
3       int i,j,k;
4       for(i=0;i<N;i++){
5           for(j=0;j<N;j++){
6               float sum=0.0;
7               for(k=0;k<N;k++){
8                   sum+=a[i*N+k]*b[k*N+j];      //矩阵元素访问
9               }
10              c[i*N+j]=sum;
11          }
12      }
13  }
```

程序示例 2.23　未分块的矩阵乘法

可以将矩阵 A、B、C 都分成大小为 $m \times m$ 的小块（$m \mod N = 0$），如式 (2.3) 所示，其中 $A_{i,j}$、$B_{i,j}$ 和 $C_{i,j}$（$1 \leqslant i, j \leqslant N/m$）都是 $m \times m$ 的矩阵。子矩阵 $C_{i,j} = \sum_{k=1}^{N/m} A_{i,k} \times B_{k,j}$（$1 \leqslant i, j \leqslant N/m$）。程序示例 2.23 可以改造为每次计算一个子矩阵。如果控制三个 $m \times m$ 子矩阵的总容量小于一级 Cache 容量，则子矩阵乘法计算过程中所需要的数据都可以容纳在一级 Cache 中，将有效提高矩阵计算的效率。矩阵元素为单精度浮点数时，3 个子矩阵的存储容量为 $12m^2$B。在一级 Cache 容量为 32KB 的情况下，m 的合理取值为 32 或者 64。

$$
\begin{pmatrix}
C_{1,1} & \cdots & C_{1,N/m} \\
C_{2,1} & \cdots & C_{2,N/m} \\
\vdots & & \vdots \\
C_{N/m,1} & \cdots & C_{N/m,N/m}
\end{pmatrix}
=
\begin{pmatrix}
A_{1,1} & \cdots & A_{1,N/m} \\
A_{2,1} & \cdots & A_{2,N/m} \\
\vdots & & \vdots \\
A_{N/m,1} & \cdots & A_{N/m,N/m}
\end{pmatrix}
$$
$$
\times
\begin{pmatrix}
B_{1,1} & \cdots & B_{1,N/m} \\
B_{2,1} & \cdots & B_{2,N/m} \\
\vdots & & \vdots \\
B_{N/m,1} & \cdots & B_{N/m,N/m}
\end{pmatrix}
\tag{2.3}
$$

2.4.5　Cache 预取

在链表、树、图等数据结构中，往往通过 malloc() 等函数从堆中动态分配每个元素的内存区域，这使得每个元素的地址不连续，且只有在程序运行时刻才能确定，无法事先预测，可能会导致 Cache 缺失率上升。此时可以考虑使用 Cache 预取指令。

在 Intel 的 x86 处理器中具有 Cache 预取内嵌原语，如程序示例 2.24 所示。如果预取的数据仅使用一次，那么一般应该采用非临时预取的类型 _MM_HINT_NTA。如果要进行写操作或者访问该缓存行多次，那么一般采用预取数据到所有缓存的类型 _MM_HINT_T0。

```
#include <xmmintrin.h>
void _mm_prefetch (char const* p, int i);
//p为需要预取的地址，i给出了预取操作的类型，如下所示：
//_MM_HINT_NTA   非临时预取，减少缓存行的污染
//_MM_HINT_T0    预取数据到所有缓存
//_MM_HINT_T1    预取到L2、L3缓存，但是不到L1缓存
//_MM_HINT_T2    仅预取数据到L3缓存
```

程序示例 2.24　Cache 预取语句

程序示例 2.25 描述了带 Cache 预取的链表遍历伪代码，其中使用 _mm_prefetch() 方法先预取 p 所在链表的下一块结构，再处理当前结构 p 的数据。此时将同时执行 Cache 从主存读入下一个链表元素和 CPU 处理当前结构数据这两个操作，时间上相互重叠，从而可能部分掩盖了访问主存的延迟。在处理下一个结构的数据时，下一个结构的内容可能已经事先预取到 Cache 中，可以降低 Cache 的缺失率。

```
struct node{
```

```
    struct node *next;
    //data
};
struct node *root;//链表的头

struct node *p=root;
while(p!=NULL){
    if(p->next!=NULL) _mm_prefetch (p->next, _MM_HINT_T0);
    //处理p中的数据
    p=p->next;
}
```

程序示例 2.25　带 Cache 预取的链表遍历伪代码

2.5　针对循环结构的优化

循环结构的开销主要包括循环变量的修改, 以及对应的条件分支判断等。如果循环体执行的指令过少, 会导致循环体内的可并行指令不足, 而且循环结构自身的开销过高。可以使用消除循环、循环展开等方法避免或减少循环的开销。

2.5.1　消除循环

对于循环次数已经预先明确的循环, 可以采用直接展开的方法消除循环。

在空间变换中经常需要使用式 (2.4) 所示的 4×4 矩阵和向量的相乘计算, 其中矩阵的内容固定, 输入为 x、y、z、w。

$$\begin{pmatrix} x' \\ y' \\ z' \\ w' \end{pmatrix} = \begin{pmatrix} m_{00} & m_{01} & m_{02} & m_{03} \\ m_{10} & m_{11} & m_{12} & m_{13} \\ m_{20} & m_{21} & m_{22} & m_{23} \\ m_{30} & m_{31} & m_{32} & m_{33} \end{pmatrix} \times \begin{pmatrix} x \\ y \\ z \\ w \end{pmatrix} \tag{2.4}$$

可以完全展开式 (2.4) 的计算, 如程序示例 2.26 所示。这样不仅完全避免了循环带来的开销, 而且众多乘法计算之间没有数据相关性, 可以充分发挥微处理器的指令级并行性。

```
r[0] = m[0][0] * v[0] + m[1][0] * v[1] + m[2][0] * v[2] + m[3][0] * v[3];
r[1] = m[0][1] * v[0] + m[1][1] * v[1] + m[2][1] * v[2] + m[3][1] * v[3];
r[2] = m[0][2] * v[0] + m[1][2] * v[1] + m[2][2] * v[2] + m[3][2] * v[3];
r[3] = m[0][3] * v[0] + m[1][3] * v[1] + m[2][3] * v[2] + m[3][3] * v[3];
```

程序示例 2.26　小矩阵相乘的循环消除

2.5.2　循环展开

循环次数不确定或者循环次数太多时, 难以直接消除循环, 需要使用循环展开方法, 减少循环开销在整个执行过程中的比例, 同时有效提升循环体内指令的并行性。

程序示例 2.27 用于求两个向量 a 和 b 的内积。它的问题是在一次循环内仅完成了一个乘法和一个加法，不仅循环开销高，而且乘法操作的流水线性能也无法发挥出来。

```
double a[MAX_LENGTH], b[MAX_LENGTH],sum;
for (i=0,sum=0; i < MAX_LENGTH; i++)  sum+= a[i] *b[i];
```

程序示例 2.27   原始的向量内积

程序示例 2.28 采用循环展开方法。此时，循环体中包含了 4 个浮点乘法和 4 个浮点加法操作，而且这些操作没有相关性，可以发挥微处理器指令级并行能力，提高循环体的执行效率。

```
double a[MAX_LENGTH], b[MAX_LENGTH],s0,s1,s2,s3,sum;
for (i=0,s0=0,s1=0,s2=0,s3=0; i < MAX_LENGTH; i+=4){
   s0+=a[i]*b[i];s1+=a[i+1]*b[i+1];s2+= a[i+2]*b[i+2];s3+= a[i+3]*b[i+3];
}
sum=s0+s1+s2+s3;
```

程序示例 2.28   循环展开后的向量内积

例子 2.13 已知 $\int_0^1 \sqrt{1-x^2}\mathrm{d}x = \dfrac{\pi}{4}$，即 $\pi = 4\int_0^1 \sqrt{1-x^2}\mathrm{d}x$。程序示例 2.29 可以基于求定积分的方法计算 π 的值，请将此程序的循环体展开。

答：程序示例 2.30 给出了循环展开后的实现方法，一次循环同时计算了 4 个值。循环中使用的变量 d2、d3、d4 在循环前预先计算，减少了循环体的计算量。

```
#define N 1024*1024
double d=1.0/(double)N;
x=0.0;pi=0.0;
for(int i=0;i<N;i++){
   pi+=d*sqrt(1-x*x);
   x+=d;
}
pi=4.0*pi;
```

程序示例 2.29   使用定积分方法计算 π

```
#define N 1024*1024
double d=1.0/(double)N;
x=0.0;pi=0.0;
double d2,d3,d4;
d2=2*d;d3=3*d;d4=4*d;
for(int i=0;i<N;i+=4){
   double x1,x2,x3;
   x1=x+d;x2=x+d2;x3=x+d3;
   pi+=d*(sqrt(1-x*x)+sqrt(1-x1*x1)+sqrt(1-x2*x2)+sqrt(1-x3*x3));
   x+=d4;
}
```

```
pi=4.0*pi;
```

程序示例 2.30　使用定积分方法计算 π 的循环展开

循环展开可以由程序员手工完成，也可以由编译器辅助完成。

> 在 gcc 编译器中，使用-funroll-all-loops 参数可以展开循环次数不确定的循环，使用-funroll-loops 参数可以展开编译时刻循环次数确定的循环。
> 在 icc 编译器中，可以使用 #pragma unroll 展开循环。

2.6　综合实例

2.6.1　Linux 内核中的 ECC 计算

ECC（Error Correcting Code）是一种常见的校验码编码方式，不仅可以发现数据中出现的错误，而且可以纠正 1 位的错误，广泛应用于内存和硬盘的内容校验中。在将数据写入 Flash 文件系统时，需要对每个数据块都产生 ECC 校验码，并和数据块一起写入 Flash 中；在读出 Flash 文件时，读出存储的数据块及其对应的 ECC 校验码后对数据块产生 ECC 校验码，并与读出的 ECC 校验码进行比对，从而发现或者纠正读出数据中可能存在的错误。计算一个数据块对应的 ECC 校验码成了提升文件系统性能的重要因素。Linux 操作系统的 ECC 校验生成程序 [6] 综合了多种优化技巧，是一个很好的程序优化范本。本节将首先介绍 ECC 校验的基本原理，然后说明不同优化技巧的使用方法。

1. ECC 校验码编码原理

在长时间的信息存储过程中，存储的二进制数字信息有可能会发生错误，即从原先的 0 变化为 1，或者从 1 变成 0。ECC 是一种简单易行的校验码编码方式。最基本的 ECC 编码是针对 256 字节的数据产生 3 字节（实际是 22 位）的编码，其原理如图 2-16 所示。

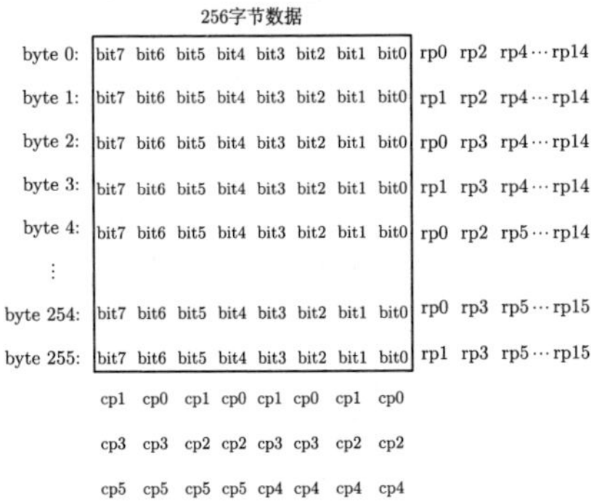

a) ECC编码原理

ECC	第 7 位	第 6 位	第 5 位	第 4 位	第 3 位	第 2 位	第 1 位	第 0 位
0 字节	rp7	rp6	rp5	rp4	rp3	rp2	rp1	rp0
1 字节	rp15	rp14	rp13	rp12	rp11	rp10	rp9	rp8
2 字节	cp5	cp4	cp3	cp2	cp1	cp0	1	1

b) ECC结果的存储

图 2-16　ECC 校验原理

ECC 校验码中包含了 16 位的行校验码 rp0，⋯，rp15 和 6 位的列校验码 cp0，⋯，

cp5。行编码 rp0 是对所有偶数字节中的位进行异或的结果，rp1 是对所有奇数字节中的位进行异或的结果。可以描述为：

rp0=BYTE_XOR(D[0] XOR D[2] XOR D[4] XOR ···XOR D[255])

rp1=BYTE_XOR(D[1] XOR D[3] XOR D[5] XOR ···XOR D[255])

其中 BYTE_XOR 是对一个字节中的所有位进行异或操作的操作。

rp2 和 rp3 也是对称的，其中 rp2 是对第 0, 1, 4, 5, 8, 9, ···, 252, 253 字节中的位进行异或的结果，rp3 则是对第 2, 3, 6, 7, ···, 254, 255 字节中的位进行异或的结果。rp14 是对前 128 字节中的位进行异或的结果，rp15 则是对后 128 字节中的位进行异或的结果。

简而言之，rp_{2n} 是对从第 0 字节开始的连续 2^n 个字节，然后间隔 2^n 个字节后再取 2^n 个字节进行异或，直至到达最后一块。rp_{2n+1} 则是对从第 2^n 字节开始的连续 2^n 个字节，然后间隔 2^n 个字节后再取 2^n 个字节进行异或，直至到达最后一块。

6 位的列校验码可以分成 3 组，其中 cp0（cp1）为所有字节的偶数位（奇数位）异或的结果，cp2（cp3）为所有字节的第 0, 1, 4, 5 位（第 2, 3, 6, 7 位）异或的结果，cp4（cp5）为所有字节的第 0, 1, 2, 3 位（第 4, 5, 6, 7 位）异或的结果。这 22 位数据最终形成的三字节编码格式如图 2-16 所示。

2. 使用查表法优化

在原有的行校验码产生过程中，需要对每个字节中的所有位进行异或操作（即 BYTE_XOR 函数），计算过程比较复杂。通过查找表 parity（程序示例 2.31）可以快速计算一个字节内所有位的异或值，该表的 256 个表项对应了一个字节的 256 种可能性，其中第 k 个表项为 k 的二进制表示中所有位异或的结果。例如 7 的二进制表示为 00000111，这 8 位异或的结果等于 1，所以 parity 表的第 7 项等于 1。

```
const char parity[256] = {
0, 1, 1, 0, 1, 0, 0, 1, 1, 0, 0, 1, 0, 1, 1, 0,
1, 0, 0, 1, 0, 1, 1, 0, 0, 1, 1, 0, 1, 0, 0, 1,
1, 0, 0, 1, 0, 1, 1, 0, 0, 1, 1, 0, 1, 0, 0, 1,
0, 1, 1, 0, 1, 0, 0, 1, 1, 0, 0, 1, 0, 1, 1, 0,
1, 0, 0, 1, 0, 1, 1, 0, 0, 1, 1, 0, 1, 0, 0, 1,
0, 1, 1, 0, 1, 0, 0, 1, 1, 0, 0, 1, 0, 1, 1, 0,
0, 1, 1, 0, 1, 0, 0, 1, 1, 0, 0, 1, 0, 1, 1, 0,
1, 0, 0, 1, 0, 1, 1, 0, 0, 1, 1, 0, 1, 0, 0, 1,
1, 0, 0, 1, 0, 1, 1, 0, 0, 1, 1, 0, 1, 0, 0, 1,
0, 1, 1, 0, 1, 0, 0, 1, 1, 0, 0, 1, 0, 1, 1, 0,
0, 1, 1, 0, 1, 0, 0, 1, 1, 0, 0, 1, 0, 1, 1, 0,
1, 0, 0, 1, 0, 1, 1, 0, 0, 1, 1, 0, 1, 0, 0, 1,
0, 1, 1, 0, 1, 0, 0, 1, 1, 0, 0, 1, 0, 1, 1, 0,
1, 0, 0, 1, 0, 1, 1, 0, 0, 1, 1, 0, 1, 0, 0, 1,
1, 0, 0, 1, 0, 1, 1, 0, 0, 1, 1, 0, 1, 0, 0, 1,
0, 1, 1, 0, 1, 0, 0, 1, 1, 0, 0, 1, 0, 1, 1, 0
};
```

程序示例 2.31　BYTE_XOR 的查找表

程序示例 2.32 根据不同行校验码所处的位置，计算了不同行校验码对应字节的异或值，与此同时计算了所有字节的异或值 par。

```
const unsigned char *bp = buf;
unsigned char cur;
unsigned char rp0, rp1, rp2, rp3, rp4, rp5, rp6, rp7;
unsigned char rp8, rp9, rp10, rp11, rp12, rp13, rp14, rp15;
unsigned char par;

for (i = 0; i < 256; i++)
{
  cur = *bp++;
  par ^= cur;
  if (i & 0x01) rp1 ^= cur; else rp0 ^= cur;
  if (i & 0x02) rp3 ^= cur; else rp2 ^= cur;
  if (i & 0x04) rp5 ^= cur; else rp4 ^= cur;
  if (i & 0x08) rp7 ^= cur; else rp6 ^= cur;
  if (i & 0x10) rp9 ^= cur; else rp8 ^= cur;
  if (i & 0x20) rp11 ^= cur; else rp10 ^= cur;
  if (i & 0x40) rp13 ^= cur; else rp12 ^= cur;
  if (i & 0x80) rp15 ^= cur; else rp14 ^= cur;
}
```

程序示例 2.32 计算多个字节的异或值

程序示例 2.33 根据编码格式直接生成了 3 字节的校验码，需要注意列校验码的生成中需要使用"与"操作选择对应列的位。例如 cp0 需要考虑第 0, 2, 4, 6 位，所以对 par 与 0x55 即 01010101 进行与操作，再查询 parity 表。此时，与 cp0 无关的位就被设置为 0，不影响 parity 表查找的结果。

```
code[0] =(parity[rp7] << 7) | (parity[rp6] << 6) |
         (parity[rp5] << 5) | (parity[rp4] << 4) |
         (parity[rp3] << 3) |(parity[rp2] << 2) |
         (parity[rp1] << 1) | (parity[rp0]);
code[1] =(parity[rp15] << 7) | (parity[rp14] << 6) |
         (parity[rp13] << 5) | (parity[rp12] << 4) |
         (parity[rp11] << 3) | (parity[rp10] << 2) |
         (parity[rp9] << 1) |(parity[rp8]);
code[2] =(parity[par & 0xf0] << 7) |(parity[par & 0x0f] << 6) |
         (parity[par & 0xcc] << 5) |(parity[par & 0x33] << 4) |
         (parity[par & 0xaa] << 3) | (parity[par & 0x55] << 2);
```

程序示例 2.33 使用查找表法得到校验码

3. 使用 32 位无符号整数替代字节

上一个版本的程序中有两个缺点：① 每次仅计算一个字节，而没有使用 32 位整数计算；② 没有使用校验码的对称性，具有大量的冗余计算。程序示例 2.34 中将异或计算的对象从字节修改为 32 位，将循环次数从 256 减少到 64。此外，两个对称的行编码所需要的字节恰好为所有字节，即满足 $rp_{2n} \oplus rp_{2n+1} = par$，其中 par 为所有字节的异或值。因此，循环中仅需要求出 rp_{2n} 和 par，在循环体外使用 $rp_{2n+1} = rp_{2n} \oplus par$ 求出 rp_{2n+1}。

```
const unsigned long *bp = (unsigned long *)buf;
unsigned long cur;
unsigned long rp0, rp1, rp2, rp3, rp4, rp5, rp6, rp7;
unsigned long rp8, rp9, rp10, rp11, rp12, rp13, rp14, rp15;
unsigned long par;
par = 0;
rp0 = 0; rp1 = 0; rp2 = 0; rp3 = 0;
rp4 = 0; rp5 = 0; rp6 = 0; rp7 = 0;
rp8 = 0; rp9 = 0; rp10 = 0; rp11 = 0;
rp12 = 0; rp13 = 0; rp14 = 0; rp15 = 0;
for (i = 0; i < 64; i++){
    cur = *bp++;
    par ^= cur;
    if (i & 0x01) rp5 ^= cur;
    if (i & 0x02) rp7 ^= cur;
    if (i & 0x04) rp9 ^= cur;
    if (i & 0x08) rp11 ^= cur;
    if (i & 0x10) rp13 ^= cur;
    if (i & 0x20) rp15 ^= cur;
}
rp4  = par ^ rp5;     rp6  = par ^ rp7;     rp8  = par ^ rp9;
rp10 = par ^ rp11;    rp12 = par ^ rp13;    rp14 = par ^ rp15;
```

程序示例 2.34   计算多个字的异或值

程序示例 2.35 中，将基于 32 位的异或结果求出对应字节的异或结果，即对该 32 位中的所有字节进行异或，可以求得 rp4, rp5, · · · , rp14, rp15 等。rp0, rp1, rp2, rp3 的字节级结果蕴含在 32 位的 par 中，可以使用 par 求得这些值。最后，使用前述查找表法从这些字节级的编码结果得到 3 个字节 ECC 编码中的各个校验位。

```
rp4  ^= (rp4 >> 16); rp4  ^= (rp4 >> 8); rp4  &= 0xff;
rp5  ^= (rp5 >> 16); rp5  ^= (rp5 >> 8); rp5  &= 0xff;
rp6  ^= (rp6 >> 16); rp6  ^= (rp6 >> 8); rp6  &= 0xff;
rp7  ^= (rp7 >> 16); rp7  ^= (rp7 >> 8); rp7  &= 0xff;
rp8  ^= (rp8 >> 16); rp8  ^= (rp8 >> 8); rp8  &= 0xff;
rp9  ^= (rp9 >> 16); rp9  ^= (rp9 >> 8); rp9  &= 0xff;
rp10 ^= (rp10 >> 16); rp10 ^= (rp10 >> 8); rp10 &= 0xff;
rp11 ^= (rp11 >> 16); rp11 ^= (rp11 >> 8); rp11 &= 0xff;
rp12 ^= (rp12 >> 16); rp12 ^= (rp12 >> 8); rp12 &= 0xff;
rp13 ^= (rp13 >> 16); rp13 ^= (rp13 >> 8); rp13 &= 0xff;
rp14 ^= (rp14 >> 16); rp14 ^= (rp14 >> 8); rp14 &= 0xff;
rp15 ^= (rp15 >> 16); rp15 ^= (rp15 >> 8); rp15 &= 0xff;

rp3 = (par >> 16); rp3 ^= (rp3 >> 8); rp3 &= 0xff;
rp2 = par & 0xffff; rp2 ^= (rp2 >> 8); rp2 &= 0xff;
par ^= (par >> 16);
rp1 = (par >> 8); rp1 &= 0xff;
rp0 = (par & 0xff);
par ^= (par >> 8); par &= 0xff;
```

程序示例 2.35   从 32 位的异或值转换为字节的异或值

4. 循环展开

在程序示例 2.34 中，循环体包含了大量的条件分支指令，可以通过循环展开进一步消除这些循环指令，如程序示例 2.36 所示。其中，循环变量 eccsize_mult 用于处理不同尺寸的数据块，在数据块为 256 字节时，eccsize_mult 等于 1，即循环 4 次。每次循环完成 16 个字的异或操作，这使得每次循环中的条件分支次数由原先的 6 次缩减到 2 次。与此同时，还引入了 tmppar，以进一步减少异或的计算量：在使用 rp6、rp8 和 rp10 进行第一个连续块的生成中使用了 tmppar 的值，在 rp12 和 rp14 的计算中也直接使用了该变量，从而减少了重复的计算量。

```
for (i = 0; i < eccsize_mult << 2; i++) {
  cur = *bp++;tmppar  = cur;rp4 ^= cur;
  cur = *bp++;tmppar ^= cur;             rp6 ^= tmppar;
  cur = *bp++;tmppar ^= cur;rp4 ^= cur;
  cur = *bp++;tmppar ^= cur;                        rp8 ^= tmppar;
  cur = *bp++;tmppar ^= cur;rp4 ^= cur; rp6 ^= cur;
  cur = *bp++;tmppar ^= cur;            rp6 ^= cur;
  cur = *bp++;tmppar ^= cur;rp4 ^= cur;
  cur = *bp++;tmppar ^= cur;                                  rp10 ^= tmppar;
  cur = *bp++;tmppar ^= cur;rp4 ^= cur; rp6 ^= cur;  rp8 ^= cur;
  cur = *bp++;tmppar ^= cur;            rp6 ^= cur;  rp8 ^= cur;
  cur = *bp++;tmppar ^= cur;rp4 ^= cur;             rp8 ^= cur;
  cur = *bp++;tmppar ^= cur;                        rp8 ^= cur;
  cur = *bp++;tmppar ^= cur;rp4 ^= cur; rp6 ^= cur;
  cur = *bp++;tmppar ^= cur;            rp6 ^= cur;
  cur = *bp++;tmppar ^= cur;rp4 ^= cur;
  cur = *bp++;tmppar ^= cur;
  par ^= tmppar;
  if ((i & 0x1) == 0) rp12 ^= tmppar;
  if ((i & 0x2) == 0) rp14 ^= tmppar;
  if (eccsize_mult == 2 && (i & 0x4) == 0) rp16 ^= tmppar;
}
```

程序示例 2.36　ECC 的循环展开

2.6.2　Hash 表的构建

Hash 表是一种常见的数据结构，本节将介绍一种有利于提高内存访问效率的 Hash 表构建方法。

N 个需要插入 Hash 表的元素存储于数组 S 中，Hash 表的结果包括包含 N 个元素的数组 D 和包含 h 个整数的数组 P，其中 h 为 Hash 桶的数量。在为 D 和 P 分配内存空间后，第一步扫描所有原始数据 S，计算出每个桶的元素数，并存储在 P 中；第二步计算 P 的前缀和，根据每个桶的元素数计算出每个桶在 D 中的起始位置，记为 P_i（$0 \leqslant i \leqslant h-1$）；第三步再次扫描原始数据 S，并将其插入对应的 Hash 桶中。

在图 2-17 中，将 S 数组中具有的 10 个元素放置到 4 个 Hash 桶 A、B、C 和 D 中，每个元素标号的第一个字符标识了它所属于的桶编号。在第一步后，数组 P 记录了四个 Hash 桶中应该包含的元素数量，例如桶 A 中元素的数量为 4，桶 B 中元素的数量为 1。对数组 P 计算前缀和后，P 中每个元素的值恰好为各个 Hash 桶在数组 D 中的起始位置。

第一步扫描数组 S 的所有元素是顺序读出过程，有利于发挥 Cache 的性能，其结果仅写入由 B 个元素构成的数组。当桶的数量 B 比较小时，数组 P 可以被一级 Cache 容纳。第二步计算数组 P 的前缀和，该数组已经在一级 Cache 中。第三步的计算过程如算法 2.1 所示，其中读取 S 数组是按照顺序读出的操作，但是将其写入 Hash 桶的位置却是随机的。由此分析可以看出，上述 Hash 表创建过程中，除了第三步对数组 D 的写入操作以外，存储器访问的模式对 Cache 都是友好的。

算法 2.1　将数组 S 的元素插入数组 D 的 Hash 桶

Input:

　　S：长度为 N 的数组

　　N：数组长度

　　h：Hash 桶数量

　　D：Hash 桶

1: **for** $i = 0$ **to** $N - 1$ **do**

2:　　$d \leftarrow S[i]$

3:　　$t \leftarrow d \mod h$

4:　　$D[P_t] \leftarrow d$

5:　　$P_t \leftarrow P_t + 1$

6: **end for**

可以考虑使用临时缓冲的方法[7]，提升对 D 的写入性能，即设置容量为 l 个元素的 h 个缓冲，记为 b_i，其中 $0 \leqslant i \leqslant h - 1$。将写入同一个 Hash 桶的数据收集在对应的临时缓冲中。待写入数据的缓冲满时，再将这些数据一次性连续写入全局数据区，如算法 2.2 所示。图 2-18 说明了在按照图 2-17 中数组 S 从左到右的顺序向 D 插入元素的过程中，插入元素 $A2$ 前后的情况，其中每个缓冲的容量 $l = 2$。

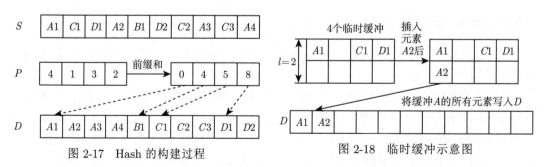

图 2-17　Hash 的构建过程　　　　图 2-18　临时缓冲示意图

临时缓冲的大小将根据 Cache 容量设置，使得临时缓冲的总容量（$= h \times l \times$ 每个元素的内存容量）小于一级 Cache 容量。例如，一级 Cache 容量为 32KB，$h = 256$，每个元素占据 4 字节时，l 不应高于 32。此时，对临时缓冲的写入操作将不会发生 Cache 缺失，而且对 D 的写入操作也是连续的。

算法 2.2　将数组 S 的元素插入数组 D 的 Hash 桶（带临时缓冲）

Input：
    S：长度为 N 的数组

    N：数组长度

    h：Hash 桶数量

    D：Hash 桶

  1:　**for** $i = 0$ **to** $N - 1$ **do**

  2:　 $d \leftarrow S[i]$

  3:　 $t \leftarrow d \mod h$

  4:　 将 d 加入缓冲 b_t

  5:　 **if** b_t 满 **then**

  6:　 将 b_t 的 l 个元素写入 D 中 P_t 起始位置

  7:　 $P_t \leftarrow P_t + l$

  8:　 **end if**

  9:　**end for**

10:　**for** $i = 0$ **to** $N - 1$ **do**

11:　 **if** b_i 不为空 **then**

12:　 将 b_i 中的有效元素写入 D 中 P_i 起始位置

13:　 **end if**

14:　**end for**

2.7　扩展阅读

David Harris 编著的 *Digital Design and Computer Architecture*[8] 浅显易懂，可以帮助读者理解微处理器流水线的基本结构。John 和 Hennessy 的（*Computer Architecture*）:（*A Quantitative Approach*）[9] 是微处理器体系结构设计的经典著作，可供读者深入学习现代微处理器关键技术。John Paul Shen 所著的 *Modern Processor Design: Fundamentals of Superscalar Processor*[10] 详细介绍了超标量处理器中的关键技术。

在针对特定体系结构的软件优化方面，Intel 公司[11]、AMD 公司[12] 和 ARM 公司都提供了软件优化手册，还有专门的书籍介绍 Intel 的 IA32 微处理器[13] 和 Xeon Phi 加速部件[14] 程序优化方法。

混合精度计算是提升计算性能的有效方式。在稠密矩阵和稀疏矩阵方程求解方面，Baboulin 进行了详细的性能对比测试[15]，Langou 进行了误差分析[16]。对于 N 阶矩阵，单精度浮点计算部分的复杂度为 $O(N^3)$，双精度浮点部分的计算复杂度为 $O(N^2)$，这使得混合计算的效益随着矩阵规模的扩大而不断提升。在深度学习方面，混合精度计算或者采用位数更少的数据类型计算[17] 可以有效提升深度学习过程的计算性能。Higham 的著作[18] 介绍了浮点计算精度分析的方法。

在 Knuth 的巨著 *The Art of Computer Programming* 第 4 卷中[19] 介绍了大量的二进制计算技巧。

2.8 习题

习题 2.1   考虑改进后的海伦公式 $S = \sqrt{0.0625(a+b+c)(a+b-c)(a+c-b)(b+c-a)}$。设 a、b、c 均为单精度浮点数，且存储于寄存器 F1、F2、F3 中（共有 8 个浮点寄存器 F0~F7）。基于例子 2.2 中所描述的两种微结构。请给出：

1. 改进后海伦公式的伪汇编代码。

2. 分别估计在两种微结构下计算所需要的周期数，并与例子 2.2 进行比较。

习题 2.2   对于函数 $f(x) = a\sin(x) + b\cos(x)$，其中 a 和 b 都是给定的实数。请给出一种加速计算 $f(x)$ 的方法。

习题 2.3   请估计 x^{2022} 最少需要多少次乘法计算。

习题 2.4   长整数乘法是两个超过计算机字长的整数相乘，可以描述为 $(x_1 b + x_0)(y_1 b + y_0) = x_1 y_1 b^2 + (x_1 y_0 + x_0 y_1)b + x_0 y_0$，其中 $b = 2^t$ 为 2 的整数次幂，且 $0 \leqslant x_1, x_0, y_1, y_0 \leqslant b-1$。经典的长整数乘法将一个 $2t$ 位的乘法转化为 4 个 t 位的乘法结果之和，其计算复杂度为 $O(N^2)$。

Karatsuba 乘法：$(x_1 b + x_0)(y_1 b + y_0) = (b^2 + b)x_1 y_1 - b(x_1 - x_0)(y_1 - y_0) + (b+1)x_0 y_0$。此时，一个 $2t$ 位的乘法仅包含了 3 个 t 位乘法：$x_1 y_1$、$(x_1 - x_0)(y_1 - y_0)$ 和 $x_0 y_0$。

请估算 Karatsuba 乘法的算法复杂度。

习题 2.5   请设计两个表，分别用于统计字节 b 中 1 的个数和前导 0 的个数。

习题 2.6（两位分支预测器）   一位分支预测器只是简单地记录了上一次分支发生的方向，而且预测当前分支与上一次的分支实际方向相同。两位分支预测器则使用两位信息预测分支，其状态转移图如图 2-19 所示，图中的 "T" 和 "F" 表示分支实际发生的方向，在状态为 00 和 01 时预测分支不会发生，而状态为 11 和 10 时预测分支会发生。请针对数字滤波器程序示例 2.37，分别计算一位分支预测器和两位分支预测器的预测准确率，其中 M 设置为 16，count 设置为 1024。

```
void FIR(float *in, float *out, float *coeff, int count){
    int i,j;
    for(i=0; i<count - M; i++ ){
        float sum = 0;
        for(j=0; j<M; j++ ){
            sum += in[j]*coeff[j];
        }
        *out++ = sum;
        in++;
    }
}
```

程序示例 2.37   两位分支预测器的程序

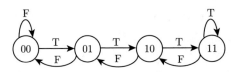

图 2-19　两位分支预测器的状态转移图

习题 2.7　请根据表 2-5 计算 Skylake 处理器的一级数据 Cache 和二级 Cache 中分别有多少个组。

习题 2.8　请估计程序示例 2.22 在 Skylake 处理器上运行时一级数据 Cache 的命中率。

2.9　实验题

实验题 2.1（Horner 算法）　对于函数 $f(x) = x - \dfrac{x^3}{3!} + \dfrac{x^5}{5!} - \dfrac{x^7}{7!}$，使用双精度浮点计算 $s = \displaystyle\int_0^{\pi/2} f(x)\mathrm{d}x \approx \sum_{k=0}^{N-1} f(kh)h$，其中 h 和 N 满足 $hN = \dfrac{\pi}{2}$。设定 $N = 10^9$，请完成两个版本的程序，并对比性能。

（1）使用 Horner 算法计算多项式 $f(x)$ 的值，并计算 s。

（2）在上一方法的基础上，使用循环展开方法加速计算过程。

实验题 2.2（所得税）　我国的个人所得税计算采用了累进税率方法，税率分为 7 级，如表 2-6 所示。个人所得税的计算方法为（收入 −3500）× 税率–速算扣除数。例如收入为 5200 元，减去个人免税额 3500 元后，应交税部分为 1700 元。由于 1700 处于 (1500, 4500] 区间，故采用 10% 税率，其个人所得税为（5200−3500）×10%−105 = 65 元。

请使用消除分支的方法设计一个能够快速计算一亿人个人所得税的函数，相关函数原型如程序示例 2.38 所示。

表 2-6　我国的个人所得税税率（2011 年 9 月公布）

收入 −3500（元）	税率（%）	速算扣除数（元）
[0, 1500]	3	0
(1500, 3000]	10	105
(3000, 9000]	20	555
(9000, 35500]	25	1, 005
(35500, 55000]	30	2, 755
(55000, 80000]	35	5, 505
>80000	45	13,505

```
void income_tax(float *income, int n, float *tax);
//income为收入的数组（每个元素均保证大于或等于0），n为数组大小。
//tax为计算得到的个人所得税值数组。
```

程序示例 2.38　个人所得税计算的函数原型

实验题 2.3（Huffman）　Huffman 编码是一种高效率的数据压缩方法。对于仅包含 *ASCII* 码的文本文件 *M*，请完成三个程序。

（1）统计文本文件 *M* 的字符频度，并产生 Huffman 编码表文件（提示：编码和解码的编码表格式可以不同）。

（2）根据产生的 Huffman 编码表文件，设计编码程序产生对文本文件的 Huffman 编码文件。

（3）根据产生的 Huffman 编码表文件，设计解码程序。

请分别使用传统方法和消除分支方法设计 Huffman 解码程序，比较两者的解码速度。

实验题 2.4（矩阵乘法）　对于两个 *N* 阶单精度浮点矩阵（元素由程序示例 2.39 随机产生），基准矩阵乘法程序如程序示例 2.40 所示。

（1）两个 *N* 阶矩阵乘法的计算复杂度是多少？所需要完成的浮点计算有多少次？

（2）测量 *N* 为 512、1024、2048、4096 时基准矩阵乘法的运行时间。

（3）上述不同矩阵规模的执行时间变化是否符合理论复杂度的预期？矩阵乘法在 CPU 上每秒单精度浮点计算次数达到多少？

（4）硬件平台的一级数据 Cache 容量是多少？采用矩阵分块方法时，每个小矩阵的阶 m_0 取多少比较合适？

（5）设计矩阵乘法分块程序。设置矩阵分块尺寸 m 为 $m_0/2$、m_0 和 $2m_0$ 三种情况，测量不同分块尺寸下的矩阵乘法时间，并回答哪种分块方法的时间最短。

（6）在最优分块尺寸下，测量程序运行时间，计算针对基准程序的加速比以及每秒钟所完成的单精度浮点计算次数。

```
/*
Input: a, b are the N*N float matrix, 0<seed<1, float
This function should initialize two matrixs with rand_float()
*/
float rand_float(float s){
    return 4*s*(1-s);
}
void matrix_gen(float *a,float *b,int N,float seed){
    float s=seed;
    for(int i=0;i<N*N;i++){
        s=rand_float(s);
        a[i]=s;
        s=rand_float(s);
        b[i]=s;
    }
}
```

程序示例 2.39　产生两个随机矩阵

```
//基准矩阵乘法，a和b为输入矩阵的指针，c为输出矩阵的指针，N为矩阵的阶数
void matrix_multiply(float *a,float *b, float *c, int N){
    int i,j,k;
    for(i=0;i<N;i++){
```

```
    for(j=0;j<N;j++){
        float sum=0.0;
        for(k=0;k<N;k++){
            sum+=a[i*N+k]*b[k*N+j];        //矩阵元素访问
        }
        c[i*N+j]=sum;
    }
}
}
```

程序示例 2.40　矩阵乘法的基准程序

实验题 2.5（基数排序）　选择随机排列的 10M 个 32 位整数作为测试数据。对于 32 位整数采用 4 个字段的基数排序，每个字段占用 1 字节，按从高位字段向低位字段的顺序进行排序。基数排序（radix sorting）是一种对内存访问非常友好的排序方法，其基本原理是将待排序的 key 值分成多个字段（例如将一个 32 位整数从高位到低位分成 4 个字段，每字段 1 个字节），然后依次对每一字段的数据进行排序。对每一字段的排序实质上是建立针对这个字段的 Hash 表，请根据本章讨论的优化 Hash 表构建过程，实现 32 位整数的排序。

（1）确定软硬件平台，并根据一级数据 Cache 的容量计算缓冲大小 l。

（2）实现 Hash 表构造，其中 Hash 桶的数量为 256 个。

（3）使用上述 Hash 桶构造方法，实现对 10M 个随机排列的 32 位整数排序的程序，测量排序时间。

（4）调整缓冲大小 l，选择一个最优的参数，并说明这个参数较好的原因。

（5）与 qsort 的排序时间进行对比，计算加速比。

参考文献

[1] ANDREW WATERMAN K A. The risc-v instruction set manualvolume i: Unprivileged isa [EB/OL]. 2020. [2023-10-27] https://riscv.org/technical/specifications/.

[2] FOG A. Instruction tables[EB/OL]. [2023-10-27] http://www.agner.org/optimize/.

[3] CORP. A. Cortex-A57 Software Optimization Guide[EB/OL]. (2016-01-28) https://developer. arm.com/docs/uan0015/b.

[4] CORP. I. Intel intrinsics Guide[EB/OL]. [2023-10-27] https://software.intel.com/sites/landing-page/IntrinsicsGuide/.

[5] MULLER J M. Elementary functions: Algorithms and implementation [M]. 2nd edition. Basel: Birkhäuser, 2005.

[6] MEULENBROEKS F. Nand ecc in linux kernel[EB/OL]. [2023-10-27] 2008. https://www.kernel. org/doc/Documentation/mtd/nand_ecc.txt.

[7] SATISH N, KIM C, CHHUGANI J, et al. Fast sort on CPUs and GPUs: A case for bandwidth oblivious simd sort[C/OL]//SIGMOD'10: Proceedings of the 2010 ACM SIGMOD International Conference on Management of Data. New York: Association for Computing Machinery, 2010: 351-362. https://doi.org/10.1145/1807167.1807207.

[8] DAVID HARRIS S H. Digital Design and Computer Architecture[M]. 2nd edition. Burlington: Morgan Kaufmann, 2012.

[9] JOHN L, HENNESSY D A P. Computer Architecture: A Quantitative Approach[M]. 6th edition. Burlington: Morgan Kaufmann, 2017.

[10] JOHN PAUL SHEN M H L. Modern Processor Design: Fundamentals of Superscalar Processor [M]. New York: McGraw-Hills Companies, Inc., 2004.

[11] CORP. I. Intel® 64 and IA-32 Architectures Optimization Reference Manual[EB/OL].2016. https://software.intel.com/zh-cn/download/intel-64-and-ia-32-architectures-optimization-reference-manual.

[12] CORP. A. Software Optimization Guide for Amd Family 15hprocessors[EB/OL]. 2014. https://www.amd.com/system/files/TechDocs/47414_15h_sw_opt_guide.pdf.

[13] GERBER R, SMITH K, TIAN X M, et al. The Software Optimization Cookbook: High-Performance Recipes For IA-32 Platforms[M]. Intel Press, 2005.

[14] RAHMAN R. Intel xeon phi coprocessor architecture and tools: The guide for application developers[M]. Berkeley: Apress, 2013.

[15] BABOULIN M, BUTTARI A, DONGARRA J, et al. Accelerating scientific computations with mixed precision algorithms[J/OL]. Computer Physics Communications, 2009, 180(12): 2526-2533. http://www.sciencedirect.com/science/article/pii/S0010465508003846. DOI: https://doi.org/10.1016/j.cpc.2008.11.005.

[16] LANGOU J, LANGOU J, LUSZCZEK P, et al. Exploiting the performance of 32 bit floating point arithmetic in obtaining 64 bit accuracy (revisiting iterative refinement for linear systems) [C/OL]//SC '06: Proceedings of the 2006 ACM/IEEE Conference on Supercomputing. New York: Association for Computing Machinery, 2006: 113-es. https://doi.org/10.1145/1188455.1188573.

[17] PAULIUS MICIKEVICIUS J A G F D E E D G B G M H O K G V H W, SHARAN N. Mixed precision training[C]//6th International Conference on Learning Representations (ICLR). 2018.

[18] HIGHAM N J. Accuracy and stability of numerical algorithms[M]. 2nd edition. SIAM, 2002.

[19] KNUTH D E. The art of computer programming, volume 4a: Combinatorial algorithms, part i [M]. New York: Pearson Education Inc., 2011.

第 3 章

基于SIMD指令系统的优化方法

单指令多数据（SIMD，Single Instruction Multi Data）指令系统在 Intel 公司和 ARM 公司的 CPU 中得到了广泛应用，对提升程序的性能具有重要意义。熟练掌握和灵活运用 SIMD 指令系统，不仅可以有效提升计算密集型应用的性能，而且对于很多数据处理类应用具有重要价值。

3.1 节将首先介绍 SIMD 指令系统的概况、主要指令类型和使用方法。在 3.2 节中，以 SSE 指令系统为主线介绍内嵌原语，同时介绍 NEON 和 AVX512 等 SIMD 指令系统中有特色的指令。在 3.3 节中，将介绍基于内嵌原语的 SIMD 程序设计方法。在 3.4 节中，通过开源软件和学术论文的实例介绍 SIMD 的实际应用以及提升软件可移植性的方法。

3.1 SIMD 指令系统简介

3.1.1 SIMD 指令系统概况

SIMD 指令系统是指能同时操作多个数据处理的指令，其所能操作的数据长度决定了其处理能力。例如，一个 128 位长度的数据可以理解为 4 个 32 位整数、4 个 32 位单精度浮点数或 2 个 64 位双精度浮点数。所以，对两个 128 位数据的加法操作，可以视为 4 个 32 位整数的加法、4 个单精度浮点数的加法或 2 个双精度浮点数的加法。图 3-1给出了按照 4 个单精度浮点数解释的 128 位寄存器。

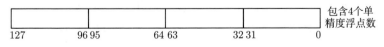

图 3-1　SSE 中 128 位数据理解为 4 个单精度浮点数

在 Intel 公司的 CPU 中，最早出现的 SIMD 指令系统是 1997 年 P5 处理器中的 64 位 MMX 指令系统。1999 年的 Pentium III 处理器中出现了 128 位 SSE 指令系统，随后又推出了 SSE2、SSE3、SSE4 等不断增强的 SSE 指令系统。2008 年，Intel 的 SandyBridge

微结构引入了 256 位 AVX 指令系统，2012 年的 Haswell 微结构进一步进行增强，形成了 AVX2 指令系统。为了进一步提升计算能力，Intel 公司于 2012 年推出的 Xeon Phi 处理器支持 512 位的 VPU 指令系统。2015 年，推出的 Knight Landing 处理器中又增加了 512 位的 AVX512 指令系统。AMD 公司的 CPU 一般也有与 SSE 和 AVX 类似的指令系统。目前，SSE 指令系统广泛应用于各种较为低端的桌面系统，AVX 应用于高端桌面系统和服务器领域，VPU 和 AVX512 则主要面向计算密集型应用领域。

　　ARM 公司的 CPU 虽然主要面向嵌入式系统领域，但是也支持 128 位的 NEON 指令系统。在面向计算密集型应用领域，ARM 公司推出了变长的 SIMD 指令系统 SVE[1]。

　　在 x86 微处理器中，在 32 位模式下包含 8 个 SIMD 寄存器，在 64 位模式下包含 16 或 32 个 SIMD 寄存器（SSE 和 AVX 支持 16 个，AVX512 支持 32 个），映射关系如图 3-2所示，其中 XMM、YMM、ZMM 的长度分别为 128、256 和 512 位，分别是 SSE、AVX 和 AVX512 指令系统使用的寄存器。在 NEON 指令系统中包含了 16 个 128 位寄存器（Q0~Q15），同时也可以用作 32 个 64 位寄存器（D0~D31），其映射关系如图 3-3所示。各种体系结构的 SIMD 寄存器数量如表 3-1所示。

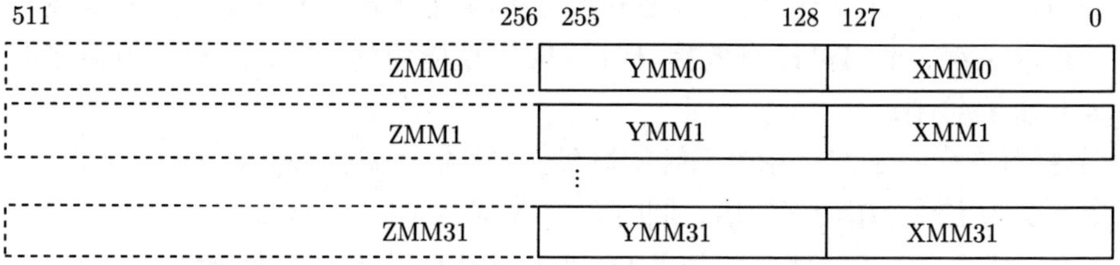

图 3-2　AVX512 下 SIMD 寄存器的映射关系

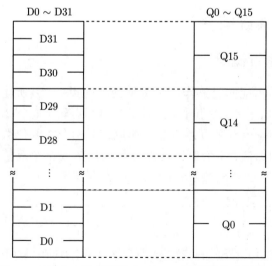

图 3-3　NEON 指令系统中 SIMD 寄存器的映射关系

　　与一般处理器指令相比，SIMD 指令中仅包含计算和存储器访问两类指令，而没有转移指令。除此以外，SIMD 指令系统中还包含多种混洗指令和管理指令。

表 3-1　x86 和 NEON 的 SIMD 指令系统寄存器数量

位宽	x86	NEON
64 位	8 个 MMX 寄存器	32 个 D 寄存器
128 位	8/16 个 XMM 寄存器（IA-32/IA64）	16 个 Q 寄存器
256 位	8/16 个 YMM 寄存器（IA-32/IA64）	
512 位	32 个 ZMM 寄存器，8 个 16 位掩码寄存器	

3.1.2　软件系统使用 SIMD 指令的方法

软件系统使用 SIMD 指令一般有四种方法，表 3-2将对比这四种方法的差异。

（1）针对特定体系结构优化的计算库

对于常见的科学计算，已经形成大量的计算库，例如 Intel 公司的 MKL（数学核心库）等。这些计算库往往已经在内部使用了各种 SIMD 指令，并针对各种体系结构进行了深度优化。用户可以使用专门的计算库来提升计算性能，这样既能减少程序优化的负担，又具有很好的可移植性，但无法支持比较特殊的计算。

（2）编译器的自动矢量化

这种方法由编译器识别串行代码中可以由 SIMD 指令完成的部分，并且自动生成 SIMD 指令。编译器自动矢量化的优点在于编程人员不需要掌握复杂的 SIMD 指令系统，而且代码的可移植性很好。但是，由于编译器自身的限制，只能对一些比较简单的程序结构进行矢量化，难以对复杂的程序进行自动矢量化。

（3）编译器的内嵌原语（Intrinsics）

内嵌原语是在 C 语言等高级语言环境下使用 SIMD 指令的有效方法。它提供了类似 C 语言的函数调用方式，而且不用考虑 SIMD 指令系统中的寄存器使用问题，编程较为简单。这些内嵌原语常常和 SIMD 指令一一对应，具有很高的效率。但是内嵌原语和特定体系结构相对应，程序的可移植性比较差。

（4）汇编语言

汇编语言是使用 SIMD 指令的最有效方法，也是编程最困难的方法。这种方法可以充分发挥特定体系结构的性能，但是也是最缺乏可移植性的方法。

表 3-2　四种不同的 SIMD 指令使用方法对比

使用方法	性能	编程难度	可移植性	缺点
计算库	好	简单	好	无法完成计算库不支持的功能
编译器的自动矢量化	中	简单	好	编译器识别能力有限
内嵌原语	好	中等	差	可移植性较差
汇编语言	好	复杂	差	编程困难，可移植性差

VS 编译器中，默认启用自动矢量化，可以通过/arch 开关指定不同的指令系统。例如编译参数设置为/arch:SSE2 时，编译器有可能产生 SSE4.2 的指令。在运行时刻，编译器所生成的程序会自动检查当前处理器是否支持 SSE4.2 指令系统。如果不支

持，则会跳转到非 SSE4.2 版本的代码执行。可以使用 #pragma loop(no_vector)
禁用自动矢量化，使用/Qvec-report 选项检查编译器自动矢量化的效果。
gcc 编译器中，使用-ftree-vectorize 选项开启编译器的自动矢量化。在-O3 级别下，
这个选项是默认开启的。可以使用-fno-tree-vectorize 选项关闭自动矢量化。
icc 编译器中，使用/Qvec 选项打开自动矢量化功能，而且可以使用/arch:code（其中
code 为 SSE、SSE2 等）方法指定指令集。如果运行平台确定为 Intel 公司的 CPU，
还可以使用/Qxcode 选项进一步针对 Intel 公司 CPU 的某种指令系统进行优化。

在实际应用中可以组合多种方法使用 SIMD 指令。对于有高效率计算库支持的计
算过程，可以直接使用计算库。对于没有计算库支持的功能，可以先使用编译器的自动
矢量化方法，让编译器将易于识别的部分自动矢量化；对于编译器无法识别的复杂程序
段，可以先使用内嵌原语方法进行编程。如果使用内嵌原语方法的效率依然不佳，则可
以分析其编译出来的 SIMD 指令序列，并且从寄存器使用和流水线效率两个方面分析
其原因，然后手工调整汇编指令序列，使其达到性能最优。本书主要介绍内嵌原语编程
方法。

3.2 SIMD 内嵌原语

3.2.1 内嵌原语的数据类型

为了描述 SIMD 指令支持的向量类型，x86 的 SIMD 内嵌原语扩展了 C 语言的数
据类型，定义为 __m< 位数 >< 类型 >，如表 3-3所示。这些数据类型均有特定的头
文件定义。由于历史原因，Intel 公司推出的各种 SIMD 内嵌原语对应的头文件均有所
不同，常见的头文件如表 3-4所示。

❑ 位数分别为 128、256 和 512。
❑ 类型分别为单精度浮点数、整数（i）、双精度浮点数（d）。

表 3-3 SSE、AVX 和 AVX512 扩展的 C 语言数据类型

数据类型	含义
__m128	SSE 的 4 个单精度浮点数
__m128i	SSE 的 4 个 32 位整数
__m128d	SSE 的 2 个双精度浮点数
__m256	AVX 的 8 个单精度浮点数
__m256i	AVX 的 8 个 32 位整数
__m256d	AVX 的 4 个双精度浮点数
__m512	AVX512 的 16 个单精度浮点数
__m512i	AVX512 的 16 个 32 位整数
__m512d	AVX512 的 8 个双精度浮点数
__mmask16	AVX512 中的 16 位掩码

表 3-4　Intel 公司 SIMD 内嵌原语对应的头文件

SIMD 指令系统	头文件	SIMD 指令系统	头文件
SSE	xmmintrin.h	SSE2	emmintrin.h
SSE3	pmmintrin.h	SSSE3	tmmintrin.h
SSE4.1	smmintrin.h	SSE4.2	nmmintrin.h
SSE4A	ammintrin.h	AVX、AVX2、AVX512	immintrin.h

NEON 内嵌原语支持 64 位和 128 位两种向量长度，定义为 < 类型 >< 数据宽度 >x< 通道数 >_t。常见的数据类型如表 3-5所示。使用 NEON 内嵌原语需要包含 arm_neon.h 文件。

❏ 类型包括：有符号整数（int）、无符号整数（uint）、浮点数（float）。

❏ 数据宽度分别为 8、16、32。

❏ 通道数指一个向量中包含的数据数量。

表 3-5　NEON 扩展的部分 C 语言数据类型

64 位数据类型	含义	128 位数据类型	含义
int8x8_t	8 个 8 位有符号整数	int8x16_t	16 个 8 位有符号整数
int16x4_t	4 个 16 位有符号整数	int16x8_t	8 个 16 位有符号整数
int32x2_t	2 个 32 位有符号整数	int32x4_t	4 个 32 位有符号整数
uint8x8_t	8 个 8 位无符号整数	uint8x16_t	16 个 8 位无符号整数
uint16x4_t	4 个 16 位无符号整数	uint16x8_t	8 个 16 位无符号整数
uint32x2_t	2 个 32 位无符号整数	uint32x4_t	4 个 32 位无符号整数
float16x4_t	4 个 16 位浮点数	float16x8_t	8 个 16 位浮点数
float32x2_t	2 个 32 位浮点数	float32x4_t	4 个 32 位浮点数

NEON 内嵌原语中还扩展了同类型向量以构成向量数组类型，定义为 < 类型 >< 数据宽度 >x< 通道数 >x< 数组中向量数量 >_t，其中类型、数据宽度和通道数的定义与向量定义中相同，数组中的向量数量可以为 2、3 或 4。例如 int16x4x2_t 表示了由两个 int16x4_t 向量构成的数组，可使用"变量名.val[0]"和"变量名.val[1]"访问其中的两个向量。

3.2.2　向量设置操作

向量设置操作可以将向量中每个通道的值初始化为相同值，也可以初始化为不同值。程序示例 3.1给出了 SSE 中设置整数的内嵌原语。SSE 还具有设置其他数据类型的内嵌原语，AVX、AVX512 内嵌原语也有类似的原语。可以直接使用"="完成两个向量之间的赋值操作。

```
#include <emmintrin.h>
__m128i _mm_set1_epi32 (int a);
//将a设置到第127到96位，95到64位，63到32位，31到0位。
__m128i _mm_set_epi32 (int e3, int e2, int e1, int e0);
//将四个32位整数e3、e2、e1和e0分别设置到第127到96位、95到64位、63到32位和31到0位。
```

程序示例 3.1　SSE 内嵌语言中两种设置整数的方法

3.2.3　计算操作

SIMD 指令系统提供了丰富的计算功能，主要分为算术计算、逻辑计算、移位等类型。x86 内嵌原语的基本格式为 _<mm/mm256/mm512>_< 操作类型 >_< 数据类型 >。其中：

❏ mm、mm256、mm512 分别对应 128 位、256 位和 512 位向量长度；

❏ 操作类型主要包括加法（add）、减法（sub）、乘法（mul）、除法（div）、最大（max）、最小（min）等；

❏ 数据类型包括 8 位、16 位、32 位和 64 位有符号整数（分别记为 epi8、epi16、epi32 和 epi64），8 位、16 位、32 位和 64 位无符号整数（分别记为 epu8、epu16、epu32 和 epu64），32 位单精度浮点数（记为 ps），64 位双精度浮点数（记为 pd）等。

程序示例 3.2列举了 SSE、AVX、AVX512 上不同数据类型加法的内嵌原语。它们都是对两个输入 a 和 b 按照数据类型进行加法操作，并将结果作为返回值。经过编译后，它们可以对应到特定的 SIMD 加法指令，例如 _mm_add_ps() 对应的指令为 "addps xmm, xmm"。

```
//SSE指令系统支持
#include <xmmintrin.h>
__m128 _mm_add_ps (__m128 a, __m128 b);          //单精度浮点加法

//SSE2指令系统支持
#include <emmintrin.h>
__m128i _mm_add_epi8 (__m128i a, __m128i b);     //8位有符号整数加法
__m128i _mm_add_epi16 (__m128i a, __m128i b);    //16位有符号整数加法
__m128i _mm_add_epi32 (__m128i a, __m128i b);    //32位有符号整数加法
__m128i _mm_add_epi64 (__m128i a, __m128i b);    //64位有符号整数加法
__m128d _mm_add_pd (__m128d a, __m128d b);       //双精度浮点数加法

//AVX指令系统支持
#include #include <immintrin.h>
__m256i _mm256_add_epi8 (__m256i a, __m256i b);  //8位有符号整数加法
__m256i _mm256_add_epi16 (__m256i a, __m256i b); //16位有符号整数加法
__m256i _mm256_add_epi32 (__m256i a, __m256i b); //32位有符号整数加法
__m256i _mm256_add_epi64 (__m256i a, __m256i b); //64位有符号整数加法
__m256d _mm256_add_pd (__m256d a, __m256d b);    //双精度浮点数加法
__m256 _mm256_add_ps (__m256 a, __m256 b);       //单精度浮点数加法

//AVX512指令系统支持
__m512i _mm512_add_epi8 (__m512i a, __m512i b);  //8位有符号整数加法
__m512i _mm512_add_epi16 (__m512i a, __m512i b); //16位有符号整数加法
__m512i _mm512_add_epi32 (__m512i a, __m512i b); //32位有符号整数加法
__m512i _mm512_add_epi64 (__m512i a, __m512i b); //64位有符号整数加法
__m512d _mm512_add_pd (__m512d a, __m512d b);    //双精度浮点数加法
__m512 _mm512_add_ps (__m512 a, __m512 b);       //单精度浮点数加法
```

程序示例 3.2　x86 的 SIMD 内嵌原语（加法）

NEON 内嵌原语的命名方式为：< 操作类型 >< 标志 >_< 数据类型 >。其中：

❑ 操作类型包括加法（add）、减法（sub）等；

❑ 标志为 q 表示 128 位计算，无标志表示 64 位计算；

❑ 数据类型包括 8 位、16 位、32 位和 64 位有符号整数（分别记为 s8、s16、s32 和 s64），8 位、16 位、32 位和 64 位无符号整数（分别记为 u8、u16、u32 和 u64），32 位单精度浮点数（记为 f32）等。

程序示例 3.3列举了 NEON 指令系统中各种数据类型的加法内嵌原语。

```
#include <arm_neon.h>
//64位向量加法
int8x8_t vadd_s8(int8x8_t a, int8x8_t b);              //8位有符号整数加法
int16x4_t vadd_s16(int16x4_t a, int16x4_t b);          //16位有符号整数加法
int32x2_t vadd_s32(int32x2_t a, int32x2_t b);          //32位有符号整数加法
int64x1_t vadd_s64(int64x1_t a, int64x1_t b);          //64位有符号整数加法
uint8x8_t vadd_u8(uint8x8_t a, uint8x8_t b);           //8位无符号整数加法
uint16x4_t vadd_u16(uint16x4_t a, uint16x4_t b);       //16位无符号整数加法
uint32x2_t vadd_u32(uint32x2_t a, uint32x2_t b);       //32位无符号整数加法
uint64x1_t vadd_u64(uint64x1_t a, uint64x1_t b);       //64位无符号整数加法
float32x2_t vadd_f32(float32x2_t a, float32x2_t b);    //32位单精度浮点数加法

//128位向量加法
int8x16_t vaddq_s8(int8x16_t a, int8x16_t b);          //8位有符号整数加法
int16x8_t vaddq_s16(int16x8_t a, int16x8_t b);         //16位有符号整数加法
int32x4_t vaddq_s32(int32x4_t a, int32x2_t b);         //32位有符号整数加法
int64x2_t vaddq_s64(int64x2_t a, int64x1_t b);         //64位有符号整数加法
uint8x16_t vaddq_u8(uint8x16_t a, uint8x16_t b);       //8位无符号整数加法
uint16x8_t vaddq_u16(uint16x8_t a, uint16x8_t b);      //16位无符号整数加法
uint32x4_t vaddq_u32(uint32x4_t a, uint32x4_t b);      //32位无符号整数加法
uint64x2_t vaddq_u64(uint64x2_t a, uint64x2_t b);      //64位无符号整数加法
float32x4_t vaddq_f32(float32x4_t a, float32x4_t b);   //32位单精度浮点数加法
```

程序示例 3.3　NEON 的 SIMD 内嵌原语（加法）

常见的 SIMD 逻辑计算如程序示例 3.4所示，主要包括按位与、或、异或等操作。AVX 和 AVX512 的逻辑操作原语与之类似。值得注意的是，AVX512 提供了三状态逻辑操作，可以直接对三个输入进行逻辑操作，且逻辑操作的真值表由 8 位立即数 imm8 指定。NEON 的逻辑操作还增加了按位清除（bic）和选择（bsl）功能。

```
//SSE的逻辑计算
#include <emmintrin.h>
__m128i _mm_and_si128 (__m128i a, __m128i b);      //a AND b
__m128i _mm_andnot_si128 (__m128i a, __m128i b);   //(NOT a) AND b
__m128i _mm_or_si128 (__m128i a, __m128i b);       //a OR b
__m128i _mm_xor_si128 (__m128i a, __m128i b);      //a XOR b

//AVX512的三状态逻辑计算
#include <immintrin.h>
__m512i _mm512_ternarylogic_epi32 (__m512i a, __m512i b, __m512i c, int imm8);

//ARM的bic和bsl计算
```

```
#include <arm_neon.h>
uint32x4_t vbicq_u32(uint32x4_t a, uint32x4_t b);
//if b[i]==1 返回c[i]=0; else c[i]=a[i]
uint32x4_t vbslq_u32(uint32x4_t a, uint32x4_t b,uint32x4_t s);
//if s[i]==0 返回c[i]=a[i] ; else c[i]=b[i]
```

程序示例 3.4   常见的 SIMD 逻辑计算

移位指令则主要针对 16、32、64 位整数进行逻辑（算术）左移（右移），如程序示例 3.5所示。移位指令中有两种不同的移位位数设置方法：可以对每个通道设置不同的移位位数，也可以对所有通道设置相同的移位位数。

```
//下述移位操作中，每个通道的移位位数由源操作数count中的对应字段决定
#include <emmintrin.h>
__m128i _mm_sll_epi32 (__m128i a, __m128i count);
//对源操作数a中的4个有符号整数进行逻辑左移
__m128i _mm_sra_epi32 (__m128i a, __m128i count);
//对源操作数a中的4个有符号整数进行算术右移
__m128i _mm_srl_epi32 (__m128i a, __m128i count);
//对源操作数a中的4个有符号整数进行逻辑右移

//下述移位操作中，每个通道的移位位数由8位立即数imm8决定
__m128i _mm_slli_epi32 (__m128i a, int imm8);
//对源操作数a中的4个整数进行逻辑左移
```

程序示例 3.5   常见的 SIMD 移位操作

3.2.4 比较操作

比较操作用于比较两个向量的内容，并将比较结果写入另外一个向量，常见的比较操作如程序示例 3.6所示。需要注意的是，SSE 指令系统的比较结果依然为 128 位，而在 AVX512 指令系统中，比较结果为 16 位掩码。

```
//SSE的比较指令，对源操作数a和b中的4个有符号32位整数同时进行比较。
//如果满足条件（相等），则将返回的对应字段设置为0xFFFFFFFF，否则设置为0。
#include <emmintrin.h>
__m128i _mm_cmpeq_epi32 (__m128i a, __m128i b); //32位整数类型的相等
__m128i _mm_cmpgt_epi32 (__m128i a, __m128i b); //32位整数类型的大于
__m128i _mm_cmplt_epi32 (__m128i a, __m128i b); //32位整数类型的小于

//AVX 512的比较指令
//如果源操作数a和b某个通道满足条件，则设置掩码结果的对应位为1，否则为0。
#include <immintrin.h>
__mmask16 _mm512_cmp_epi32_mask (__m512i a, __m512i b, const _MM_CMPINT_ENUM imm8);
//_MM_CMPINT_ENUM为比较的类型：
//_MM_CMPINT_EQ: 等于; _MM_CMPINT_LT: 小于; _MM_CMPINT_LE: 小于或等于
//_MM_CMPINT_NE: 不等于; _MM_CMPINT_NLT: 大于或等于; _MM_CMPINT_NLE: 大于
```

程序示例 3.6   SSE 和 AVX512 的比较操作

比较指令的结果往往用于后续数据的选择。对于 SSE 指令系统这样的结果返回方式，往往还需要使用逻辑操作完成结果的选择。对于 AVX 512 指令系统的结果返回方式，后续可以直接使用带掩码的计算指令，如程序示例 3.7所示。

```
#include <immintrin.h>
__m512i _mm512_add_epi32 (__m512i a, __m512i b);
//将a和b中的16个32位有符号整数相加。

#include <immintrin.h>
__m512i _mm512_mask_add_epi32 (__m512i src, __mmask16 k, __m512i a, __m512i b);
//如果k的第i位为1，则结果的第i个通道为a和b第i个通道之和，否则为src第i个通道的值。
```

程序示例 3.7　AVX 512 的加法和带掩码加法

3.2.5　访存操作

存储器访问指令用于将存储器中的数据读取到向量寄存器，或者将向量寄存器的内容写入存储器，程序示例 3.8中的四条指令分别完成了 128 位数据对齐和非 128 位数据对齐的存储器读取与写入。如果事先可以确定地址 mem_addr 是 128 位对齐的，就可以采用对齐存储器访问指令，高效地完成存储器访问；如果事先不能确定 mem_addr 是 128 位对齐的，就必须采用非对齐的存储器访问指令。在 mem_addr 不对齐的情况下使用对齐的存储器访问指令将发生异常。

```
#include <emmintrin.h>
__m128i _mm_load_si128 (__m128i const* mem_addr);      //128位数据对齐的存储器读取
void _mm_store_si128 (__m128i* mem_addr, __m128i a);   //128位数据对齐的存储器写入
__m128i _mm_loadu_si128 (__m128i const* mem_addr);     //非128位数据对齐的存储器读取
void _mm_storeu_si128 (__m128i* mem_addr, __m128i a); //非128位数据对齐的存储器写入
```

程序示例 3.8　SSE 的存储器读取和写入

在早期的 SIMD 指令系统中，存储器读写操作的地址必须是连续的。在更为复杂的 SIMD 指令系统中，存储器访问的地址模式可以不再连续。在 AVX512 指令系统中可以支持来自不同地址的存储器读取操作（gather 指令）和存储器写入操作（scatter），如程序示例 3.9所示。这样的指令有利于简化软件设计，但是如果 16 个存储器地址属于不同的 Cache 行，那么硬件执行这些指令的开销将非常高。因此，使用这些指令时依然需要仔细衡量存储器地址的分布情况。

```
#include <immintrin.h>
__m512i _mm512_i32gather_epi32 (__m512i vindex, void const* base_addr, int scale);
void _mm512_i32scatter_epi32 (void* base_addr, __m512i vindex, __m512i a, int scale);
//512位中的16个32位整数可以访问16个不连续的地址。
//每个通道的地址=base_addr+vindex中相应通道的值*scale。
```

程序示例 3.9　AVX 512 的 gather 和 scatter 内嵌原语

NEON 支持 2、3、4 路的交织存储器读写。以 8 位无符号整数为单位的交织读写操作如程序示例 3.10所示。n 路交织读取的结果是 uint8x8xn_t 类型的 n 个向量构成的数组，将读取 $n \times l$ 个元素，其中 l 为一个向量中能放置数据元素的数量。从地址 addr 起始的第 $k = i \times n + j (0 \leqslant i \leqslant l-1, 0 \leqslant j \leqslant n-1)$ 个元素将放置到结果向量数组中第 j 个向量的第 i 个通道。n 路交织存储器写入的过程恰恰与之相反：输入的参数为地址 addr 和 n 个向量构成的向量数组，第 j 个向量的第 i 个通道的值被写入 addr 起始的第 $k = i \times n + j (0 \leqslant i \leqslant l-1, 0 \leqslant j \leqslant n-1)$ 个位置。

```
#include <arm_neon.h>
//64位交织读取
uint8x8x2_t vld2_u8(void *addr);
uint8x8x3_t vld3_u8(void *addr);
uint8x8x4_t vld4_u8(void *addr);
//128位交织读取
uint16x8x2_t vld2q_u8(void *addr);
uint16x8x3_t vld3q_u8(void *addr);
uint16x8x4_t vld4q_u8(void *addr);

//64位交织写入
void vst2_u8(void *addr,uint8x8x2_t m);
void vst3_u8(void *addr,uint8x8x3_t m);
void vst4_u8(void *addr,uint8x8x4_t m);
//128位交织写入
void vst2q_u8(void *addr,uint16x8x2_t m);
void vst3q_u8(void *addr,uint16x8x3_t m);
void vst4q_u8(void *addr,uint16x8x4_t m);
```

程序示例 3.10　NEON 的以 8 位无符号整数为单位的交织读写内嵌原语

使用交织存储器访问指令可以有效处理数字图像像素。在 24 位 RGB 图像中，每个像素占据 3 字节，分别为红、绿、蓝通道的值。NEON 指令系统中的 3 路交织存储器读写操作可以方便地将一个像素中的三个不同颜色通道值分离成不同的向量，有利于后续的计算操作。程序示例 3.11中使用 vld3 操作获得 3 个向量，分别存储了 8 个像素的红、绿、蓝通道值，如图 3-4所示。后续程序中，红色通道值翻倍，再通过 vst3 操作，将 3 个向量值按照交织方式写回存储器，并保持了 24 位 RGB 图像的格式。

```
uint8x8x3_t v; //3个向量，每个向量包含了8个8位无符号整数。
unsigned char A[24]; //24位RGB图像的8个像素。
v = vld3_u8(A); //3路交织读取，读取了8个像素的红、绿、蓝通道值。
//v.val[0]为8个像素的红色通道。
//v.val[1]为8个像素的绿色通道。
//v.val[2]为8个像素的蓝色通道。

v.val[0] = vadd_u8(v.val[0],v.val[0]);  //红色通道值翻倍。
vst3_u8(A, v); //3路交织写，写回了8个像素，依然保持每个像素的RGB格式，其中红色通道值翻倍。
```

程序示例 3.11　使用 NEON 的 3 路交织存储器读写处理 24 位 RGB 图像像素

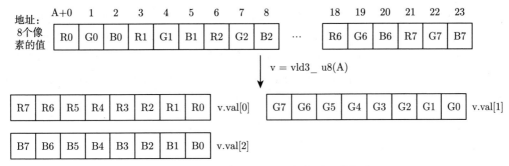

图 3-4　NEON 中 vld3_u8 内嵌原语的操作

3.2.6　数据排列操作

SIMD 指令系统中的数据排列指令多种多样，可以支持不同的数据类型和各种排列方式。程序示例 3.12列举了 SSE 中常见的数据排列操作。

```
#include <smmintrin.h>
__m128 _mm_blend_ps (__m128 a, __m128 b, const int imm8);
__m128 _mm_blendv_ps (__m128 a, __m128 b, __m128 mask);
//根据imm8的最低4位或者mask中4个通道的最高位，选择a或者b四个通道的浮点数作为各自通道的结
    果。


#include <smmintrin.h>
__m128 _mm_insert_ps (__m128 a, __m128 b, const int imm8);
//将b中一个通道的浮点数插入a的一个通道。
//imm[7:6]决定b的通道号，imm[5:4]决定a的通道号。
//imm[3:0]决定最终结果相应通道的值是否为0。


#include <xmmintrin.h>
__m128 _mm_shuffle_ps (__m128 a, __m128 b, unsigned int imm8);
//结果的高两个通道来自b（分别由imm[7:6]和imm[5:4]指定）。
//低两个通道来自a（分别由imm[3:2]和imm[1:0]指定）。


#include <xmmintrin.h>
__m128 _mm_unpackhi_ps (__m128 a, __m128 b);
__m128 _mm_unpacklo_ps (__m128 a, __m128 b);
//unpackhi指令将a和b的高两个通道的浮点数交叉存储。
//unpacklo指令将a和b的低两个通道的浮点数交叉存储。


#include <xmmintrin.h>
_MM_TRANSPOSE4_PS (__m128 row0, __m128 row1, __m128 row2, __m128 row3);
//将row0,…,row4中16个单精度浮点数理解为4×4的矩阵，最终的结果将存储这个矩阵转置之后的
    值。


#include <tmmintrin.h>
__m128i _mm_shuffle_epi8 (__m128i a, __m128i b);
//结果的16个字节通道内容均来自a，具体是a中哪一个通道的内容则由b中相应通道的值决定。
```

程序示例 3.12　SSE 中的常见数据排列操作

AVX 等更为复杂的指令中引入了更多的数据排列指令,例如 compress/expand、per-mute 等。值得注意的是,在程序设计中应尽可能地使用数据排列规则简单的指令。在上述数据排列指令中,Blend 和 Unpack 指令最为简单,而 Shuffle 指令虽然功能最强,但实现也最为复杂。在 Intel 的 SandyBridge 微结构中,仅有 port5 功能部件可以执行 Shuffle 指令,而在 port0 和 port5 两个功能部件上可以并行执行 Blend 和 Unpack 指令。对于矩阵转置等频繁使用数据排列指令的操作,使用 Blend 或者 Unpack 指令可以很好地减少 port5 功能部件的压力,提升其性能。

> 在 VS 中,使用/arch:SSE (SSE2, AVX, AVX2) 编译选项,以产生对应指令系统的指令。使用 fma()、fmaf() 等宏产生双精度浮点数、单精度浮点数的融合乘加指令。在 gcc 中,使用-mavx2、-mavx、-msse 等编译选项产生 x86 上 SIMD 指令系统的指令,使用-mfpu=neon 编译选项产生 NEON 指令系统的指令。使用-mfma 编译选项产生融合乘加指令。

3.3　基于内嵌原语的 SIMD 程序设计

与传统编程相比,SIMD 编程具有自身的特点,主要表现在以下几个方面。

(1) SIMD 的数据宽度。一方面,不同的 SIMD 指令系统具有不同的数据宽度,考虑到程序的可移植性问题,一般建议不要将程序中 SIMD 的数据宽度设置成固定值,而是能根据系统运行平台调整。另一方面,输入数据的尺寸可能与 SIMD 的数据宽度并不完全匹配,需要对此进行特殊处理。

(2) 内存中数据的对齐存储。使用 SIMD 指令访问存储器时,如果起始地址与 SIMD 数据宽度对齐,可以使用高效的对齐存储器访问指令就可以完成读取/写入;但是如果起始地址不是对齐的,或者不能确定是否对齐,则需要非对齐的存储器访问指令才能完成读取/写入。因此,在使用 SIMD 指令时输入/输出数据应尽可能对齐,可以参考 2.4.2 节中介绍的数据对齐方法。

(3) SoA 和 AoS 的数据存储方式。一般而言,SoA 的数据存储方式更加有利于发挥 SIMD 指令的优势,可以使得多个数据在一条指令中同时完成不同数据的相同计算操作。

(4) SIMD 特殊指令的使用。SIMD 指令中往往具有一般标量指令没有的特殊指令,例如比较指令、数据排列指令以及某些特殊的计算指令。充分理解并灵活使用这些指令,将有效提高程序的效率。

(5) 使用 SIMD 的内嵌原语编程不需要考虑寄存器分配问题,可以降低编程的难度,但是依然需要考虑微处理器中 SIMD 寄存器的实际数量。内嵌原语程序使用的中间变量数量尽可能不要超过 SIMD 寄存器的实际数量,否则中间变量有可能存储在内存中,并因寄存器和存储器之间的数据交换产生额外开销。

3.3.1　数据对齐和数据宽度

在 SIMD 编程中，需要从内存中搬运数据到寄存器中，在寄存器中完成计算后再将结果写入内存。如果存储器访问地址不对齐，就不能使用高效率的对齐存储器访问指令，因此数据的对齐存储在 SIMD 编程中具有重要作用。数据宽度决定了 SIMD 指令一次能处理的数据量，直接影响了程序中循环次数等因素。

例子 3.1　使用 SSE 内嵌原语设计程序以完成由 N 个元素构成的两个浮点向量之和，外部接口和串行实现如程序示例 3.13所示。

答：使用内嵌原语实现的关键代码如程序示例 3.14所示，需要注意以下几点。

（1）使用宏定义语句定义了 SSE 向量所包含的浮点数和字节数，以提升程序的可维护性和可移植性。

（2）主程序中使用了在 BYTE_SIZE 字节对齐的内存分配原语 memalign()，以保证浮点数组起始地址根据 SIMD 宽度对齐。

（3）vec_add_sse() 的实现过程包含了两步。第一步是以 SIMD 中包含的浮点数为单位进行计算，此处分别使用了内嵌原语 _mm_load_ps()、_mm_add_ps() 和 _mm_store_ps() 读取数组 a 和 b 中的 4 个浮点数，第二步是将相加和结果存储于数组 c 中。使用-O2 的优化编译选项时，编译得到的代码如程序示例 3.15所示，可以看出有效地使用了 SSE 指令，而且编译优化也自动简化了地址计算过程。

（4）如果向量长度 N 不能被 SIMD 的数据宽度整除，则还需要计算剩余元素的和。

```
void vec_add(float *a, float *b, float *c, int N){
int i;
   for(i=0;i<N;i++) c[i]=a[i]+b[i]
}
```

程序示例 3.13　两个浮点向量相加的函数

```
#include <malloc.h>         //针对memalign()
#include <xmmintrin.h>      //针对SSE的内嵌原语
#define FLOAT_SIZE 4        //一个SSE向量中包含了4个单精度浮点数
#define BYTE_SIZE 16        //一个SSE向量中包含了16字节

void vec_add_sse(float *a,float *b, float *c, int N){
   int i=0;
   float *a1=a;
   float *b1=b;
   float *c1=c;
   while((i+FLOAT_SIZE)<=N){
     __m128 va=_mm_load_ps(a1);
     __m128 vb=_mm_load_ps(b1);
     __m128 vc=_mm_add_ps(va,vb);
     _mm_store_ps(c1,vc);
     a1+=FLOAT_SIZE;b1+=FLOAT_SIZE;c1+=FLOAT_SIZE;
     i+=FLOAT_SIZE;
```

```
    }
    for(;i<N;i++){
        c[i]=a[i]+b[i];
    }
}

main(){
    int N=1025;
    float *a=(float *)memalign(BYTE_SIZE,sizeof(float)*N);
    float *b=(float *)memalign(BYTE_SIZE,sizeof(float)*N);
    float *c=(float *)memalign(BYTE_SIZE,sizeof(float)*N);
    //初始化数组a和数组b，此处略去
    vec_add_sse(a,b,c,N);       //使用SSE的内嵌原语实现
}
```

程序示例 3.14　　基于 SSE 指令的两个浮点向量相加

```
400898: 41 0f 28 04 06       movaps  (%r14,%rax,1),%xmm0
40089d: 41 0f 58 44 05 00    addps   0x0(%r13,%rax,1),%xmm0
4008a3: 0f 29 04 03          movaps  %xmm0,(%rbx,%rax,1)
4008a7: 48 83 c0 10          add     $0x10,%rax
4008ab: 48 39 c8             cmp     %rcx,%rax
4008ae: 75 e8                jne     400898 <_Z11vec_add_ssePfS_S_i+0x38>
```

程序示例 3.15　　内嵌原语编译后得到的汇编语句

3.3.2　SoA 结构

在 2.4.3 节中已经讨论了 SoA 和 AoS 两种结构的差别。一般而言，SoA 结构更加适合 SIMD 编程，这是因为采用 SoA 结构时，一次存储器读入就可以读取多个相同类型的元素，从而便于后续 SIMD 计算指令采用相同的操作。

例子 3.2　将多个双精度浮点数构成的点 (x_i, y_i, z_i, w_i) 通过矩阵乘法变换转换为新的点 (x_i', y_i', z_i', w_i')，转换公式为：

$$\begin{pmatrix} x_i' \\ y_i' \\ z_i' \\ w_i' \end{pmatrix} = \begin{pmatrix} m_{00} & m_{01} & m_{02} & m_{03} \\ m_{10} & m_{11} & m_{12} & m_{13} \\ m_{20} & m_{21} & m_{22} & m_{23} \\ m_{30} & m_{31} & m_{32} & m_{33} \end{pmatrix} \times \begin{pmatrix} x_i \\ y_i \\ z_i \\ w_i \end{pmatrix}$$

请比较 SoA 和 AoS 两种数据结构下使用 SIMD 指令实现的区别。

答：上述问题中，各个点之间的计算是可以并行的。对于 128 位的 SSE 指令系统，可以同时执行两个点的计算。AoS 和 SoA 两种数据组织方式如程序示例 3.16所示。在此问题中，使用 SoA 结构加载的两个浮点数是两个不同点上的相同类型数据，AoS 结构则加载了同一个点上的不同类型数据，前者更容易开发两个点计算之间的并行性。程序示例 3.17给出了 SoA 数据组织方式下的 SSE 内嵌原语程序。

```
//AoS结构
struct AOS{
   double x,y,z,w;
};
AOS Vertex[N];
//SoA结构
struct SOA{
   double x[N],y[N],z[N],w[N];
}
SOA Vertex;
```

程序示例 3.16　多个双精度点的 AoS 和 SoA 结构对比

```
for (int i = 0; i < length; i += 2){
   __m128d tx, ty, tz, tw;
   __m128d mx0, mx1, mx2, mx3;
   // 取出x(i)和x(i+1)
   tx = _mm_load_pd(vertex.x + i);
   mx0 = _mm_mul_pd(tx, WM->dm00);
   // 取出y(i)和y(i+1)
   ty = _mm_load_pd(vertex.y + i);
   mx1 = _mm_mul_pd(ty, WM->dm01);
   // 取出z(i)和z(i+1)
   tz = _mm_load_pd(vertex.z + i);
   mx2 = _mm_mul_pd(tz, WM->dm02);
   //x'(i)=x(i)*m00+y(i)*m01+z(i)*m02+m03
   //x'(i+1)=x(i+1)*m00+y(i+1)*m01+z(i+1)*m02+m03
   mx0 = _mm_add_pd(mx0, _mm_add_pd(mx1, _mm_add_pd(mx2, WM->dm03)));
   //写入结果x'(i),x'(i+1)
   _mm_store_pd(vertex.x + i, mx0);
   // 计算y'(i)和y'(i+1)
   mx0 = _mm_mul_pd(tx, WM->dm10);   //tx, ty, tz已经事先读入
   mx1 = _mm_mul_pd(ty, WM->dm11);
   mx2 = _mm_mul_pd(tz, WM->dm12);
   mx0 = _mm_add_pd(mx0, _mm_add_pd(mx1, _mm_add_pd(mx2, WM->dm13)));
   _mm_store_pd(vertex.y + i, mx0);
   // 计算z'(i)和z'(i+1)
   mx0 = _mm_mul_pd(tx, WM->dm20);
   mx1 = _mm_mul_pd(ty, WM->dm21);
   mx2 = _mm_mul_pd(tz, WM->dm22);
   mx0 = _mm_add_pd(mx0, _mm_add_pd(mx1, _mm_add_pd(mx2, WM->dm23)));
   _mm_store_pd(vertex.z + i, mx0);
   //计算w'(i)和w'(i+1)
   mx0 = _mm_mul_pd(tx, WM->dm30);
   mx1 = _mm_mul_pd(ty, WM->dm31);
   mx2 = _mm_mul_pd(tz, WM->dm32);
   mx0 = _mm_add_pd(mx0, _mm_add_pd(mx1, _mm_add_pd(mx2, WM->dm33)));
   _mm_store_pd(vertex.w + i, mx0);
}
```

程序示例 3.17　SoA 结构下多个双精度点的变换

3.3.3 数据比较

SIMD 的比较指令可以同时比较多个通道的数据，如果满足条件则结果中相应通道的数值为 0xFFFFFFFF（32 位情况下），否则为 0x0。比较指令的结果可以直接参与逻辑运算，从而实现根据不同通道采取不同的数据运算。

例子 3.3 请使用 SIMD 指令实现两个向量 A 和 B 的比较，结果向量 C 中的元素 C_i 定义为：

$$C_i = \begin{cases} -1 & A_i < B_i \\ 0 & A_i = B_i \\ 1 & A_i > B_i \end{cases}$$

答：令 $Z = 0$、$P = 1$、$N = -1$，则可以使用下述逻辑计算描述上述比较。使用 SSE 内嵌原语实现的计算过程如程序示例 3.18 所示，其中使用了 _mm_and_si128()（与操作）、_mm_or_si128()（或操作）、_mm_andnot_si128(a,b)（a 取反后再与 b 进行与操作）。

$$C_i = ((A_i = B_i) \wedge Z) \vee ((A_i > B_i) \wedge P) \vee (\overline{(A_i = B_i) \vee (A_i > B_i)} \wedge N)$$

```
#define FLOAT_SIZE 4          //一个SSE向量中包含了4个单精度浮点数
#define INT_SIZE FLOAT_SIZE
void vec_cmp_sse(float *a,float *b, int *c, int N){
   int i=0;
   float *a1=a;
   float *b1=b;
   int *c1=c;
   __m128i Z,N1,P;
   Z=_mm_set1_epi32 (0);P=_mm_set1_epi32 (1);N1=_mm_set1_epi32 (-1);
   while((i+FLOAT_SIZE)<=N){
      __m128 va=_mm_load_ps(a1);
      __m128 vb=_mm_load_ps(b1);
      __m128i vt1,vt2,vt3,vc;
      __m128i eq=(__m128i)_mm_cmpeq_ps (va,vb);
      __m128i gt=(__m128i)_mm_cmpgt_ps (va,vb);
      vt1=_mm_and_si128(eq,Z);                       //vt1=eq AND Z
      vt2=_mm_and_si128(gt,P);                       //vt2=gt AND P
      vt3=_mm_andnot_si128(_mm_or_si128(eq,gt),N1);  //vt3=NOT(eq OR gt) AND N1
      vc=_mm_or_si128(vt3,_mm_or_si128(vt1,vt2));    //vc=vt1 OR vt2 OR vt3
      _mm_store_si128((__m128i *)c1,vc);
      a1+=FLOAT_SIZE;b1+=FLOAT_SIZE;c1+=INT_SIZE;
      i+=FLOAT_SIZE;
      }
   for(;i<N;i++){
      if(a[i]==b[i]) c[i]=0;
      else{
         if(a[i]>b[i]) c[i]=1;
```

```
      else c[i]=-1;
    }
  }
}
```

程序示例 3.18 向量比较

3.3.4 特殊指令

在 SIMD 指令系统中包含了很多标量指令系统中不具备的指令,灵活使用这些特殊指令可以有效提升程序的效率。

例子 3.4 有两个复数 $A = a+bj$ 和 $B = c+dj$,其中 a 和 c 为复数的实部,b 和 d 为复数的虚部。两个复数的乘积 $C = x + yj = (ac - bd) + (ad + bc)j$,其中 x 和 y 分别是结果的实部和虚部。假设一个双精度复数存储在一个 SSE 的向量中,其中低 64 位存储了实部,高 64 位存储了虚部,请使用 SSE 内嵌原语实现双精度浮点乘法。

答:两个双精度复数的乘法[2] 如程序示例 3.19所示。本例中使用了多种数据排列指令以及加减混合指令 _mm_addsub_pd()。

```
static __inline__ __m128d ZMUL(__m128d A, __m128d B)
{
  __m128d ar, ai;
  ar = _mm_movedup_pd(A);      /* ar = [a, a] */
  ar = _mm_mul_pd(ar, B);      /* ar = [a*c, a*d] */
  ai = _mm_unpackhi_pd(A, A);  /* ai = [b, b] */
  B = _mm_shuffle_pd(B, B, 1); /* B = [d, c] */
  ai = _mm_mul_pd(ai, B);      /* ai = [b*d, b*c] */
  return _mm_addsub_pd(ar, ai);/* [a*c-b*d, a*d+b*c] */
}
```

程序示例 3.19 SSE 中双精度复数乘法

科学计算中往往具有很多乘加操作,SIMD 指令系统中提供了乘加融合指令,可以在一条指令内完成乘法和加法操作。

例子 3.5 一个包含 N 个浮点数向量内积计算的外部接口与串行实现代码如程序示例 3.20所示,请使用 SSE 的浮点乘加融合指令实现内积操作。

答:程序示例 3.21的结构与向量相加非常接近,其中使用了乘加融合内嵌原语 _mm_fmadd_ps(a,b,c),可以在一条指令内完成 $a*b+c$ 的计算。相对于使用乘法和加法两条指令实现此功能,可以获得更高的效率。

```
float vec_inner_product(float *a, float *b,int N){
  int i;
  float s=0.0;
```

```
    for(i=0;i<N;i++) s+=a[i]*b[i];
    return s;
}
```

程序示例 3.20 向量内积的串行实现

```
float vec_inner_product_sse(float *a, float *b,int N){
    __m128 vs=_mm_set_ps1(0.0);
    float s=0.0;
    float *a1=a;
    float *b1=b;
    float *ts=(float *)&vs;
    int i=0;
    while((i+FLOAT_SIZE)<=N){
        __m128 va=_mm_load_ps(a1);
        __m128 vb=_mm_load_ps(b1);
        vs=_mm_fmadd_ps(va,vb,vs); //vs=va*vb+vs
        a1+=FLOAT_SIZE;b1+=FLOAT_SIZE;
        i+=FLOAT_SIZE;
    }
    for(;i<N;i++){
        s+=a[i]*b[i];
    }
    for(i=0;i<FLOAT_SIZE;i++){
        s+=ts[i];
    }
    return s;
}
```

程序示例 3.21 向量内积的串行实现（使用了乘加融合内嵌原语）

混洗类指令是 SIMD 指令系统中的重要指令类型。灵活运用该类型指令可以有效提高程序效率。

例子 3.6 基于两个向量 $v_a = [a_3, a_2, a_1, a_0]$ 和 $v_b = [b_3, b_2, b_1, b_0]$，请写出程序获得三个向量 $v_{c1} = [b_0, a_3, a_2, a_1]$、$v_{c2} = [b_1, b_0, a_3, a_2]$ 和 $v_{c3} = [b_2, b_1, b_0, a_3]$（这三个向量是连续的数组中一个长度为 4 的滑动窗口），如图 3-5 所示。

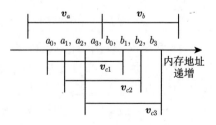

图 3-5 包含 4 个元素的滑动窗口

答：使用程序示例 3.22描述的混洗指令通过 v_a 和 v_b 构造 v_{c1}, v_{c2} 和 v_{c3}，图 3-6给出了三条 shuffle 指令控制参数设计的原理。

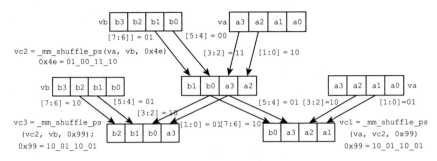

图 3-6　使用 shuffle 指令实现滑动窗口

```
vc2=_mm_shuffle_ps(va,vb,0x4e); //0x4e=01_00_11_10
vc1=_mm_shuffle_ps(va,vc2,0x99); //0x99=10_01_10_01
vc3=_mm_shuffle_ps(vc2,vb,0x99); //0x99=10_01_10_01
```

程序示例 3.22　　使用 shuffle 指令实现滑动窗口

3.3.5　寄存器数量

与汇编程序相比，SIMD 内嵌原语编程无法直接控制硬件向量寄存器。如果同时使用的向量数超过了寄存器的实际数量，则有可能导致内存和寄存器之间数据交换的额外开销。因此，在设计 SIMD 程序时需要仔细考虑同时使用的向量变量数，并尽可能将其控制在处理器的向量寄存器数量以下。

例子 3.7　设两个输入矩阵 A 和 B 分别包含了 $M \times N$ 和 $N \times K$ 个元素，结果矩阵 $C = A \times B$ 包含了 $M \times K$ 个元素，如图 3-7所示。请设置合适的矩阵规模，使得结果矩阵均在 SIMD 的 8 个 128 位寄存器中。

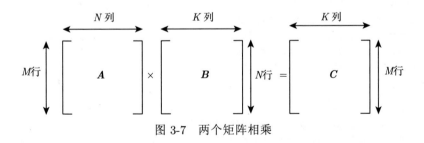

图 3-7　两个矩阵相乘

答：8 个 128 位寄存器可以存放 32 个单精度浮点数，需要满足约束条件 $MK < 32$。考虑到 128 位寄存器中可以存放 4 个单精度浮点数，所以 K 可以取 4 或者 8。在满足约束的情况下，$M \times K$ 大小的结果矩阵可以是 4×4、6×4 和 2×8 的。此外，N 一般也应恰好能被 4 整除，典型的取值可以为 4 或者 8。

本例子仅考虑两个 4×4 单精度浮点矩阵相乘的情况，其余的矩阵结构请读者自行考虑。此时，矩阵乘法可以描述为下式，其中 a_{ij} 为矩阵 A 的第 i 行第 j 列元素，B_i

为矩阵 B 的第 i 行，C_i 为矩阵 C 的第 i 行，其中 B_i 和 C_i 均包含了 4 个单精度浮点数。

$$\begin{pmatrix} a_{00} & a_{01} & a_{02} & a_{03} \\ a_{10} & a_{11} & a_{12} & a_{13} \\ a_{20} & a_{21} & a_{22} & a_{23} \\ a_{30} & a_{31} & a_{32} & a_{33} \end{pmatrix} \begin{pmatrix} B_0 \\ B_1 \\ B_2 \\ B_3 \end{pmatrix} = \begin{pmatrix} a_{00}B_0 + a_{01}B_1 + a_{02}B_2 + a_{03}B_3 \\ a_{10}B_0 + a_{11}B_1 + a_{12}B_2 + a_{13}B_3 \\ a_{20}B_0 + a_{21}B_1 + a_{22}B_2 + a_{23}B_3 \\ a_{30}B_0 + a_{31}B_1 + a_{32}B_2 + a_{33}B_3 \end{pmatrix} = \begin{pmatrix} C_0 \\ C_1 \\ C_2 \\ C_3 \end{pmatrix}$$

4×4 单精度浮点矩阵乘法程序如程序示例 3.23 所示，其中输入 a、b、c 分别对应矩阵 A、B、C。矩阵采用行优先方式存储，例如，矩阵 A 中第 1 行第 2 列元素在数组 a 中的下标为 $1 \times 4 + 2 = 6$。该程序首先读入矩阵 C 的内容，并存储在 vc0、vc1、vc2 和 vc3 四个向量寄存器中。后续的计算分成四个阶段，每个阶段中通过 _mm_load_ps() 读入矩阵 B 的一行，然后使用 _mm_broadcast_ss() 将矩阵 A 中的一个元素扩展到一个向量寄存器中，再使用乘加融合指令将结果加入矩阵 C 中的一行。整个程序中仅使用了 6 个向量（4 个 v_c，1 个 v_b 和一个由 v_a 元素扩展的向量）。

```
void matrix_mul_sse_4x4x4(float *a,float *b,float *c){
   __m128 vc0,vc1,vc2,vc3;
   vc0=_mm_load_ps(&(c[0]));
   vc1=_mm_load_ps(&(c[4]));
   vc2=_mm_load_ps(&(c[8]));
   vc3=_mm_load_ps(&(c[12]));
   __m128 vb;
   vb=_mm_load_ps(&(b[0]));
   vc0=_mm_fmadd_ps(_mm_broadcast_ss(&(a[0])),vb,vc0);
   vc1=_mm_fmadd_ps(_mm_broadcast_ss(&(a[4])),vb,vc1);
   vc2=_mm_fmadd_ps(_mm_broadcast_ss(&(a[8])),vb,vc2);
   vc3=_mm_fmadd_ps(_mm_broadcast_ss(&(a[12])),vb,vc3);
   vb=_mm_load_ps(&(b[4]));
   vc0=_mm_fmadd_ps(_mm_broadcast_ss(&(a[1])),vb,vc0);
   vc1=_mm_fmadd_ps(_mm_broadcast_ss(&(a[5])),vb,vc1);
   vc2=_mm_fmadd_ps(_mm_broadcast_ss(&(a[9])),vb,vc2);
   vc3=_mm_fmadd_ps(_mm_broadcast_ss(&(a[13])),vb,vc3);
   vb=_mm_load_ps(&(b[8]));
   vc0=_mm_fmadd_ps(_mm_broadcast_ss(&(a[2])),vb,vc0);
   vc1=_mm_fmadd_ps(_mm_broadcast_ss(&(a[6])),vb,vc1);
   vc2=_mm_fmadd_ps(_mm_broadcast_ss(&(a[10])),vb,vc2);
   vc3=_mm_fmadd_ps(_mm_broadcast_ss(&(a[14])),vb,vc3);
   vb=_mm_load_ps(&(b[12]));
   vc0=_mm_fmadd_ps(_mm_broadcast_ss(&(a[3])),vb,vc0);
   vc1=_mm_fmadd_ps(_mm_broadcast_ss(&(a[7])),vb,vc1);
   vc2=_mm_fmadd_ps(_mm_broadcast_ss(&(a[11])),vb,vc2);
   vc3=_mm_fmadd_ps(_mm_broadcast_ss(&(a[15])),vb,vc3);

   _mm_store_ps(&(c[0]),vc0);
   _mm_store_ps(&(c[4]),vc1);
   _mm_store_ps(&(c[8]),vc2);
```

```
    _mm_store_ps(&(c[12]),vc3);
}
```

程序示例 3.23　使用 FMA 指令的 4×4 矩阵乘法

3.4　SIMD 程序实例

3.4.1　使用 SSE 指令去除空格

SkipWhitespace_SIMD() 是开源软件 RapidJSON[3] 中的一段代码，其主要功能是发现 JSON 文件中的空格（0x20）、回车（0x0D）、Tab（0x0B）和换行（0x0A），支持 SSE2、SSE4.2 和 ARM Neon 三种不同的 SIMD 指令。我们节选 SSE2 的相关代码作为程序示例 3.24。程序首先找到输入起始地址 p 后的第一个 128 字节对齐地址 nextAligned，并使用字节比较的方法检查 p 到 nextAligned 这段未对齐区间中是否具有空格。如果这段未对齐空间中没有空格，则进入使用 SSE 指令寻找非空格的部分。

在使用 SSE 指令寻找非空格前，首先设置四种类型空格的 128 位向量 whitespaces，并加载到 w_0、w_1、w_2、w_3 中。然后从 nextAligned 起始以 16 个字节为单位循环，每次循环从内存中读取 16 个字节到向量 x 中，将 x 和 w_0、w_1、w_2、w_3 分别进行相等条件的比较，对四个比较结果进行或操作，并使用 _mm_movemask() 从或操作结果的每个字节中抽出 1 位形成 16 位字并取反得到 r。如果内存中的 16 个字节并不完全是四种类型空格之一，r 就不等于 0，此时将跳出循环。

在跳出循环后，将使用 _BitScanForward() 或 _builtin_ffs() 查找到 r 中不为 0 的最低一位位置。此位置和当前循环起始地址之和恰好是第一个不为空格类型字符的地址，将此地址作为函数结果返回。

```
inline const char *SkipWhitespace_SIMD(const char* p) {
    //检查当前字符是否为四种类型的空格
    if (*p == ' ' || *p == '\n' || *p == '\r' || *p == '\t')
        ++p;
    else
    return p;

    //nextAligned是p之后16字节对齐的地址
    const char* nextAligned = reinterpret_cast<const char*>((reinterpret_cast<size_t>(
     p) + 15) & static_cast<size_t>(~15));
    //检查对齐地址之前的字符是否为四种类型的空格
    while (p != nextAligned)
        if (*p == ' ' || *p == '\n' || *p == '\r' || *p == '\t')
            ++p;
        else
            return p;

    //定义四种类型空格的128位向量，每个向量包含16个相同的字符
    #define C16(c) { c, c, c, c, c, c, c, c, c, c, c, c, c, c, c, c }
```

```
static const char whitespaces[4][16] = { C16(' '), C16('\n'), C16('\r'), C16('\t')
   };
#undef C16

//将四种类型空格的字符向量分别读入w0、w1、w2和w3
const __m128i w0 =_mm_loadu_si128(reinterpret_cast<const __m128i *>(&whitespaces
   [0][0]));
const __m128i w1 =_mm_loadu_si128(reinterpret_cast<const __m128i *>(&whitespaces
   [1][0]));
const __m128i w2 =_mm_loadu_si128(reinterpret_cast<const __m128i *>(&whitespaces
   [2][0]));
const __m128i w3 =_mm_loadu_si128(reinterpret_cast<const __m128i *>(&whitespaces
   [3][0]));

//以16个字节为单位循环
for (;; p += 16) {
   //读取16个字节的文本到s
   const __m128i s = _mm_load_si128(reinterpret_cast<const __m128i *>(p));
   //对s和w0、w1、w2、w3进行比较，只要s包含这四种字符，对应的字节就为0xFF
   __m128i x = _mm_cmpeq_epi8(s, w0);
   x = _mm_or_si128(x, _mm_cmpeq_epi8(s, w1));
   x = _mm_or_si128(x, _mm_cmpeq_epi8(s, w2));
   x = _mm_or_si128(x, _mm_cmpeq_epi8(s, w3));
   //r的低16位对应了s中每个字节的最高位
   unsigned short r = static_cast<unsigned short>(~_mm_movemask_epi8(x));
   //r不等于0表示s中包含四种类型的字符
   if (r != 0) {
       //MS VS编译器
       #ifdef _MSC_VER
       unsigned long offset;
       //MS VS的内置函数，返回最低一位为1的位置（从0开始计数）
       _BitScanForward(&offset, r);
       return p + offset;
       //gcc编译器
       #else
       //gcc的内置函数，返回最低一位为1的位置（从1开始计数）
       return p + __builtin_ffs(r) - 1;
       #endif
   }
  }
}
```

程序示例 3.24   SkipWhitespace_SIMD() 函数：使用 SSE 指令去除空格

3.4.2   基于 SIMD 指令的双调排序和归并排序

1. 基于 SSE 指令的 16 个整数排序

16 个整数恰好可以放置在 4 个 SSE 寄存器中，首先使用类似于冒泡排序的方法，基于 SSE 中的 min 和 max 指令对 4 个通道数据同时进行排序，再对 4 个寄存器进行矩阵转置。这样就可以在 4 个寄存器中分别得到 4 个递增的序列，如图 3-8所示。

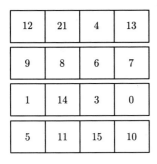

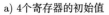

a) 4个寄存器的初始值

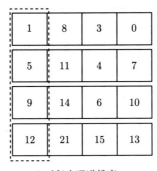

b) 对每个通道排序

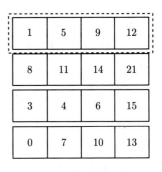

c) 每个寄存器中的4
个值都已经排序

图 3-8　基于 SSE 指令的 16 个整数排序

2. 基于 SIMD 指令的双调排序

双调排序[4]（bitonic sorting）的两个输入序列 $<A_i>$ 和 $<B_i>$ 分别为递增序列和递减序列。通过一个双调排序网络就可以将两者组合成一个递增的序列，图 3-9 给出了一个 4×4 双调排序网络的结构。可以使用 SIMD 指令中的混洗指令和 max、min 指令实现双调排序，每一级排序过程的 SSE 指令序列如程序示例 3.25所示。

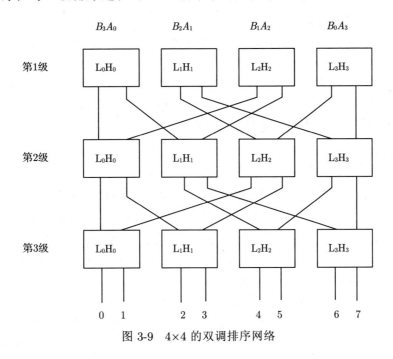

图 3-9　4×4 的双调排序网络

```
L1=sse_min(A,B);
H1=sse_max(A,B);
L1p=sse_shuffle(L1,H1,imm3);
H1p=sse_shuffle(L1,H1,imm3);
```

程序示例 3.25　一级双调排序

算法 3.1

基于双调排序的两路归并排序

Input:

    X: 已经完成排序的一路数据

    Y: 已经完成排序的另外一路数据

Output:

    Z: X 和 Y 归并排序的结果

1: 从 X 和 Y 序列各读入 K 个元素到 $V1$ 和 $V2$

2: $(O1, O2) = binotic\_sort(V1, V2)$，将 $O1$ 写入 Z，$V1 = O2$

3: **while** X 和 Y 均不为空 **do**

4:     比较 X 和 Y 队列的头元素，选择较小者读入 K 个元素到 $V2$

5:     $(O1, O2) = binotic\_sort(V1, V2)$

6:     将 $O1$ 写入 Z，$V1 = O2$

7: **end while**

8: 将不为空的队列全部写入 Z

---

3. 基于双调排序的两路归并排序

经过上述双调排序后，就可以形成两个 8 路的有序序列，然后使用算法 3.1 所示的归并排序方法，完成两路归并排序。传统递增归并排序的过程是一次从两个已经过递增排序的序列 X 和 Y 中各取得 1 个元素，并选择其中较小的一个元素放置到结果序列 Z 中。基于上述双调排序方法，算法 3.1 一次将归并 K 个元素（其中 K 为 SIMD 向量中待排序数据数量），可以提升传统归并排序的性能。

3.4.3 fftw 的可移植设计

fftw[5] 是一个经典的开源快速傅里叶变换软件，可以支持一维、二维和三维的复数和实数快速傅里叶变换。它可以支持多种 SIMD 指令系统，主要包括 x86 处理器的 SSE/SSE2/AVX/AVX2/AVX512/KCVI、PowerPC 处理器的 AltiVec/VSX、ARM 处理器的 NEON 等。为了有效地支持多种 SIMD 指令系统，fftw 设计了一套 SIMD 指令的内部统一表示方法。与之相关的源代码目录层次结构如图 3-10所示，其中 simd-avx.h 和 simd-sse2.h 分别定义了基于 AVX 和 SSE2 的基本操作原语，n1bv_2.c 定义了基于此原语的特定 FFT 程序，configure.ac 定义了编译的配置选项，Makefile.am 定义了用于生成 Makefile 的选项。

1. 多种 SIMD 指令的统一描述

simd-sse2.h 和 simd-avx.h 定义了 SSE2 和 AVX 两种模式下统一向量原语的实现方法，两者相关的程序节选如程序示例 3.26和程序示例 3.27所示，主要包括以下内容。

    ❑ 第 25~31 行中，根据是否定义了 FFTW_SINGLE，选择数据类型开关 DS 和后缀名 SUFF。

- 第 34 行中定义了向量长度 VL，即一个 SIMD 向量中可以存储多少个复数形式的点：在 SSE2 模式下，可以存储 1 个双精度复数或者 2 个单精度复数；在 AVX 模式下，可以存储 2 个双精度复数或者 4 个单精度复数。
- 第 63 行中定义了向量类型 V：在 SSE2 模式下，双精度和单精度的数据类型分别为 ___m128d 和 ___m128；在 AVX 模式下，双精度和单精度的数据类型分别为 ___m256d 和 ___m256。
- 第 64 行中定义了向量加法操作 VADD：在 SSE2 模式下，双精度和单精度对应的内嵌原语分别为 _mm_add_pd 和 _mm_add_ps；在 AVX 模式下，双精度和单精度对应的内嵌原语分别为 _mm256_add_ps 和 _mm256_add_pd。除了 VADD 以外，这两个文件还定义了 LD（读取）、ST（存储）等存储器访问原语，以及 VSUB、VMUL、VFMA 等多种计算类原语。

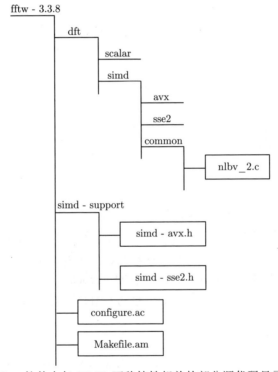

图 3-10　fftw 软件中与 SIMD 可移植性相关的部分源代码目录层次结构

```
//simd-sse2.h
//25~31行
#ifdef FFTW_SINGLE
#  define DS(d,s) s /* 单精度选项 */
#  define SUFF(name) name ## s
#else
#  define DS(d,s) d /* 双精度选项 */
#  define SUFF(name) name ## d
#endif
```

```
//34行
#define VL DS(1,2)      /* SIMD 向量长度，是关于复数的*/

//63、64行
typedef DS(__m128d,__m128) V;
#define VADD SUFF(_mm_add_p)
```

程序示例 3.26　　fftw 软件中的 simd-sse2.h（节选）

```
//simd-avx.h
//25~31行
#ifdef FFTW_SINGLE
#  define DS(d,s) s /* 单精度选项 */
#  define SUFF(name) name ## s
#else
#  define DS(d,s) d /* 双精度选项 */
#  define SUFF(name) name ## d
#endif

//34行
#define VL DS(2, 4)          /* SIMD 复数向量长度 */

//50~51行
typedef DS(__m256d, __m256) V;
#define VADD SUFF(_mm256_add_p)
```

程序示例 3.27　　fftw 软件中的 simd-avx.h（节选）

2. 针对特定 SIMD 指令系统的编译

　　fftw 安装前首先要使用./configure 脚本进行编译配置。如果在执行./configure 脚本的命令中设置了-enable-avx 或者-enable-sse2 参数，就可以编译出使用 AVX 或者 SSE2 指令的静态库。fftw 使用 autotools 工具链中的 autoconf 程序[6] 产生./configure 脚本，其中 configure.ac 定义了上述两个参数的处理过程相关内容，如程序示例 3.28所示，其中包括以下内容。

　　❑ 第 30 行中将配置写入 config.h 中。

　　❑ 第 126~133 行中，AC_ARG_ENABLE 命令将在./configure 的命令行参数中支持参数-enable-avx，并根据参数配置变量 $have_avx 为 yes 或者是 no。如果 $have_avx 为 yes，则在 config.h 中加入语句 #define HAVE_AVX 1，可以根据 config.h 中对 HAVE_AVX 的定义指导后续的编译过程。

　　❑ 第 364~367 行中，检查编译器是否支持针对 AVX 指令系统的编译选项-mavx，并将其设置到 AVX_CFLAGS 编译选项中。对于 SSE2 参数，也是采用类似方法处理。如果使用了-enable-sse2，则将在 config.h 中加入语句 #define HAVE_ SSE2 1。

```
//30行
```

```
AM_CONFIG_HEADER(config.h)
//126~133行
AC_ARG_ENABLE(avx, [AC_HELP_STRING([--enable-avx],[enable AVX optimizations])],
    have_avx=$enableval, have_avx=no)
if test "$have_avx" = "yes"; then
AC_DEFINE(HAVE_AVX,1,[Define to enable AVX optimizations.])
if test "$PRECISION" != "d" -a "$PRECISION" != "s"; then
AC_MSG_ERROR([AVX requires single or double precision])
fi
fi
AM_CONDITIONAL(HAVE_AVX, test "$have_avx" = "yes")

//364~367行
if test "$have_avx" = "yes" -a "x$AVX_CFLAGS" = x; then
AX_CHECK_COMPILER_FLAGS(-mavx, [AVX_CFLAGS="-mavx"],
[AC_MSG_ERROR([Need a version of gcc with -mavx])])
fi
//472行
AC_SUBST(AVX_CFLAGS)
```

程序示例 3.28　　fftw 软件中的 configure.ac 与 AVX 相关的语句

使用 automake 工具 [7] 可以基于 Makefile.am 产生对应的 makefile 文件。在 fftw 的 Makefile.am 中定义了拟产生的静态库及其依赖关系,如程序示例 3.29所示,其中包括以下内容。

- ❑ 第 55~58 行的含义是如果 HAVE_AVX 有效,则产生针对 AVX 指令系统的两个静态连接库。
- ❑ 第 115 行定义了 fftw 所产生的静态库。
- ❑ 第 127 行定义了针对 AVX 和 SSE2 的两个库。在 dft\simd\avx 的文件中进一步定义了 libdft_avx_codelets.la 所依赖的文件,以及对应的编译命令。

```
//55~58行
if HAVE_AVX
AVX_LIBS = dft/simd/avx/libdft_avx_codelets.la \
rdft/simd/avx/librdft_avx_codelets.la
endif
//115行
libfftw3@PREC_SUFFIX@_la_LIBADD = \
//127行
$(SIMD_LIBS) $(SSE2_LIBS) $(AVX_LIBS) $(AVX_128_FMA_LIBS) \
```

程序示例 3.29　　fftw 软件中的 Makefile.am 与 AVX 相关的语句

fftw 的静态库可以同时编译并包含多种 SIMD 指令系统的加速库。在运行时刻,fftw 将检查当前 CPU 支持的 SIMD 指令系统类型,并按照最优的方式选择对应库执行。

3.5　扩展阅读

SIMD 指令系统的功能不断增强，数据宽度不断增大，已经成为提升微处理器峰值性能的重要方法。Intel 公司的 VPU 和 AVX512 指令系统的数据宽度已经达到 512 位。2020 年 6 月性能全球第一的日本"富岳"超级计算机使用了富士通公司设计的 A64FX 处理器，包含了 48 个 ARM 核心，浮点计算单元采用了 512 位的 SIMD 指令。

可以使用 x86 处理器[8] 和 ARM 处理器[9] 的汇编语言实现 SIMD 编程。为了降低 SIMD 编程的难度和提高可移植性，已经提出了多种便于用户使用的编程方法[10]，例如 Intel 公司的 ISPC[11] 提供了基于 C 和 C++ 的扩展和类似于 C 语言的 SIMD 可移植编程语言[12]。编译器自动矢量化一直是编译技术研究的重要问题，Intel® Cilk™ Plus[13]、Open64[14] 和 LLVM[15] 均支持有效的自动矢量化。OpenMP 4.0 以上版本[16] 可以通过编译制导语句的方式辅助实现编译自动矢量化。

在矩阵计算、图像处理等计算密集型应用领域，很多算法都可以通过 SIMD 方法提升性能，例如矩阵乘法[17-20]、快速傅里叶变换（FFT）[21-24] 等。SIMD 指令在深度学习中也有广泛应用，例如在 Xeon 和 Xeon Phi 处理器上优化卷积神经网络中卷积计算的方法[17]。SIMD 指令还可以用于信息安全领域，例如使用 AVX 指令加速模指数计算[25]、AES 算法[26-27] 和 Grøstl 散列算法[28] 等。

SIMD 指令在数据库和数据处理分析方面也得到了广泛应用，例如常见数据库操作的优化[29-30]、排序[31]、XML 文本解析[32] 和正则表达式匹配[33] 等。

autotools 工具[34] 可以用于配置可移植的软件包。

3.6　习题

习题 3.1　（NEON 指令系统中的混洗指令）请阅读 NEON 用户手册[35]，与 SSE 指令系统进行对比，回答以下问题。

（1）NEON 指令系统中的数据排列指令包括 VSWP、VREV、VEXT、VTRN、VZIP、VUZP 等，请理解其指令含义，并与 SSE 中的数据排列指令进行对比。

（2）分析 NEON 指令系统中的 VTBL/VTBX 指令，指出它和 SSE 中的哪条指令功能类似。

3.7　实验题

实验题 3.1　（自动矢量化）对程序示例 3.30分别启用编译器自动矢量化和关闭自动矢量化选项进行编译。反汇编其代码，并进行对比。再使用 SIMD 内嵌语言实现两个包含 N 个浮点数的向量加法计算。

```
for (int i = 0; i < 1024; ++i)  A[i] = B[i] + C[i];
```

程序示例 3.30　向量加法

实验题 3.2　（Horner）请使用 SIMD 乘加内嵌原语和循环展开的方法，改进实验题 2.1 中基于 Horner 算法的数值积分的程序。

实验题 3.3　（所得税）请使用 AVX 内嵌原语和循环展开方法，进一步优化实验题 2.2 的所得税计算程序。

实验题 3.4　（FIR）数字滤波器的计算方法为 $y(n) = \sum_{k=0}^{M} h(k)f(n-k)$，其中 h 为长度为 M 的卷积核，f 为输入信号的采样序列（当 $n < 0$ 时，$f(n) = 0$），y 为输出序列。程序示例 3.31给出了采样程序，将对信号 $f(x) = \sin(2\pi x) + \sin(250\pi x)$ 进行采样，其中采样频率为 $F_s = 1000\text{Hz}$。长度为 32 的卷积核 kernel_32 是最大通过频率为 $0.1F_s$ 的低通滤波器。请设计程序使用 kernel_32 对采样信号进行滤波。注意到卷积核 kernel_32 具有对称性，即 $h(k) = h(M-1-k)$，滤波的基准程序如程序示例 3.32所示。

（1）在采样序列长度为 4,000,000 时，测量程序示例 3.32的计算时间。

（2）请设计一套方案使得程序可以在 AVX 和 NEON 指令系统之间快速移植。

（3）使用 AVX 指令或 NEON 指令优化基准程序。较基准程序的加速比可以达到多少？

```
#define Fs 1000.0 //采样频率
#define F1 1.0     //f1=sin(2*pi*x)的频率
#define F2 125.0  //f2=sin(250*pi*x)的频率
void sampling(float *input,int sample_length){
   for(int n=0;n<sample_length;n++) {
       input[n]=sin(2*Pi*n*F1/Fs)+sin(2*Pi*n*F2/Fs);
   }
}
/*长度为32的卷积核kernel_32:
-0.001883 -0.002250 -0.002859 -0.003395 -0.003253 -0.001633  0.002312  0.009279
 0.019617  0.033181  0.049259  0.066610  0.083602  0.098441  0.109443  0.115299
 0.115299  0.109443  0.098441  0.083602  0.066610  0.049259  0.033181  0.019617
 0.009279  0.002312 -0.001633 -0.003253 -0.003395 -0.002859 -0.002250 -0.001883
*/
```

程序示例 3.31　数字滤波器的采样程序

```
//f为采样序列的指针, sample_length为采样序列长度
//kernel为卷积核序列的指针, kernel_length为卷积核序列长度
//fir_result为输出序列的指针
void FIR_lp(float *f, int sample_length, float *kernel, int kernel_length,float *
   fir_result){
   int i,j;
   for(i=0;i<sample_length-kernel_length;i++){
      float sum=0;
      for(j=0;j<kernel_length;j++) sum+=f[j]*kernel[j];
      *fir_result++=sum;
      f++;
   }
}
```

程序示例 3.32　数字滤波器的基准程序

实验题 3.5 （BMP 图像卷积）对于原始数字图像 $x(m,n)$ 和二维卷积核 $h(k,l)$，其卷积输出为：

$$y(m,n) = \sum_{k=-\infty}^{\infty} \sum_{l=-\infty}^{\infty} x(k,l)h(m-k,n-l) = \sum_{k=-\infty}^{\infty} \sum_{l=-\infty}^{\infty} h(k,l)x(m-k,n-l)$$

不同的卷积核具有不同的图像处理功能，例如：

$$高斯核\ h(m,n) = \begin{pmatrix} 0.0113 & 0.0838 & 0.0113 \\ 0.0838 & 0.6193 & 0.0838 \\ 0.0113 & 0.0838 & 0.0113 \end{pmatrix}$$

$$拉普拉斯核\ h(m,n) = \begin{pmatrix} 1 & 1 & 1 \\ 1 & -8 & 1 \\ 1 & 1 & 1 \end{pmatrix}$$

请使用 AVX 或 NEON 指令设计一个二维卷积程序，输入为 512×512 像素的 24 位彩色图像文件（BMP 格式）和卷积核描述文件，输出图像为 24 位彩色图像文件（BMP 格式）。要求：① 以边界像素点为轴，填充对称的像素点处的像素值（类似于 OpenCV 中的 BORDER_DEFAULT 填充方法）；② 采用 32 位浮点数实现卷积计算，如果计算结果大于 255 则结果设定为 255，如果小于 0 则设定为 0，其他情况下将浮点结果转换为整数。

实验题 3.6 （矩阵乘法）在实验题 2.4 的基础上，使用 SIMD 指令实现小矩阵的乘法。评估与基准乘法程序的加速比，以及能达到浮点计算性能。

实验题 3.7 （AVX 转置）请使用 SIMD 指令实现以下程序。

（1）使用 NEON 指令系统实现 4×4 浮点矩阵转置。

（2）使用 AVX 中的 Shuffle 指令实现 8×8 浮点矩阵转置。

（3）使用 AVX 中的 Blend 指令替换部分 Shuffle 指令实现 8×8 浮点矩阵转置。

（4）比较 2 和 3 的性能。

实验题 3.8 （AVX 双调排序）基于 3.4.2 节介绍的双调排序，使用 AVX 指令实现 16 个整数的排序。

参考文献

[1] STEPHENS N, BILES S, BOETTCHER M, et al. The arm scalable vector extension[J/OL]. IEEE Micro, 2017, 37(2): 26-39. https://doi.org/10.1109/MM.2017.35.

[2] TAKAHASHI D. Implementation and evaluation of parallel fft using SIMD instructions on multi-core processors[C]//Innovative architecture for future generation high-performance processors and systems (iwia 2007). 2007: 53-59.

[3] Rapidjson[EB/OL]. [2023-10-27] https://rapidjson.org/reader_8h_source.html.

[4] KNUTH D E. The art of computer programming, volume 3: sorting and searching[M]. 2nd edition. Reading: Addison Wesley Longman Publishing Co., Inc., 1998.

[5]　fftw[EB/OL]. [2023-10-27] http://www.fftw.org/.

[6]　DAVID MACKENZIE A D, Ben Elliston. Autoconf version 2.69[EB/OL]. [2023-10-27]. http://www.gnu.org/savannah-checkouts/gnu/autoconf/manual/autoconf-2.69/index.html,2012.

[7]　DAVID MACKENZIE A D L R W S L, Tom Tromey. Gnu automake version 1.16.2.1[EB/OL]. [2023-10-27] http://www.gnu.org/software/automake/#documentation, 2020.

[8]　KUSSWURM D. Modern x86 assembly language programming : 32-bit, 64-bit, sse, and avx[M]. New York: Apress, 2014.

[9]　SMITH S. Programming with 64-bit arm assembly language single board computer development for raspberry pi and mobile devices[M]. New York: Apress, 2020.

[10]　POHL A, COSENZA B, MESA M A, et al. An evaluation of current SIMD programming models for c++[C/OL]//WPMVP '16: Proceedings of the 3rd Workshop on Programming Models for SIMD/Vector Processing. New York: Association for Computing Machinery, 2016. https://doi.org/10.1145/2870650.2870653.

[11]　BRODMAN J, BABOKIN D, FILIPPOV I, et al. Writing scalable simd programs with ispc[C/OL]//WPMVP '14: Proceedings of the 2014 Workshop on Programming Models for SIMD/Vector Processing. New York: Association for Computing Machinery, 2014: 25‐32. https://doi.org/10.1145/2568058.2568065.

[12]　LEIßA R, HACK S, WALD I. Extending a c-like language for portable SIMD programming [C/OL]//PPoPP '12: Proceedings of the 17th ACM SIGPLAN Symposium on Principles and Practice of Parallel Programming. New York: Association for Computing Machinery, 2012: 65‐74. https://doi.org/10.1145/2145816.2145825.

[13]　KRZIKALLA O, ZITZLSBERGER G. Code vectorization using intel array notation [C/OL]//WPMVP '16: Proceedings of the 3rd Workshop on Programming Models for SIMD/Vector Processing. New York: Association for Computing Machinery, 2016. https://doi.org/10.1145/2870650.2870655.

[14]　Dong W, Rongcai Z, Qi W, et al. Outer-loop auto-vectorization for SIMD architectures based on open64 compiler[C]//2016 17th International Conference on Parallel and Distributed Computing, Applications and Technologies (PDCAT). 2016: 19-23.

[15]　TIAN X, SAITO H, SU E, et al. Llvm compiler implementation for explicit parallelization and SIMD vectorization[C/OL]//LLVM-HPC'17: Proceedings of the Fourth Workshop on the LLVM Compiler Infrastructure in HPC. New York: Association for Computing Machinery, 2017. https://doi.org/10.1145/3148173.3148191.

[16]　WENDE F, NOACK M, STEINKE T, et al. Portable SIMD performance with openmp* 4.x compiler directives[C/OL]//Proceedings of the 22nd International Conference on Euro-Par 2016: Parallel Processing - Volume 9833. Berlin: Springer-Verlag, 2016: 264‐277. https://doi.org/10.1007/978-3-319-43659-3_20.

[17]　GEORGANAS E, AVANCHA S, BANERJEE K, et al. Anatomy of high-performance deep learning convolutions on simd architectures[C]//SC '18: Proceedings of the International Conference for High Performance Computing, Networking, Storage, and Analysis. IEEE Press, 2018.

[18]　KELEFOURAS V, KRITIKAKOU A, GOUTIS C. A matrix-matrix multiplication methodology for single/multi-core architectures using SIMD[J/OL]. J. Supercomput., 2014, 68(3): 1418-1440. https://doi.org/10.1007/s11227-014-1098-9.

[19]　MASLIAH I, ABDELFATTAH A, HAIDAR A, et al. High-performance matrix-matrix multi-plications of very small matrices[C/OL]//Proceedings of the 22nd International Conference on Euro-Par 2016: Parallel Processing - Volume 9833. Berlin, Heidelberg: Springer-Verlag, 2016: 659-671. https://doi.org/10.1007/978-3-319-43659-3_48.

[20]　KIM R, CHOI J, LEE M. Optimizing parallel gemm routines using auto-tuning with intel avx-512[C/OL]//HPC Asia 2019: Proceedings of the International Conference on High Performance Computing in Asia-Pacific Region. New York: Association for Computing Machinery, 2019: 101-110. https://doi.org/10.1145/3293320.3293334.

[21]　TAKAHASHI D. Fast fourier transform algorithms for parallel computers[M]. Singapore: Springer, 2019.

[22]　TAKAHASHI D. An implementation of parallel 1-d fft using sse3 instructions on dual-core processors[C]//PARA'06: Proceedings of the 8th International Conference on Applied Parallel Computing: State of the Art in Scientific Computing. Berlin, Heidelberg: Springer-Verlag, 2006: 1178-1187.

[23]　TAKAHASHI D. An implementation of parallel 2-d fft using intel avx instructions on multi-core processors[C/OL]//ICA3PP'12: Proceedings of the 12th International Conference on Algorithms and Architectures for Parallel Processing - Volume Part II. Berlin: Springer-Verlag, 2012: 197-205. https://doi.org/10.1007/978-3-642-33065-0_21.

[24]　WANG X, JIA H, LI Z, et al. Implementation and optimization of multi-dimensional real fft on armv8 platform[C]//VAIDYA J, LI J. Algorithms and Architectures for Parallel Processing. Cham: Springer International Publishing, 2018: 338-353.

[25]　GUERON S, KRASNOV V. Software implementation of modular exponentiation, using advanced vector instructions architectures[C]//ÖZBUDAK F, RODRÍGUEZ-HENRÍQUEZ F. Arithmetic of Finite Fields. Berlin: Springer Berlin Heidelberg, 2012: 119-135.

[26]　Aes in openssl[EB/OL]. [2023-10-27]. https://github.com/openssl/openssl/blob/master/crypto/aes/asm/aesni-x86.pl.

[27]　HAMBURG M. Accelerating aes with vector permute instructions[C/OL]//CHES '09: Proceedings of the 11th International Workshop on Cryptographic Hardware and Embedded Systems. Berlin: Springer-Verlag, 2009: 18-32. https://doi.org/10.1007/978-3-642-04138-9_2.

[28]　AOKI K, MATUSIEWICZ K, ROLAND G, et al. Byte slicing grøstl: Improved intel aes-ni and vector-permute implementations of the sha-3 finalist grøstl[C]//OBAIDAT M S, SEVIL-LANO J L, FILIPE J. E-Business and Telecommunications. Berlin, Heidelberg: Springer Berlin Heidelberg, 2012: 281-295.

[29]　POLYCHRONIOU O, RAGHAVAN A, ROSS K A. Rethinking simd vectorization for in-memory databases[C/OL]//SIGMOD '15: Proceedings of the 2015 ACM SIGMOD International Conference on Management of Data. New York: Association for Computing Machinery, 2015: 1493-1508. https://doi.org/10.1145/2723372.2747645.

[30]　ZHOU J, ROSS K A. Implementing database operations using simd instructions[C/OL]//SIGMOD '02: Proceedings of the 2002 ACM SIGMOD International Conference on Management of Data. New York: Association for Computing Machinery, 2002: 145 - 156. https://doi.org/10.1145/564691.564709.

[31]　CHHUGANI J, NGUYEN A D, LEE V W, et al. Efficient implementation of sorting on multi-core SIMD CPU architecture[J/OL]. Proc. VLDB Endow., 2008, 1(2): 1313 - 1324. https://doi.org/10.14778/1454159.1454171.

[32] LIN D, MEDFORTH N, HERDY K S, et al. Parabix: Boosting the efficiency of text process-
      ing on commodity processors[C]//IEEE International Symposium on High-Performance Comp
      Architecture. 2012: 1-12.

[33] SITARIDI E, POLYCHRONIOU O, ROSS K A. Simd-accelerated regular expression match-
      ing[C/OL]//DaMoN '16: Proceedings of the 12th International Workshop on Data Manage-
      ment on New Hardware. New York: Association for Computing Machinery, 2016. https://
      doi.org/10.1145/2933349.2933357.

[34] CALCOTE J. Autotools : a practitioner's guide to gnu autoconf, automake, and libtool[M]. San
      Francisco: No Starch Press, 2010.

[35] CORP A. NEON^{TM} Programmer's Guide Version: 1.0[EB/OL]. https://developer.arm.com/
      documentation/den0018/a/.

## 第 4 章

基于多线程的优化方法

现代微处理器系统往往包含了多个处理器核,并且在一个处理器核中包含多个硬件线程现场,这为多线程并行程序设计提供了更为有效的硬件平台。多线程并行程序设计往往需要从更高的层面考虑算法的并行化、数据的组织方式和多个线程的相互关系,不仅可以提升计算类型程序的并行性,而且可以优化整个软件系统的组织架构。

本章的 4.1 节将简要介绍多线程处理器和多核处理器的体系结构特点以及多线程的基本编程模型,4.2 节将介绍 Windows/Linux 平台的线程函数调用接口,4.3 节将介绍 OpenMP 的基本使用方法,4.4 节将介绍多线程优化方法中的一些问题,4.5 节将讨论若干实例。

4.1 多核处理器体系结构

4.1.1 多线程处理器

在一个处理器核内可以设置多个线程的硬件现场。一般而言,处理器核内的线程现场主要包括数据寄存器、PC 和栈顶指针等。处理器核上的多个线程之间具有并行性,可以在处理器的控制下交替或者并行执行指令。多线程处理器的设计目标并不是降低单个线程的执行延迟,而是通过多线程方法提高处理器内功能部件的利用率,从而提升整个系统的吞吐率。

一个处理器核中多个线程的调度方式可以分为细粒度、粗粒度和并发多线程三种。图 4-1中的处理器有四个功能部件,不同的色块表示不同线程的指令。细粒度和粗粒度多线程处理器在一个周期内仅发射同一个线程的指令到功能部件上。并发多线程处理器在一个周期内可以发射多个线程的指令到不同的功能部件上。

- ❑ 细粒度多线程是指每个周期按照轮转方式依次执行不阻塞的线程。
- ❑ 粗粒度多线程是指连续执行单个线程的指令,直至该线程因为 Cache 缺失等原因而阻塞,不能立刻继续执行,才切换到另外一个线程。

❑ 并发多线程是指在一个周期可以同时执行多个线程的指令。

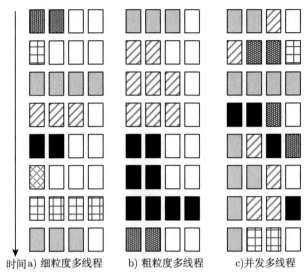

时间a) 细粒度多线程　　b) 粗粒度多线程　　c)并发多线程

图 4-1　三种常见的多线程调度方式

　　Niagara 处理器[1] 包含了六级流水线，其中第二级流水线为线程选择。由硬件自动从四个线程现场中选择一个，获取对应线程的指令，并在后续流水线中访问该线程的寄存器文件，如图 4-2所示。在 Intel 公司的现代处理器中，每个处理器核都包含两个线程现场，采用了并发多线程技术，称为超线程[2]（hyper threading）。

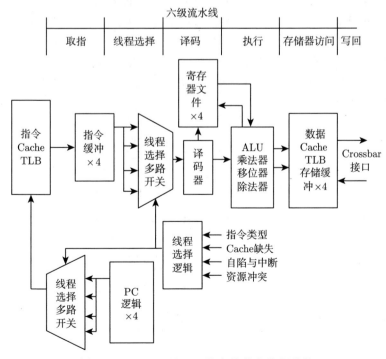

图 4-2　Niagara 处理器单个核的多线程结构

4.1.2　多核处理器系统

随着摩尔定律的持续有效，在单个芯片上能集成的晶体管数量呈指数增加，提升单个处理器核的性能却遇到了难以克服的瓶颈，例如单处理器的指令级并行性已经难以继续开发、流水线深度过深、指令相互之间的依赖关系判断复杂等。所以，从本世纪初开始，在一个处理器上将集成越来越多的处理器核。当然这些处理器核本身就可能是多线程处理器。

多核处理器体系结构多种多样，从核的类型上可以分为同构多核和异构多核两种。前者是多个相同结构的处理器核组织在一起，后者是包含了两种或以上的核。

1. 同构多核处理器

同构多核处理器应用最为广泛，一般的桌面 CPU 和服务器 CPU 都采用了这样的结构。同构多核处理器往往采用 Cache 一致性的统一存储器访问（cache-coherence Unified Memory Access, cc-UMA）结构，其特点为：

- ❏ 所有核共享一个统一的内存地址空间，而且内存访问具有接近的访存延迟和带宽；
- ❏ 每个核有单独的一级（或者二级）Cache，也可以共享二级（或者三级）Cache；
- ❏ 硬件支持使用 Cache 一致性协议以维护多个 Cache 之间的一致性。

这种结构可以很好地支持现有的多线程程序设计模型，软件资源丰富，而且硬件支持 Cache 一致性协议，大大降低了软件设计的难度。常见的微处理器一般是采用同构多核结构。

Zen2 处理器是 AMD 公司推出的多核处理器[3]。它采用了小芯片技术，如图 4-3 所示。CCX（Cache Hierarchy and CPU Complex）芯片包含了 4 个 Zen2 核和 4 个 4MB 的三级 Cache，其中每个 Zen2 核又包含了 32KB 数据和 32KB 指令一级 Cache 以及 512KB 的二级 Cache。通过芯片之间的互联，2 个 CCX 小芯片和 1 个较低带宽的 IO 小芯片可以构成面向桌面的 Matisse 处理器，4 个 CCX 小芯片和 1 个较高带宽的 IO 小芯片可以构成面向服务器的 Rome 处理器。

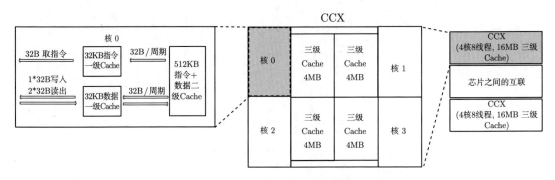

图 4-3　Zen2 处理器的 CCX

2. 异构多核处理器

异构多核处理器往往包含了至少两种不同类型的核,例如 IBM 的 Cell 处理器[4]中包含了一个 PPE(Power Processor Element)和 8 个 SPE(Synergistic Processor Element),前者用于控制整个系统运行,后者用于完成计算密集型操作,它们通过高带宽环形总线相联,如图 4-4 所示。SPE 中不包含 Cache,仅能访问 256KB 的局部存储器(图中的 LS),并通过软件调度的 DMA 实现局部存储器和主存之间的数据交互。这种软件调度局部存储器的方式对软件编程提出了更高的要求,需要软件设计人员在较小的内存空间中存储程序经常使用的数据,而且需要软件设计者手工使用 DMA 指令完成数据的调度。

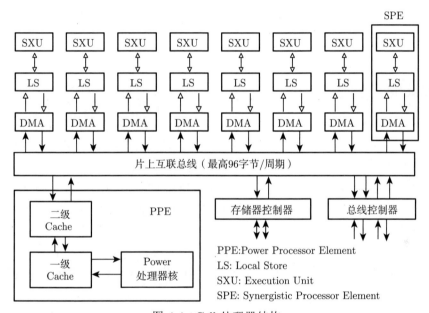

图 4-4　Cell 处理器结构

我国自行设计和实现的 SW26010 处理器[5]采用了片上融合的异构结构,由 4 个异构群构成。每个异构群包括 1 个主核、64 个从核构成的从核簇、异构群接口和存储管理器。整个处理器共 260 个计算核心,同时集成了系统接口总线,提供 PCIe 接口以实现片间直连和互连。4 个异构群和系统接口总线通过群间传输网络实现存储共享和通信。每个异构群都可以看作一个单独的计算单元,如图 4-5 所示。每个异构群包含 8 GB 的内存,一级 Cache 大小为 32 KB,二级 Cache(数据和指令混合)大小为 256 KB。从核主频为 1.5 GHz,可以直接离散访问主存,也可以通过 DMA 的方式批量访问异构群内存,每个从核的局部存储空间容量为 64 KB,指令存储空间大小为 16 KB。

ARM 公司的 big.LITTLE 技术[6]是在一个微处理器中集成支持同一个指令系统但是微结构不同的“大核”和“小核”,前者性能和功耗都比较较高(例如 A57 和 A72),后者性能和功耗都比较低(例如 A53)。这样的组合方式针对手机等需要控制功耗的移动应用非常适合,一方面可以以较小功耗的核处理较为简单的应用,另一方面可以短时间使用高性能核来提升应用软件的性能。

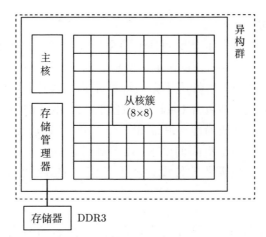

图 4-5   SW26011 处理器中单个异构群的结构图

4.1.3   Cache 一致性协议

Cache 一致性问题在于每个处理器核都有一个私有 Cache，如果多个核访问内存中同一个地址的变量，多个 Cache 上就会具有该变量的多个副本。如果不同处理器核对这个地址进行写入操作，就可能会发生不同副本不一致的情况。

我们以一个例子说明没有 Cache 一致性协议时可能出现的问题。两个处理器核都具有自己的私有 Cache，而且对同一个变量 sum 进行递增操作。如果变量 sum 初始化为 0，处理器 0 和处理器 1 分别执行 sum+=10 和 sum+=20 的语句。两个核上的递增操作都执行完毕后，sum 变量应该等于 30。但是如果没有 Cache 一致性协议保证，则变量 sum 的值可能会等于 10，也可能会等于 20。图 4-6 给出了一种可能的操作次序和结果。

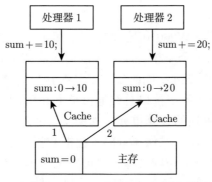

图 4-6   不采用 Cache 一致性协议而导致错误的例子

（1）处理器 1 首先读取 sum 变量。此时处理器 1 的私有 Cache 不命中，将 sum 从主存中读出到处理器 1 的私有 Cache 中。

（2）处理器 1 执行对 sum 的加法操作，并将结果写入私有 Cache 中。此时变量 sum 在主存和处理器 1 的私有 Cache 中具有两个副本，值分别为 0 和 10。

（3）处理器 2 读取 sum 变量。由于处理器 2 的私有 Cache 不命中，所以需要将主存中的值读入处理器 2 的私有 Cache 中，读入的值为 0。

（4）处理器 2 修改 sum 的值为 20，并将结果写入其私有 Cache 中。

上述序列执行完毕后，变量 sum 的值在主存、处理器 1 的私有 Cache 和处理器 2 的私有 Cache 上均不相同，而且都不是正确结果 30。

Cache 一致性协议需要满足以下三个条件。

（1）如果在写入和读出之间没有其他处理器写入地址 X，则处理器 P1 读入地址 X 的值应该是 P1 最前面一次写入 X 的值。

（2）如果 P1 写入地址 X，且过了足够长时间后 P2 读入地址 X，而且在这两者之间没有对 X 的写入操作，则 P2 读出的结果应该是 P1 写入的值。

（3）对同一个地址的写入操作应该是顺序化的，而且对所有处理器而言顺序一致。

Cache 一致性协议的实现方式一般有两种：**侦听方式**和**目录方式**。侦听方式需要不同处理器之间具有共享的广播网络（例如总线），目录方式需要处理器之间具有点到点网络。受共享广播网络的带宽限制，前者适合较小规模的多处理器系统，后者则适合更大规模的多处理器系统。限于篇幅，我们仅介绍基于侦听方式的 Cache 一致性协议。

最基础的 Cache 一致性协议是 MSI 协议，即每个 Cache 行都有三个状态：invalid（无效）、shared（共享）和 modified（已改变）。

- ❏ invalid 状态表示当前 Cache 中没有此行的内容，需要在总线上发起请求。
- ❏ shared 状态表示多个处理器的 Cache 共享该块，在进行读操作时无须访问总线，但是在进行写操作时需要向总线发送更新请求。
- ❏ modified 状态表示此行为本处理器独有，而且内容已经发生变化，与生存的内容不同。如果该行要被替换，则必须更新主存；如果是读操作或者写操作，则无须访问总线。

在 MSI 协议中，当多个处理器读出同一个 Cache 行时，此行的数据可以在多个私有 Cache 中且处于 shared 状态。如果有一个私有 Cache 修改了某一行的内容，则该私有 Cache 中的此行将处于 modified 状态，其他私有 Cache 的此行都处于 invalid 状态。这表示当前的最新副本在该私有 Cache 中，主存和其他私有 Cache 中的副本都是无效的。

例子 4.1　处理器 P_1 和处理器 P_2 都具有自己的私有 Cache，两者采用 MSI 协议保持 Cache 一致性。求下述存储器操作序列的 Cache 操作过程。设地址 A 在操作前仅存储在主存中，且值为 0。

（1）P_1 向地址 A 写入 10

（2）P_2 读取地址 A

（3）P_2 向地址 A 写入 20

答：上述存储器访问的操作过程如表 4-1所示。在第 1 步中，P_1 发出写缺失请求，将从主存中读取 A 所在行的内容到私有 Cache 中，并将其值修改为 10，同时该行的状态为 modified，表示最新的副本在 P_1 的私有 Cache 中。

当 P_2 读取 A 时，将发出读缺失请求（表 4-1中的 2.1 步）。此时 P_1 的私有 Cache

将**监听**到此请求,同时发现 P_2 需要读取行的最新值在自己的私有 Cache 中。在 2.2 步中,P_1 将打断 P_2 的读缺失请求,并将最新值写入主存中,同时将自己私有 Cache 中行的状态转换为 shared。在 2.3 步中,P_2 将继续执行读缺失请求中的读取数据环节,从内存中读取最新值(10)到私有 Cache 中,并设置此行的状态为 shared。

当 P_2 修改 A 为 20 时,将发出写缺失请求。此时,P_1 将监听到此请求,并发现自己也具有 A 所在的行。此时,P_1 需要将 A 所在的行修改为 invalid 状态,使得 A 在 P_1 私有 Cache 中的副本无效。

表 4-1 例子 4.1的操作过程(表中状态为 A 所在行的状态,值为 A 的值)

步骤	P_1		P_2		动作	内存
	状态	值	状态	值		
1 P_1 向地址 A 写入 10	M[①]	10			写缺失(主存 → P_1)	0
2.1 P_2 读取 A			S		读缺失(主存 → P_2)	0
2.2	S	10	S		写回(P_1 → 主存)	10
2.3	S	10	S	10	读数据(主存 → P_2)	10
3 P_2 向地址 A 写入 20	I	X	M	20	写缺失	10

① M 表示 modified, S 表示 shared, I 表示 invalid。

4.2 操作系统级线程调用

4.2.1 线程

线程是现代操作系统中支持的一个基本概念。在一个进程中可以包含多个线程,所有线程共享同一个地址空间,包括代码段、堆段和全局数据段。每个线程具有自己独立的运行现场,主要包括 PC、数据寄存器、栈顶指针和栈等。图 4-7给出了一个进程中多个线程的存储结构和每个线程独自占用的资源。

从操作系统任务调度的角度看,线程可以分为内核级线程和用户级线程两个层次。

❑ 内核级线程,即线程的创建、现场管理和调度都由操作系统完成。

❑ 用户级线程是在内核级进程的基础上增加了多线程库,由用户级的多线程库负责线程的创建、现场管理和调度。用户级线程对操作系统是透明的。操作系统任务调度的基本单位是进程,用户级线程的调度由用户级的多线程库完成。

内核级线程和用户级线程两者各有优缺点。内核级线程的优点是单个线程的挂起并不会影响同一进程的其他线程,但是线程的创建和切换需要进出操作系统内核,开销比较大。用户级线程的特点刚好相反,由于直接在用户态创建和切换线程,所以运行开销较小,但是一个线程挂起(例如因等待 I/O 完成)会导致所属进程挂起,而使得此进程的所有线程都无法运行。从使用角度看,用户级线程更适合处理纯计算类的多线程任务,而内核级线程更适合处理包含 I/O 过程的复杂软件结构。混合结构则是指在一个系统中同时支持内核级线程和用户级线程,图 4-8给出了不同类型线程的示意图。

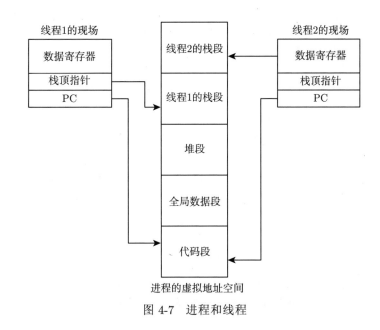

图 4-7 进程和线程

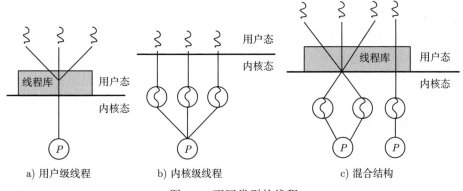

图 4-8 不同类型的线程

> Windows 操作系统采用内核级线程，同时用户可以在内核级线程上创建"纤程"（Fiber）作为用户级线程。
>
> 在 POSIX.1 标准中，可以通过 pthread_attr_setscope() 函数设置要创建的线程为系统级线程（设置为 PTHREAD_SCOPE_SYSTEM）还是用户级线程（设置为 PTHREAD_SCOPE_PROCESS）。在 Linux 操作系统中仅支持系统级线程，即仅支持一种参数 PTHREAD_SCOPE_SYSTEM。

在多核处理器系统中，一般由操作系统确定多个线程到处理器核的映射关系。当然，用户也可以通过操作系统提供的 API 来约束操作系统的映射。

在 Windows 操作系统中提供了 SetThreadAffinityMask() 函数指定特定线程期望运行的处理器集合掩码，SetThreadIdealProcessor() 函数指定特定线程期望运行的处理器号。Windows 操作系统中线程到处理器的映射将遵循以下原则：① 优先选择理想处理器；② 优先选择当前处理器（正在调度代码的处理器）；③ 从可运行处理器集合掩码的最低位向最高位扫描，检查是否有空闲处理器。

4.2.2　线程基本 API

操作系统中线程相关的 API 一般包括：线程标识、创建与结束、挂起与恢复、临界区等线程同步和互斥访问。在 Linux 操作系统中，线程 API 遵循 POSIX 标准；在 Windows 操作系统中，线程 API 使用 Windows 自身的 API。两者有一定的相似性，但是在线程的同步和互斥方面使用了不同的模型，也有不少差别。后续内容将统一按照上述内容描述两种操作系统的线程 API。

多线程程序使用的库与单线程不同，在使用多线程时需要配置编译器选项。

在用 gcc 编译时需要使用-lpthread 选项。

在 VS 中，需要进行以下配置：单击项目 → 属性 → 配置属性 → C++ → 代码生成 → 运行时库，在右边选择"多线程"或者"多线程调试"。

1. 线程标识

在 Linux 操作系统中，线程都具有唯一的线程号，数据类型为 pthread_t。在 Windows 操作系统中，线程被统一描述为句柄，数据类型为 HANDLE，如程序示例 4.1 所示。

```
//Linux上获取当前线程标识的API
pthread_t pthread_self(void);
//返回当前线程的线程号

//Windows上获取当前线程标识的API
HANDLE GetCurrentThread();
//返回当前线程的句柄
```

程序示例 4.1　线程标识 API

2. 线程创建

线程创建需要指定线程的入口函数。在 Linux 操作系统中，线程入口函数要求为 void f(void *) 类型，即输入为 void 类型的指针，无返回。Linux 和 Windows 上的线程创建 API 如程序示例 4.2所示。

```
//Linux上的线程创建
int pthread_create (
    pthread_t * thread, //指向线程标识符的指针，由操作系统写入创建线程的标识符；
    __const pthread_attr_t * attr, //线程属性指针，如果为NULL，表示采用默认类型；
    void *(*__start_routine) (void *), //线程运行函数的起始地址；
    void *arg   //指向运行函数参数的指针。
    );
//返回0表示创建线程成功，否则表示创建线程失败。常见的错误返回代码为EAGAIN和EINVAL。
//前者表示系统限制创建新的线程，例如线程数目过多；后者表示线程属性值非法。
```

```
//Windows上的线程创建
HANDLE CreateThread(
   LPSECURITY_ATTRIBUTES    lpThreadAttributes, //线程安全特征属性，默认为NULL
   SIZE_T                   dwStackSize,      //线程堆栈大小
   LPTHREAD_START_ROUTINE   lpStartAddress,  //线程启动函数地址
   LPVOID                   lpParameter,      //线程启动函数参数指针
   DWORD                    dwCreationFlags,//线程创建属性
   LPDWORD                  lpThreadId       //新创建线程的ID号地址
);
//函数返回非空句柄，表示创建线程成功；返回NULL，表示创建线程失败。
```

程序示例 4.2　线程创建 API

3. 线程自身结束

线程自身结束时可以向主线程返回一个整数类型的结果。两种操作系统都具有类似的操作，如程序示例 4.3所示。

```
//Linux的线程自身结束
void pthread_exit(
   void *retval            //指向线程返回参数的指针，此指针应该在线程退出后依然有效。
   );
//调用后，当前线程将终止，无返回值。

//Windows的线程自身结束
VOID ExitThread(
   DWORD dwExitCode        //线程退出的值
   );
//该函数无返回值。
```

程序示例 4.3　Linux 的线程自身结束

4. 其他线程结束

Linux 中使用程序示例 4.4所示的程序结束其他线程。结束其他线程是否成功取决于被结束线程的状态。如果状态是 PTHREAD_CANCEL_ENABLE，则可以强制结束之；如果是 PTHREAD_CANCEL_DISABLE，则结束请求将被挂起。

```
//结束其他线程
int pthread_cancel(
   pthread_t thread        //需要结束的其他线程的标识符。
   );
//返回0，表示结束成功；返回一个非0的错误码，表示失败。

//设置线程状态
int pthread_setcancelstate(
   int state,              //希望进入的状态；
   int *oldstate           //指向原始状态的指针
   );
//返回0，表示状态转换成功；返回一个非0的错误码，表示转换失败。
```

程序示例 4.4　Linux 的其他线程结束和线程状态调整

Windows 上结束其他线程的调用如程序示例 4.5所示。

```
BOOL TerminateThread(
    HANDLE hThread,              //需要结束的线程句柄
    DWORD dwExitCode             //线程的结束码
    );
//返回非0值，表示调用成功；返回0，表示调用失败。
```

程序示例 4.5   Windows 的其他线程结束

5. Linux 上等待其他线程结束

在 Linux 上使用阻塞式的 join() 等待其他线程结束。当 thread 指定的线程没有结束时，当前线程将被挂起，直到 thread 指定的线程结束运行，当前线程才返回，接口如程序示例 4.6所示。

```
int pthread_join(
    pthread_t thread,            //等待此线程运行结束；
    void **thread_return         //指向thread线程返回值的指针；
    );
//返回0，表示调用成功；返回非0的错误码，表示调用失败。
```

程序示例 4.6   Linux 的线程等待

在程序示例 4.7中，主线程产生 9 个子线程，分别向各个子线程传递 0~8 之间不同的整数，然后各个子线程打印从主线程接收的数据，主线程等待所有子线程结束。

```
#include <stdio.h>
#include <stdlib.h>
#include <pthread.h>
#define NUM_THREADS 9

void *PrintThreads(void *num){
    printf("Thread number is %d\n",*(int*)num);
    return NULL;
}

int main(){
    int i, ret;
    pthread_t thdHandle[NUM_THREADS];
    int thdNum[NUM_THREADS];
    for(i=0;i<NUM_THREADS;i++) thdNum[i]=i;
    for(i=0;i<NUM_THREADS;i++){
        ret=pthread_create(&thdHandle[i],NULL, PrintThreads, (void *)&thdNum[i]);
        if(ret==0) printf("Thread launched successfully\n");
    }
    for(i=0;i<NUM_THREADS;i++) pthread_join(thdHandle[i],NULL);
    return 0;
}
```

程序示例 4.7   Linux 上多个线程的创建和结束

6. Windows 上等待其他线程结束

Windows 提供了非阻塞调用 GetExitCodeThread() 用于获取线程的退出码。当线程还没有退出时，在 ExitCode 中返回 STILL_ACTIVE，如程序示例 4.8 所示。

```
BOOL GetExitCodeThread(
   HANDLE hThread, //线程句柄
   LPDWORD lpExitCode                    //线程退出码指针
);
//线程依然运行时，ExitCode中返回STILL_ACTIVE
```

程序示例 4.8　Windows 查询线程返回码

在程序示例 4.9中，主线程需要不断查询子线程是否结束，效率较低。一般采用 4.2.4 节中描述的事件机制等待其他线程结束。

```
#include <stdio.h>
#include <stdlib.h>
#include <windows.h>
#define NUM_THREAD 9
DWORD WINAPI ThreadFunc(LPVOID n){
   printf("Thread number is %d\n",*(LPDWORD)n);
   return *(LPDWORD)n;
}
int main(){
   int i,ret;
   HANDLE thdHandle[NUM_THREADS];
   int thdNum[MUN_THREADS];
   DWORD exitCode;
   for(i=0;i<NUM_THREADS;i++) thdNum[i]=i;
   for(i=0;i<NUM_THREADS;i++){
      thdHandle[i]=CreateThread(NULL, 0, ThreadFunc, (LPVOID)&thdNum[i], 0, NULL);
   }
   int finished=0;
   for (;;){
      for(i=0;i<NUM_THREAD;i++){
         GetExitCodeThread(thdHandle[i], &exitCode);
         if(exitCode==STILL_ACTIVE) finished++;
      }
      if(finished==NUM_THREAD) break;
   }
   for(i=0;i<NUM_THREAD;i++)  CloseHandle(thdHandle[i]);
   return EXIT_SUCCESS;
}
```

程序示例 4.9　Windows 上多个线程的创建与结束

4.2.3　Linux 的线程同步和互斥

Linux 的线程同步和互斥主要包括互斥锁、读写锁和条件变量三个方面。

1. Linux 的互斥锁

线程之间进行数据交换时往往需要临界区，在临界区中最多只有一个线程正在运行。操作系统将提供互斥锁来实现临界区，相关的调用主要包括互斥锁的创建和销毁、上锁和解锁等操作。在 Linux 操作系统中，需要首先使用 pthread_mutex_init() 创建互斥锁，如程序示例 4.10 所示。进入临界区前，使用阻塞式的 pthread_mutex_lock() 或者非阻塞式的 pthread_mutex_trylock() 对临界区上锁。退出临界区时，使用 pthread_mutex_unlock() 释放互斥锁。

在调用 pthread_mutex_lock() 时，如果没有其他线程占有互斥锁，则当前线程获得该互斥锁，并立刻返回；如果其他线程已经获得该互斥锁，则当前线程被挂起，直至拥有该互斥锁的线程通过 pthread_mutex_unlock() 释放互斥锁。如果有多个线程在同一个互斥锁上被挂起，则当拥有该互斥锁的线程释放该锁时，仅有一个线程能够获得该互斥锁，其他线程依然被挂起。

在调用非阻塞式的 pthread_mutex_trylock() 时，无论互斥锁是否被其他线程占有，当前线程都立刻返回，并通过返回值表示是否上锁成功。

```
//创建互斥锁
int pthread_mutex_init(
    pthread_mutex_t *mutex,          //指向互斥锁的指针;
    const pthread_mutexatr_t *attr   //指向互斥锁属性的指针，如果为NULL，则为默认属性。
    );
//返回0，表示调用成功；返回一个非0的错误代码，表示调用失败。

//销毁互斥锁
int pthread_mutex_destroy(
    pthread_mutex_t *mutex       //指向互斥锁的指针;
    );
//返回0，表示调用成功；返回一个非0的错误代码，表示调用失败。

//阻塞式的上锁
int pthread_mutex_lock(
    pthread_mutex_t *mutex       //指向互斥锁的指针;
    );
//返回0，表示调用成功；返回一个非0的错误代码，表示调用失败。

//非阻塞式的上锁
int pthread_mutex_trylock(
    pthread_mutex_t *mutex       //指向互斥锁的指针;
    );
mutex:
//返回0，表示调用成功，对mutex已经上锁;
//返回EBUSY，表示该锁已经被占用;
//返回其他非0的错误代码，表示调用失败。

//释放锁
int pthread_mutex_unlock(
    pthread_mutex_t *mutex       //指向互斥锁的指针;
    );
//将检查互斥锁mutex是否已经被释放，同时唤醒因等待此锁而挂起的线程。
```

```
//返回0，表示调用成功；返回非0的错误代码，表示调用失败。
```

程序示例 4.10　　Linux 的线程互斥

2. Linux 的读写锁

在很多应用环境中，线程大部分情况下仅对共享数据结构进行读操作，只在少数情况下对共享数据进行写操作。此时，在临界区中可以有多个进行读操作的线程并行执行，可以有效提高系统的吞吐率。有读优先和写优先两种实现读写锁的方法。采用读优先方式实现读写锁，在读请求数量很多的情况下很容易造成写请求长期无法获得读写锁的问题。

❏ 读优先。在读写锁被读上锁方式占据时，如果有新的读上锁请求到来，则该请求将立即进入临界区；如果有写上锁请求到来，则要等待所有的读上锁请求释放读写锁后，才能占据临界区。

❏ 写优先。在读写锁被读上锁方式占据时，如果有新的读上锁请求到来，则只有在没有读请求被挂起的情况下才能进入临界区；如果有写上锁请求到来，则只要该请求之前的全部读请求退出临界区，该请求就可以以写上锁的方式占据临界区。

Linux 中可以使用 pthread_rwlock_init() 创建读写锁，如程序示例 4.11 所示。在仅进行读操作的线程中，使用阻塞式的 pthread_rwlock_rdlock() 或者非阻塞式的 pthread_rwlock_tryrdlock() 对临界区上读锁。在仅进行写操作的线程中，使用阻塞式的 pthread_rwlock_wrlock() 或者非阻塞式的 pthread_rwlock_trywrlock() 对临界区上写锁。在退出临界区时，使用 pthread_rwlock_unlock() 释放读写锁。在这些调用的支持下，可以有多个上读锁的线程处于临界区中，或者只有一个上写锁的线程处于临界区中。在 Linux 中，默认使用了写优先方式，也可以通过设置读写锁的初始化属性将其修改为读优先方式。

```
//读写锁初始化
int pthread_rwlock_init(
   pthread_rwlock_t *rwlock,  //读写锁指针
   pthread_rwlockattr_t *attr //读写锁属性，NULL表示使用默认属性
);
//返回0，表示调用成功；返回非0的错误代码，表示调用失败。

//销毁读写锁
int pthread_rwlock_destroy(
   pthread_rwlock_t *rwlock  //读写锁指针
);
//返回0，表示调用成功；返回非0的错误代码，表示调用失败。

//阻塞式的读操作上锁
int pthread_rwlock_rdlock(
   pthread_rwlock_t *rwlock  //读写锁指针
);
//返回0，表示调用成功；返回非0的错误代码，表示调用失败。

//非阻塞式的读操作上锁
int pthread_rwlock_tryrdlock(
```

```
    pthread_rwlock_t *rwlock    //读写锁指针
);
//返回0, 表示调用成功;
//返回EBUSY, 表示该锁已经被占用;
//返回其他非0的错误代码, 表示调用失败。

//阻塞式的写操作上锁
int pthread_rwlock_wrlock(
    pthread_rwlock_t *rwlock    //读写锁指针
);
//返回0, 表示调用成功; 返回非0的错误代码, 表示调用失败。

//非阻塞式的写操作上锁
int pthread_rwlock_trywrlock(
    pthread_rwlock_t *rwlock    //读写锁指针
);
//返回0, 表示调用成功;
//返回EBUSY, 表示该锁已经被占用;
//返回其他非0的错误代码, 表示调用失败。

//释放锁
int pthread_rwlock_unlock(
    pthread_rwlock_t *rw_lock    //读写锁指针
);
//返回0, 表示调用成功; 返回非0的错误代码, 表示调用失败。
```

程序示例 4.11　Linux 的读写锁

3. Linux 的条件变量

在多个线程的交互中, 某个线程往往需要等待特定的条件出现。在 Linux 的条件变量机制中, 若干线程可以在条件变量上等待。当其他线程发现条件已经满足时, 可以通过条件变量唤醒正在此条件变量上等待的一个或者多个线程, 如程序示例 4.12所示。

```
//条件变量的创建
int pthread_cond_init (
    pthread_cond_t *cond,                //指向条件变量结构的指针
    const pthread_condattr_t *cond_attr  //指向条件变量属性的指针, 空指针时采用默认属性
    );
//返回0, 表示调用成功; 返回一个非0的错误代码, 表示调用失败。

//条件变量的销毁
int pthread_cond_destroy (
    pthread_cond_t *cond        //指向条件变量的指针
    );
//返回0, 表示调用成功; 返回一个非0的错误代码, 表示调用失败。

//条件变量的等待
int pthread_cond_wait (
    pthread_cond_t *cond,       //指向条件变量结构的指针
    pthread_mutex_t *mutex      //指向互斥锁的地址
    );
//返回0, 表示调用成功; 返回非0的错误代码, 表示调用失败。
```

```
//带时间约束的条件变量的等待
int pthread_cond_timedwait (
    pthread_cond_t *cond,           //指向条件变量结构的指针
    pthread_mutex_t *mutex,         //指向互斥锁的地址
    const struct timespec *abstime  //最大等待时间
    );
//返回0，表示调用成功；返回ETIMEDOUT，表示调用超时；返回其他非0的错误代码，表示调用失败。

//唤醒在cond上等待的一个线程。
//如果有多个线程阻塞在此条件变量上，则由线程的调度策略决定哪一个线程被唤醒。
int pthread_cond_signal (
    //pthread_cond_t *cond       //指向条件变量结构的指针
    );
//返回0，表示调用成功；返回非0的错误代码，表示调用失败。

//唤醒被阻塞在条件变量cond上的所有线程。
int pthread_cond_broadcast(
    pthread_cond_t *cond        //指向条件变量结构的指针
    );
//返回0，表示调用成功；返回非0的错误代码，表示调用失败。
```

程序示例 4.12　Linux 的条件变量

在使用条件变量时，首先需要使用 pthread_cond_init() 创建条件变量。当线程调用 pthread_cond_wait(cond,mutex) 时，操作系统将首先解开 mutex 指向的锁，然后此线程将被条件变量 cond 阻塞。当其他线程使用 pthread_cond_signal() 和 pthread_cond_broadcast() 唤醒条件变量 cond 时，被 pthread_cond_wait() 阻塞的线程将被唤醒，并试图重新占有 mutex 指向的锁。pthread_cond_signal() 和 pthread_cond_broadcast() 的区别在于前者仅唤醒一个在条件变量上挂起的线程，而后者将唤醒所有在此条件变量上挂起的线程。使用 pthread_cond_timeout() 时，在经历了指定的时间后，即使条件变量不满足，调用线程也将返回，从而防止无限等待条件变量。

生产者–消费者是多线程程序设计的基本模型，参考实例如程序示例 4.13所示。在生产者和消费者线程中间的 prodcons 数据结构中，数据缓冲 buffer 以及读指针 readpos 和写指针 writepos 共同构成了一个环形缓冲。读指针和写指针的值相同时，表明缓冲为空。写指针的后一个位置是读指针时，表明缓冲为满。系统初始化后，缓冲为空。

```
#define BUFFER_SIZE 20
#define DATA_SIZE 1000

struct prodcons{
    int buffer[BUFFER_SIZE]; //实际数据存放的数组
    pthread_mutex_t lock;     //用于对缓冲区的互斥操作
    pthread_cond_t notempty; //缓冲区非空的条件变量
    pthread_cond_t notfull;  //缓冲区非满的条件变量
    int writepos,readpos;     //读写指针
};
struct prodcons buffer;
void init(prodcons * p)
```

```
{
    pthread_mutex_init(&(p->lock),NULL);
    pthread_cond_init(&(p->notempty),NULL);
    pthread_cond_init(&(p->notfull),NULL);
    p->readpos=0;
    p->writepos=0;
}
void put(struct prodcons * b, int data)
{
    pthread_mutex_lock(&b->lock); //获取互斥锁
    while ((b->writepos + 1) % BUFFER_SIZE == b->readpos) {
        //写指针后一个位置是读指针，意味着缓冲满
        pthread_cond_wait(&b->notfull, &b->lock);
        //等待条件变量b->notfull，等待读线程唤醒
    }
    b->buffer[b->writepos] = data; //写入数据
    b->writepos++;
    if (b->writepos >= BUFFER_SIZE) b->writepos = 0;
    pthread_cond_signal(&b->notempty); //唤醒等待非空的读线程
    pthread_mutex_unlock(&b->lock);     //释放互斥锁
}
int get(struct prodcons * b){
    int data;
    pthread_mutex_lock(&b->lock); //获取互斥锁
    while (b->writepos == b->readpos) {          //读指针与写指针位置相同，意味着缓冲空
        pthread_cond_wait(&b->notempty, &b->lock);
        //等待条件变量b->notempty，等待写线程唤醒
    }
    data = b->buffer[b->readpos]; //读取数据
    b->readpos++;
    if (b->readpos >= BUFFER_SIZE) b->readpos = 0;
    pthread_cond_signal(&b->notfull); //唤醒等待非满的写线程
    pthread_mutex_unlock(&b->lock);     //释放互斥锁
    return data;
}
```

程序示例 4.13   生产者–消费者的数据结构和程序

在 prodcons 数据结构中，还包含了一个互斥锁 lock，以及非空条件变量 notempty 和非满条件变量 notfull。在对缓冲进行读写访问时，需要使用 lock 对临界区上锁。当消费者线程遇到缓冲空的情况时，将在条件变量 notempty 上休眠。当生产者线程往缓冲中写入数据后，将唤醒条件变量 notempty 上休眠的消费者线程。同理，当生产者线程遇到缓冲满的情况时，需要在条件变量 notfull 上休眠。当消费者线程从缓冲中读出数据后，将唤醒在 notfull 上休眠的生产者线程。

4.2.4 Windows 的线程同步和互斥

1. Windows 的互斥锁

Windows 上的线程互斥锁功能与 Linux 类似，包含了初始化、进入、离开、删除等操作，如程序示例 4.14所示。

```
//初始化临界区
VOID WINAPI InitializeCriticalSection(
    LPCRITICAL_SECTION lpCriticalSection      //临界区指针
    );

//删除临界区
VOID WINAPI DeleteCriticalSection(
    LPCRITICAL_SECTION lpCriticalSection      //临界区指针
    );

//进入临界区
VOID WINAPI EnterCriticalSection(
    LPCRITICAL_SECTION lpCriticalSection      //临界区指针
    );

//离开临界区
VOID WINAPI LeaveCriticalSection(
    LPCRITICAL_SECTION lpCriticalSection      //临界区指针
    );
```

程序示例 4.14　　Windows 的线程互斥

2. Windows 的事件机制

Windows 操作系统提供了灵活而丰富的事件机制。在此机制中，线程可以等待单个或者多个事件的发生。相关的 API 调用分为创建事件、激发事件、等待事件三个方面。其中 WaitForSingleObject() 是等待单个事件，WaitForMultipleObjects() 是等待多个事件，如程序示例 4.15所示。

```
//创建事件
HANDLE CreateEvent(
    LPSECURITY_ATTRIBUTES lpEventAttributes,   //事件的安全属性
    BOOL bManualReset,                         //是否采用显式复位
    BOOL bInitialState,                        //初始状态是否激活
    LPCTSTR lpName                             //事件的名称
    );
//返回非空的句柄，表示调用成功；返回NULL指针，表示调用失败。

//激发事件
BOOL SetEvent(HANDLE hEvent);                            //事件句柄
//返回非0，表示调用成功；返回0，表示调用失败。

//设置事件为非激发状态
BOOL ResetEvent(HANDLE hEvent);                          //事件句柄
//返回非0，表示调用成功；返回0，表示调用失败。

//等待单个事件
DWORD WaitForSingleObject(
    HANDLE hHandle,         //指向事件的指针
    DWORD dwMilliseconds            //最大等待时间（ms）,INFINITE表示无限等待
    );
```

```
//返回值:
//WAIT_OBJECT_0: 被等待的对象进入激发状态;
//WAIT_TIMEOUT: 发生超时;
//WAIT_FAILED: 执行过程中发生错误

//等待多个事件
DWORD WaitForMultipleObjects(
    DWORD nCount,        //要等待的事件数量
    const HANDLE* lpHandles,              //事件句柄数组指针
    BOOL bWaitAll,           //True表示等待所有句柄被激活, False表示一个或几个句柄被激活
    DWORD dwMilliseconds        //最大等待时间(ms), INFINITE表示无限等待
);
//返回值:
//WAIT_OBJECT_I: 激发事件的索引号;
//WAIT_TIMEOUT: 发生超时;
//WAIT_FAILED: 执行过程中发生错误
```

程序示例 4.15   Windows 的事件机制

程序示例 4.16 给出了使用事件机制等待所有子线程结束的方法。主线程使用了 Wait-ForMultipleObjects() 等待创建的所有子线程结束。此处,将线程句柄作为事件,意味着当子线程结束时将激发这个事件。由于主线程在此调用中设置了 bWaitAll 参数为 TRUE,所以只有在所有的子线程都结束(所有的事件都激发)时,主线程才能从此调用中返回。

```
#include <stdio.h>
#include <stdlib.h>
#include <windows.h>
#define NUM_THREAD 9
DWORD WINAPI ThreadFunc(LPVOID n){
    printf("Thread number is %d\n",*(LPDWORD)n);
    return *(LPDWORD)n;
}
int main(){
    int i,ret;
    HANDLE thdHandle[NUM_THREADS];
    int thdNum[MUN_THREADS];
    DWORD exitCode;
    for(i=0;i<NUM_THREADS;i++) thdNum[i]=i;
    for(i=0;i<NUM_THREADS;i++){
        thdHandle[i]=CreateThread(NULL, 0, ThreadFunc, (LPVOID)&thdNum[i], 0, NULL);
    }
    //主线程等待多个线程结束的事件
    WaitForMultipleObjects(NUM_THREAD, thdHandle, TRUE, INFINITE);
    return EXIT_SUCCESS;
}
```

程序示例 4.16   Windows 上多个线程的创建与结束

除了线程结束事件以外,程序还可以自行定义多种事件以控制线程的行为。

4.3　OpenMP

　　1997 年 10 月公布了与 Fortran 语言捆绑的第一个 OpenMP 标准规范 Fortran version 1.0。1998 年 11 月 9 日公布了支持 C 和 C++ 的标准规范 C/C++ version 1.0。2000 年 11 月推出 Fortran version 2.0。2002 年 3 月推出 C/C++ version 2.0。2005 年 5 月，OpenMP2.5 将原来的 Fortran 和 C/C++ 标准规范相结合。目前，OpenMP 的最新标准是 5.0。OpenMP 是一种编译制导的并行优化方法，其优点在于：

　　❏ 相对简单，不需要显式设置互斥锁、条件变量、数据范围以及初始化。

　　❏ 可扩展性好，添加并行化指令到顺序程序中，由编译器完成自动并行化。

　　❏ 移植性好。主流编译器都支持 OpenMP，程序可以在不同硬件平台上比较容易地移植。

　　OpenMP 的缺点在于：程序的可维护性不够好，程序比较复杂时，编程比较困难。

　　OpenMP 是典型的 Fork-Join 模型，即主程序按照串行方式执行，需要并行时通过编译制导语句指导编译器自动产生多个工作线程并行执行，在并行结束后工作线程结束，恢复到主线程继续串行执行。OpenMP 编译制导语句的一般格式如程序示例 4.17所示。

```
#pragma omp directive_name [clause,]…
```

程序示例 4.17　OpenMP 编译制导语句的一般格式

其中 pragma 是 C 语言的关键字，标识编译制导语句；omp 指明该编译制导语句为 OpenMP 类型；directive_name 为具体的制导指令；clause 为修饰编译制导指令的子句（可以多条）。

> gcc 编译器使用 OpenMP 特性时，需要加上"-fopenmp"参数。
>
> icc 编译器使用 OpenMP 时，需要加上"-openmp"参数。
>
> VS 编译器，需要配置属性→C/C++→语言中的"OpenMP 支持"，下拉选择"是（/openmp）"。
>
> 在使用 OpenMP 时，需要包含 <omp.h> 头文件。

　　最基本的制导指令是"parallel"，表示后续的语句块由多个工作线程并行执行，如程序示例 4.18所示。如果有 4 个线程并行执行此语句块，则 printf 语句将执行 4 次。工作线程数量由 num_thread(n) 指定，或者由 omp_set_num_threads() 函数设置。如果应用程序不设置线程数量，则工作线程数量将在运行时刻根据运行平台的特性决定。可以通过 omp_get_num_threads() 函数获取当前的工作线程数量。

　　OpenMP 的每个工作线程都有一个从 0 起始的唯一编号。程序示例 4.18中，通过 omp_get_thread_num() 函数获取当前工作线程的编号。

```
#include<stdio.h>
#include "omp.h"
int main()
{
```

```
#pragma omp parallel num_threads(4)
{
    printf("Hello, World!, ThreadId=%d\n", omp_get_thread_num());
}
}
```

程序示例 4.18　OpenMP 的 parallel 编译制导语句

4.3.1　for 编译制导语句

制导 "for" 的作用是将后面紧随的 for 循环并行执行。需要注意的是，制导语句 "for" 要和制导语句 "parallel" 组合使用，最简单的方式是使用 "parallel for" 组合制导语句。

该制导语句对后续的 for 循环有比较严格的要求：① 循环变量必须是有符号整数类型；② 循环中的比较操作必须是 <、<=、>、>=；③ 循环的步长必须是整数加或者整数减，而且步长必须是不变量；④ 在比较操作是 < 或 <= 时，循环变量每次都要递增，反之循环变量每次都要递减；⑤ 循环必须是单入口单出口的。简而言之，需要并行化的 for 循环的循环次数和循环变量的变化方式必须在运行前就可以确定。

程序示例 4.19 给出了对 N 个像素进行灰度转换的并行方法，其中 N 在循环运行前已经确定。该程序示例采用静态分配方法，即对于 N 次循环和 T 个线程，每个线程分配的循环次数为均为 N/T。工作线程数 T 为 4，像素数 N 等于 400 时，4 个工作线程分配的循环区间分别为 [0:99]、[100:199]、[200:299] 和 [300:399]。

```
#pragma omp parallel for
for (i=0; i<N;i++){
    pGrayScaleBitMap[i]=(unsigned BYTE)
    (pRGBBitmap[i].red*0.299+
    pRGBBitmap[i].green*0.587+
    pRGBBitmap[i].blue*0.114);
}
```

程序示例 4.19　OpenMP 的 parallel for 编译制导语句

通过 schedule(kind [, chunk_size]) 子句，可以指定 for 循环的不同线程分配方法，其中 kind 可以取值为 static、dynamic、guided 参数，分别对应了静态、动态和 guided 类型三种方式，chunk_size 为一个整数参数。

静态类型。此时 kind 设置为 static。如果没有设置 chunck_size，则其为前述的默认设置。如果设置了 chunck_size，则循环按照 chunk_size 为单位分配循环次数，并且各个线程分配的循环区间事先确定。例如在程序示例 4.19 中设置 chunk_size=20，则第 0 号工作线程的循环区间为 [0:19]、[80:99] 等，第 1 号工作线程的循环区间为 [20:39]、[100:119] 等，第 2 号工作线程的循环区间为 [40:59]、[120:139] 等，第 3 号工作线程的循环区间为 [60:79]、[140:159] 等。静态分配方法实现简单，每个线程的循环次数比较接近，适用于每次循环执行时间比较接近的情况。

如果每次循环的执行时间差别很大，那么每个线程虽然执行相近的循环次数，执行时间却可能有较大区别。由于 OpenMP 采用了 Fork-Join 模型，该并行段的执行时间取决于执行时间最长的线程,因此如果有某个工作线程的执行时间远远超过其他工作线程,将会导致工作线程的负载不均衡。此时,需要考虑使用动态调度方法。

动态类型。此时 kind 设置为 dynamic。每个工作线程每次执行 chunck_size 次循环(不设置 chunck_size 时默认视其为 1),执行结束后继续取 chunck_size 次循环执行,直至所有的循环都被执行。此时,工作线程的执行次序和实际执行的循环次数无法在循环执行前确定,而是由每个工作线程的实际工作状态动态决定,可以在一定程度上解决线程负载不均衡的问题。

guided 类型。此时 kind 设置为 guided,是一种特殊的动态调度类型。具体的方式是,每次执行线程的循环次数是 $q = \lceil M/T \rceil$,在首次循环时 M 为循环次数,后续过程中 M 将被更新为 $M - q$ 和 $T \times k$ 的最大值(其中 k 为 chunck_size 参数值),T 为线程数。如果没有设置 chunck_size,则默认 k 为 1。如果设置了此参数,则循环次数不会小于 k。可以看出,该方法中每次循环的执行次数 M 不断减小。这种调度类型适用于一次循环的执行时间随着循环次数增大而变大的情况。随着循环次数的不断增加,每次工作线程执行的循环次数不断减少,执行粒度不断减小,有利于负载均衡。

值得注意的是,对于串行程序的循环,每次循环是依次执行的,而 OpenMP 并行化后,每次循环的次序是不确定的。如果在串行程序中,两次循环的数据之间存在相关性,即后续循环依赖于前面循环的执行结果,就可能导致问题。例如程序示例 4.20中,第 k 次循环中 x[k] 和 y[k] 的计算依赖于第 $k - 1$ 次循环计算得到的 x[k-1] 和 y[k-1]。在 OpenMP 并行后,多个工作线程同时执行循环的不同区间,这将破坏这种依赖关系,而导致程序出错。

```
x[0]=0;
y[0]=0;
for(k=1;k<100;k++){
    x[k]=y[k-1]+1; //s1
    y[k]=x[k-1]+2; //s2
}
```

程序示例 4.20　　存在相关性的循环

4.3.2　共享变量和私有变量

在串行程序中,所有的变量都在主线程中,仅有一份副本,称为**共享变量**。使用 OpenMP 并行化中,需要将某些共享变量复制到每个工作线程的私有内存区,成为**私有变量**。例如程序示例 4.19的循环变量 i,必须在每个工作线程中都具有独立的副本,每个工作线程才能并行而独立地控制各自的循环次数。在 OpenMP 中,以下变量将被视为线程的私有变量:

❏ 循环变量;
❏ 并行区中的局部变量;
❏ 在 private、firstprivate、lastprivate、reduction 等子句中列出的变量。
private(var) 子句中,var 对于每个线程都是私有变量,其初始值没有定义。firstpri-

vate(var) 子句中，私有变量 var 进入工作线程时使用对应共享变量的值进行初始化。
lastprivate(var) 子句中，退出循环时使用最后一次循环的私有变量 var 值覆盖原始变量。
图 4-9中，变量 A 是一个共享变量。如果不使用 private 子句加以说明，则所有工作线
程都将共享此变量，将会产生数据竞争，导致程序错误。如果声明该变量为 private 类
型，则在两个工作线程中都为这个变量分配了存储空间，形成私有变量，但是每个线程
中私有变量 A 的值都没有初始化。两个工作线程独立使用各自的私有变量 A。如果用
firstprivate 声明，则两个工作线程启动时，私有变量 A 都被赋值为主线程的值（100）。
如果用 lastprivate 声明，则在两个工作线程结束时，最后一次循环的私有变量 A 的值
将传递到主线程的 A 变量。

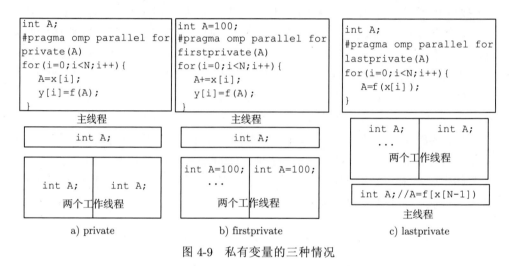

图 4-9　私有变量的三种情况

4.3.3　归约子句

归约子句的格式为 reduction (operator: list)，其中 list 为变量名，operator 为归约
操作类型。在初始化时，每个工作线程都将为 list 中的每个变量建立私有变量，并在工
作线程中独立使用。在所有工作线程结束后，按照指定的归约操作类型对所有工作线程
中的私有变量进行归约计算，并用结果更新该变量的全局值。归约操作有很多种，包括
+、*、-、/、&、^、|、&&、|| 等，分别对应于加法、乘法、减法、除法、与、异或、或、
逻辑与、逻辑或。程序示例 4.21 中，主线程的 sum 变量在每个工作线程中都有一个副
本。在 for 循环过程中，每个工作线程都使用各自的副本进行累加计算。在 for 循环结
束后，主线程使用加法归约操作（＋）将各个子线程的副本累加在一起，并将结果赋予
主线程的 sum 变量。

```
//串行程序
sum=0;
for(k=0;k<100;k++){
    sum+=func(k);
}
//OpenMP的归约子句
sum=0;
```

```
#pragam omp parallel for reduction(+:sum)
for(k=0;k<100;k++){
    sum+=func(k);
}
```

程序示例 4.21   归约子句

可以使用以下公式计算 π。在程序示例 4.22中，通过累加操作将两个线程计算得到的部分和归约为最终结果。

$$\pi = \int_0^1 \frac{4}{1+x^2} \mathrm{d}x \approx \frac{1}{N} \sum_{i=0}^{N-1} \frac{4}{1+\left(\dfrac{i}{N}\right)^2}$$

```
#include<stdlib.h>
#include<stdio.h>
#include <omp.h>
static long num_steps = 100000;
double step;
#define NUM_THREADS 2
int main () {
    int i;
    double x, pi, sum = 0.0;
    step = 1.0/(double) num_steps;
    omp_set_num_threads(NUM_THREADS);
    #pragma omp parallel for reduction(+:sum) private(x)
    for (i=0;i<num_steps; i++){
        x = (i+0.5)*step;
        sum = sum + 4.0/(1.0+x*x);
    }
    pi = step * sum;
    printf("PI=%f\n",pi);
}
```

程序示例 4.22   使用归约子句计算定积分

4.3.4 nowait 子句

在 parallel for 的编译制导语句中，执行 for 循环的多个线程结束后，会有一个隐含的栅栏。要等所有的工作线程都结束后，主线程才会继续执行。使用 nowait 子句，可以使得先结束的工作线程不必等待较慢的工作线程，而直接进入下一个并行区。

程序示例 4.23中，两个 for 循环没有相关性。nowait 子句使得前一个循环的工作线程结束后，可以立即投入后一个循环执行，消除了前一个循环中隐含的栅栏。

```
#include <math.h>
void nowait_example(int n, int m, float *a, float *b, float *y, float *z)
{
    int i;
```

```
#pragma omp parallel
{
    #pragma omp for nowait
    for (i=1; i<n; i++)
        b[i] = (a[i] + a[i-1]) / 2.0;
    #pragma omp for nowait
    for (i=0; i<m; i++)
        y[i] = sqrt(z[i]);
}
}
```

程序示例 4.23   nowait 子句实例 1

程序示例 4.24中，parallel 区域中的三个 for 循环数据具有相关性，一般来说必须等到前面的循环结束才能之后的循环。但是在本例中，这三个循环的循环次数完全相同，而且都使用了 static 循环调度策略，这使得每个工作线程在三个循环中所划分的循环区域完全相同，这些工作线程之间没有相关性，可以使用 nowait 子句取消循环之间的栅栏。

```
#include <math.h>
void nowait_example2(int n, float *a, float *b, float *c, float *y, float *z){
    int i;
    #pragma omp parallel
    {
        #pragma omp for schedule(static) nowait
        for (i=0; i<n; i++) c[i] = (a[i] + b[i]) / 2.0f;
        #pragma omp for schedule(static) nowait
        for (i=0; i<n; i++) z[i] = sqrtf(c[i]);
        #pragma omp for schedule(static) nowait
        for (i=1; i<=n; i++) y[i] = z[i-1] + a[i];
    }
}
```

程序示例 4.24   nowait 子句实例 2

4.3.5   single 制导指令

single 子句的含义是由并行区的一个线程执行后续语句块，其他线程都跳过此语句，但是不能假设哪个线程执行 single 子句对应的语句。

程序示例 4.25中，single 语句对应的 3 条 printf 语句都是仅有一个工作线程执行。虽然在 parallel 并行区中可能会有多个工作线程同时执行 work1() 和 work2()，但是这些 printf() 语句只会打印一次。由于 single 语句有潜在的栅栏，所以在第一条 printf 打印后，所有的工作线程才开始执行 work1()。第二个 single 子句也有潜在栅栏，所以只有在所有的线程都执行完 work1() 后，才会执行第三个 single 子句。需要注意的是，第三个 single 子句加入了 nowait 子句，取消了在这条 printf 语句后隐藏的栅栏，所以除了执行 printf 语句的工作线程外，其他工作线程都将立刻执行 work2()，而不需要等待最后一条 printf 语句结束再同时一起执行 work2()。

```
#include <stdio.h>
void work1() {}
void work2() {}
void single_example(){
  #pragma omp parallel
  {
    #pragma omp single
    printf("Beginning work1.\n");
    work1();
    #pragma omp single
    printf("Finishing work1.\n");
    #pragma omp single nowait
    printf("Finished work1 and beginning work2.\n");
    work2();
  }
}
```

程序示例 4.25　single 子句实例

4.3.6　critical 子句

该子句使得后续语句成为一个临界区，即最多只有一个工作线程能够执行该语句。程序示例 4.26 中，所有工作线程都会执行 dequeue() 函数，但是由于 critical 子句，在任意时刻最多只有一个线程可以执行这个函数，这使得 dequeue() 函数成为临界区。work() 函数则可以由多个工作线程同时执行。

```
int dequeue(float *a);
void work(int i, float *a);
void critical_example(float *x, float *y){
  int ix_next, iy_next;
  #pragma omp parallel shared(x, y) private(ix_next, iy_next)
  {
    #pragma omp critical (xaxis)
    ix_next = dequeue(x);
    work(ix_next, x);

    #pragma omp critical (yaxis)
    iy_next = dequeue(y);
    work(iy_next, y);
  }
}
```

程序示例 4.26　critical 子句实例

4.3.7　barrier 子句

barrier 子句的作用是强迫并行区中的所有线程都在此等待，直至所有线程都到达后才继续向后执行。

程序示例 4.27中，barrier 子句之前的语句是根据工作线程号初始化变量 y 和 z。由于后续的 for 循环中会使用 y 和 z 变量，所以需要使用 barrier 子句等待两个工作线程都完成变量的初始化后再继续向后执行。

```
#pragma omp parallel shared(x, y, z) num_thread(2)
{
    int tid=omp_get_thread_num();
    if(tid==0) y=fn70(tid);
    else z=fn80(tid);
    #pragma omp barrier
    #pragma omp for
    for(k=0; k<100;k++){
        x[k]=y+z+fn10(k)+fn20(k);
    }
}
```

程序示例 4.27   barrier 子句实例

4.3.8 其他子句

sections 子句将后续语句块划分给线程组中的各线程。不同的 section 由不同的线程执行，且每个 section 对应一个工作线程执行。其代码结构如程序示例 4.28所示。

```
#pragma omp sections [ clause[[,]clause]···] newline
{
    [#pragma omp section newline]
    ...
    [#pragma omp section newline]
    ...
}
```

程序示例 4.28   sections 子句实例

master 子句指定后续语句块只有主线程执行，子句格式如程序示例 4.29所示。

```
#pragma omp master
```

程序示例 4.29   master 子句实例

4.4 多线程程序的一些问题

4.4.1 临界区

1. 需要临界区的原因

在多线程同时运行时，如果两个线程同时访问一个内存地址可能会发生数据竞争，从而导致错误。程序示例 4.30的 insert() 函数中，对表头为 root 的链表插入一个新的 node 节点。在仅有一个线程的情况下，insert() 函数可以正确执行。如果有两个或者多个线程同时执行 insert() 函数，例如线程 T_1 插入 p_1，线程 T_2 插入 p_2，那么两个线程都执行了 insert() 函数的正确结果应该是链表中的头两个元素是 p_1 和 p_2, 并且原有链表的数据依然在链表中。

```
struct node{
    int data;
    struct node *next;
};
struct node *root=NULL;
void insert(struct node *p){
    p->next=root;   //第1句
    root=p;         //第2句
}
```

程序示例 4.30   在链表中插入一个元素

在不加入临界区时，两个线程执行 insert() 函数的过程有可能会发生交错，考虑以下执行次序：

线程 T_1 执行第 1 句；

线程 T_2 执行第 1 句；

线程 T_1 执行第 2 句；

线程 T_2 执行第 2 句。

此时执行的结果如图 4-10所示。

图 4-10   两个线程交错执行的情况

可以证明，只要两个线程执行 insert() 函数的过程发生交错，就一定不能产生正确的结果。如果一个线程能连续执行这两句，而且不被别的线程打断，则一定能保证执行正确。因此，需要将 insert() 函数的两个语句形成一个临界区，保证只有一个线程能连续执行这两条语句，而不被其他线程打断。在 insert() 函数中设置临界区的过程如程序示例 4.31所示。

```
struct node *root=NULL;
pthread_mutex_t root_mutex=PTHREAD_MUTEX_INITIALIZER;
void insert(struct node *p){
    pthread_mutex_lock(&root_mutex);
    p->next=root;   //第1句
    root=p;         //第2句
    pthread_mutex_unlock(&root_mutex);
}
```

程序示例 4.31   带临界区的在链表中插入一个元素

多个线程共享一个内存地址的变量时，如果都是读操作，可以不设置临界区；但如果某些线程需要进行写操作，则必须加入临界区，以防止发生上述数据竞争。数据临界区一般设置在全局的队列或者计数器上。

根据 Amdahl 定理，软件中的不可并行成分决定了系统的最大加速比，要尽可能减少不可并行成分，才能提升系统的加速比。临界区中仅能有一个线程执行，就是并行软件中的不可并行成分。所以，在多线程程序设计中应尽可能减少软件中临界区的程序执行时间。

2. 隐含在系统调用中的临界区

多线程程序使用的系统调用库需要保证线程安全，即在多个线程同时调用这些库函数时要保证正确性。这些库函数中往往隐藏着临界区。

例子 4.2　蒙特卡洛法求圆周率的原理是在一个边长为 1 的正方形中，随机散布 N 个点，落在 1/4 圆内的点的数量 n 将正比于其面积，满足 $\dfrac{N}{n} \approx \dfrac{4}{\pi}$。可知 $\pi \approx \dfrac{4n}{N}$。

程序示例 4.32 中，使用 C 语言中的 rand() 函数产生随机点的 x 坐标和 y 坐标，RAND_MAX 为随机数发生器所产生的最大值。使用 OpenMP 方法加速其中 for 循环的执行。实际测试结果表明，多核处理器上加速比甚至会低于 1。请解释这一现象，并说明改进方法。

答：形成上述现象的原因在于程序所用的 rand() 函数需要保证线程安全性，其中隐含了临界区，以保护内部变量。这使得在同一时间只允许一个线程调用，当两个线程都需调用 rand() 函数时，有一个线程将被挂起，等待另一个线程运行完毕。线程临界区外的计算时间很短，而且线程在临界区频繁切换，就导致加速比甚至会小于 1。

改进方法是为每个线程设计独立的随机数发生器，并让线程具有独立的随机数内部变量。

```
int n=0;
float pi;
for(i=0;i<N;i++){
    int x,y;
    x=rand();y=rand();
    long int s=x*x+y*y;
    if(s<RAND_MAX*RAND_MAX) n++;
}
pi=4*(float)n/(float) N;
```

程序示例 4.32　使用 rand(om) 函数产生随机点

在多线程软件使用库函数和系统调用时，也要充分考虑这些函数是否内置了临界区。多线程同时进行 I/O 操作不一定能够提升性能，而尽可能将同一类 I/O 操作集中在同一个线程中完成。

3. 避免死锁

在复杂的多线程软件系统中，有可能发生死锁。发生死锁有四个必要条件。

（1）互斥：一个资源每次只能被一个线程（进程）使用。

（2）请求与保持：一个线程（进程）因请求资源而阻塞时，不会放弃已获得的资源。

（3）不可剥夺：线程（进程）已获得的资源，在没有使用完之前，不能被强行剥夺。

（4）循环等待：若干线程（进程）之间形成一种头尾相接的循环等待资源关系。

在程序示例 4.33 中，如果线程 1 和线程 2 都恰好执行完第一个上锁语句，即线程 1 占有了互斥锁 Q，希望得到互斥锁 S，而线程 2 占有了互斥锁 S，希望得到互斥锁 Q。此时两个线程之间循环等待，发生了死锁。

```
//线程1执行
for(;;){
   mutex_lock(&Q);
   mutex_lock(&S);
   a;
   mutex_unlock(&S);
   mutex_unlock(&Q);
}

//线程2执行
for(;;) {
   mutex_lock (&S);
   mutex_lock (&Q);
   b;
   mutex_unlock(&Q);
   mutex_unlock (&S);
}
```

程序示例 4.33　会产生死锁的程序

多线程程序出现死锁时，程序将完全停止。死锁发生的时机往往难以复现，很难通过调试的方法确定发生死锁的位置和原因。需要尽可能在程序设计时避免死锁。只要能破坏上述四个条件之一就可以避免死锁。条件 1~3 都是临界区必须保持的条件，唯一能破坏的就是循环等待条件。为此，多线程的临界区设计一般遵循以下两个原则。

❑ 每个临界区尽可能只使用一个互斥锁，此时一定不会发生循环等待，也一定不会发生死锁。

❑ 如果临界区一定要同时上多个锁，则所有线程的上锁次序一定要保持一致。在上述例子中，如果交换线程 2 中的上锁次序，使之与线程 1 保持一致，则一定不会发生死锁。

4.4.2　Cache 伪共享

在多核软件设计中，如果在不同处理器上运行的多个线程访问的不同变量恰好处于一个 Cache 行内，就可能会发生 Cache 的伪共享，即两个处理器写入不同的内存地址，但这两个内存地址又恰好在同一个行内。某个线程写入自己的私有变量导致此变量所在的 Cache 行在对应处理器的私有 Cache 中被设置为 modified 状态，使得该行在其他处理器中被设置为 invalid 状态，而其他处理器的线程访问自己的变量时频繁产生 Cache 缺失。

假设线程 T_1 对变量 X_1 频繁执行更新操作，线程 T_2 对变量 X_2 频繁执行更新操作，而且 X_1 和 X_2 恰好位于同一个 Cache 行中。这样做并不会产生错误，但是将引起 Cache 伪共享的问题。当处理器 P_1 写入变量 X_1 时，Cache 一致性协议会将该行设置为 modified 状态，这将导致处理器 P_2 的同一个 Cache 行进入 invalid 状态。此时，P_2 读取 X_2 将不命中。同理，如果处理器 P_2 写入变量 X_2，将迫使 P_1 处理器中的对应行进入 invalid 状态，使得 P_1 访问 X_1 不命中。这样包含 X_1 和 X_2 的 Cache 行将在 P_1 和 P_2 的私有 Cache 中来回进行交换，总是处于 modified 状态，两个线程对自己变量的访问总是不命中。

避免 Cache 伪共享的主要方法是合理划分多个线程需要写入变量的内存布局，使不同线程需要写入的数据尽可能地不处于同一个 Cache 行内。

4.4.3 多线程的并行化设计方法

与 SIMD 的数据级并行性不同，线程级并行性往往需要从算法、软件结构等高层次来考虑。参考文献 [7] 提出了一套并行化设计流程，主要包括发现并行性、算法结构设计、选择合适的并行模型、系统实现四个步骤。发现并行性阶段分为分解、依赖性分析和设计评估三个方面。

❏ 分解可以分为任务分解和数据分解。任务分解是将整个工作分解为相互独立的、可以并行执行的任务，数据分解是将整个工作所需要的数据分解为独立的块，每个独立的数据块和特定的任务相关联。

❏ 依赖性分析包括任务聚合、任务排序和数据共享，其中任务聚合是指将多个相似的任务映射到线程等相关结构上；任务排序是分清任务之间的相互依赖关系，并确定任务之间的执行次序；数据共享是考虑任务之间数据的共享和交换。

❏ 设计评估主要考虑任务之间的并发性、数据和任务之间的局部性、不同任务之间数据交换和同步的开销等，以此决定当前的并行化方法是否合理，是需要进一步优化还是可以进入下一个设计阶段。

根据并行算法的不同特点，算法结构设计又可以分为不同的模式。

❏ 在任务并行化模式中，系统的任务被分解为很多独立的可以并行计算的任务。这是一种最简单的并行模型。对于规则化的数据而言，这往往也和几何数据划分相关联。例如，求两个向量之和：$C = A + B$，$C_i = A_i + B_i$。两个向量中每对元素的求和都是相互独立和可以并行计算的，可以将单对元素的求和理解为一个任务，与之相对应的数据分解方法就是每个任务对应向量的一对元素。更复杂的问题中，每个任务之间的数据划分可能存在着重叠，需要在计算过程中交换任务之间的数据。这时需要更为精细地考虑数据交换和计算之间的时间比例，以及通过计算掩盖数据交换的延迟。如果每个任务执行的计算相同，则可以使用静态的任务调度策略。如果每个任务执行的计算不同，就需要仔细考虑每个任务所需要的时间，必要时将采用动态任务调度策略。

- 分而治之是一种较为复杂的并行化算法策略，其关键是将原始任务分解为若干小的独立任务，并行计算这些独立的任务，再将这些任务的结果合并在一起。FFT 计算就是一种典型的分而治之方法。分而治之方法将任务不断细化直至达到最小门限，或者可以并行的任务数量达到系统能支持的可以并行量（例如多核处理器的核数）。在分而治之的任务划分中，还需要考虑在两个任务结果归并过程中的数据共享方法。

- 对于链表、树、图等数据结构，可以考虑递归数据的并行方法。这个方法和分而治之方法有些类似的地方。这些数据结构本身具有相似性（递归性），可以使用指针跳跃的技巧。

- 流水线模式是一种非常直观的基于数据流的并行组织方式。任务被分解成多个前后依赖的子任务。在执行多个子任务时，每个子任务位于流水线中的某一段上，使得多个子任务可以并行执行。流水线模型可以有效提升系统的吞吐率，但是会增加单个子任务的延迟。其关键在于保持每个流水线段上的子任务执行时间比较接近，否则执行时间最长的段将成为整个系统的瓶颈。

- 更为复杂的数据流可能存在着分支、反馈等结构，这使得各个任务之间的交互关系也更为复杂，就需要使用事件协同模式。在事件协同模式中，每个任务都在等待事件。在相应的事件发生后，将处理该事件，并将结果作为新的事件发送到其他任务。事件协同模式要预防系统死锁，还要考虑高效的事件传递机制。

4.5　多线程并行化实例

4.5.1　Horner 算法的并行化

在第 2 章中已经讨论了多项式求值的 Horner 算法。该算法可以有效减少幂运算的次数，但需要串行执行。可以使用下述方法实现 Horner 算法并行化。对于多项式 $f_N(x) = a_N x^N + a_{N-1} x^{N-1} + \cdots + a_0$，其中 $N + 1 = 2^q$，可以有：

$$
\begin{aligned}
f_N(x) &= a_N x^N + a_{N-1} x^{N-1} + \cdots + a_0 \\
&= (a_N x + a_{N-1}) x^{N-1} + \cdots + (a_3 x + a_2) x^2 + (a_1 x + a_0) \\
&= \sum_{k=0}^{\frac{N+1}{2}-1} a_k^{(1)} (x^2)^k
\end{aligned}
\tag{4.1}
$$

其中，$a_k^{(1)} = a_{2k+1} x + a_{2k}$，$0 \leqslant k \leqslant \dfrac{N+1}{2} - 1$。注意式 (4.1) 中的多项式项数已经减半，可以使用上述技巧继续缩减：

$$
f_N(x) = \sum_{k=0}^{\frac{N+1}{2}-1} a_k^{(1)} (x^2)^k = \sum_{k=0}^{\frac{N+1}{2^2}-1} a_k^{(2)} (x^{2^2})^k
\tag{4.2}
$$

其中，$a_k^{(2)} = a_{2k+1}^{(1)}x + a_{2k}^{(1)}$，$0 \leqslant k \leqslant \dfrac{N+1}{2} - 1$。按照此方法一直缩减，直至仅剩一项：

$$f_N(x) = a_1^{(q-1)}x^{2^{q-1}} + a_0^{(q-1)} = a_0^{(q)} \tag{4.3}$$

计算时，可以按照以下次序。

第一步计算：$a_k^{(1)} = a_{2k+1}x + a_{2k}$，$0 \leqslant k \leqslant \dfrac{N+1}{2} - 1$。

第二步计算：$a_k^{(2)} = a_{2k+1}^{(1)}x^2 + a_{2k}^{(1)}$，$0 \leqslant k \leqslant \dfrac{N+1}{2^2} - 1$。

$\vdots$

第 m 步计算：$a_k^{(m)} = a_{2k+1}^{(m-1)}x^{2^{m-1}} + a_{2k}^{(m-1)}$，$0 \leqslant k \leqslant \dfrac{N+1}{2^m} - 1$。

$\vdots$

第 q 步计算：$f_N(x) = a_0^{(q)} = a_1^{(q-1)}x^{2^{q-1}} + a_0^{(q-1)}$。

该并行算法所形成的任务图呈树形结构，如图 4-11 所示。其中每个圈表示计算一次 $a_k^{(m)} = a_{2k+1}^{(m-1)}x^{2^{m-1}} + a_{2k}^{(m-1)}$，都具有相同的计算开销，所以每个圈中的数字均为 1。

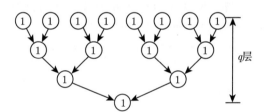

图 4-11　并行 Horner 算法的计算任务图

4.5.2　构建 Hash 表

第 2 章中讨论了面向 Cache 优化的两遍扫描法以构建 Hash 表。设原有的 key 序列（32 位无符号整数类型）存储于 S 起始的数组中，长度为 N。使用 T 个线程构建一个 B 个桶的 Hash 表，起始地址为 D。在此基础上，稍加修改就可以实现多线程的 Hash 表创建，其关键点在于多个线程同时完成 Hash 表的插入。

原有的单线程构建方法分为三步：第一步是扫描原始数据，计算出每个桶的元素数；第二步是使用前缀和方法，根据每个桶的元素数计算出每个桶在 D 中的起始位置，记为 P_i，其中 $0 \leqslant i \leqslant B - 1$；第三步是再次扫描原始数据，并将其写入对应的桶中。

第一步是可以由 T 个线程并行执行的，即每个线程独立扫描 N/T 个 key。在图 4-12 中，两个线程分别统计第 i 个线程所分配 key 对应第 j 个桶的元素数 b_{ij}。然后，主线程计算 $P_j = \sum_{i=0}^{T-1} b_{ij}$，即可得到第 j 个桶中元素的数量，并通过前缀和计算出每个桶的起始地址。再根据每个线程的局部 P，计算出第 i 个线程在 Hash 表的第 j 个桶的起始地址 d_{ij}。在图 4-12 中，第 0 号线程总是在桶的起始位置插入元素，而第 1 号线程在图中箭头位置插入元素。

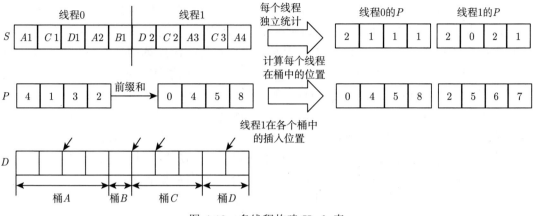

图 4-12 多线程构建 Hash 表

第三步中各个线程依然对第一步中分配的 N/T 个 key 进行独立的二次扫描，从自己的插入位置向结果数组 D 中插入元素。每个线程在结果数据区 D 中的内存位置都不互相重叠，这使得所有线程在第三步插入过程中不需要额外的同步或互斥。

4.5.3　归并排序

归并排序是采用分而治之的思想，将长度为 N 个元素的数据段分解成两个长度为 $N/2$ 的数据段单独进行排序，再对两个数据段进行归并排序，如图 4-13所示。

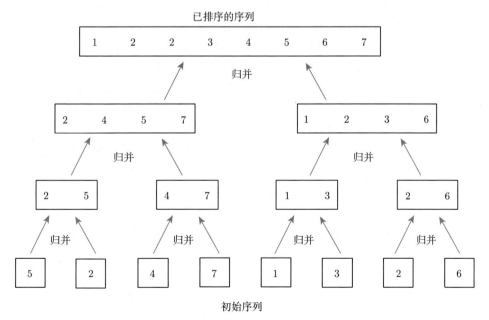

图 4-13　归并排序示意图

在第 3 章中讨论了使用基于 SIMD 指令的双调排序来实现两个比较短的有序序列的归并排序。如果仅使用这种方法进行整体的归并排序效率并不高，主要原因有两个：

① 归并排序按照树形分布，在一开始时可以并行归并的有序序列对较多，但是随着树层次的不断上升，可以并行归并的有序序列越来越少，在树的顶层只有一对有序序列，这将限制多线程的并行性；② 在 N 很大时，树顶端的有序序列数据容量将超过 Cache 容量，反复归并排序将使得这些数据反复在主存和 Cache 之间交换，将严重增加主存的访问延迟。为此，Intel 公司的 Chhugani 等人[8] 提出了以下并行归并方法。

设当前处理器片上 Cache 总容量为 M，则排序分为两个阶段，第一阶段将 N 个元素分成 N/M 段，T 个线程对这些段依次操作，即每次对 M 个数据进行归并排序，最终形成 N/M 个有序序列。第二阶段是 T 个线程对 N/M 个有序序列进行排序。

在第一阶段的每个排序过程中，T 个线程操作的所有数据容量都小于片上 Cache 容量 M，可以有效提高 Cache 的利用率。在每个段的归并中，又分为两步。

（1）T 个线程独立地对 M/T 个数据进行归并排序，形成 T 个有序序列。在这一步计算中，可以使用 3.4.2 节描述的方法使用 SIMD 指令进行双调排序。此步完成后有 T 个有序序列。

（2）采用并行归并方法完成 T 个有序序列的归并。此时需要让多个线程同时完成一对有序序列的归并。基本思想是寻找两个待归并有序序列的"中点"(median)，将其划分成互相不重叠的部分，从而使得多个线程可以同时对两个有序序列进行归并。在有两个线程时，其方法可以描述为对于两个长度均为 n 的有序序列 X 和 Y，找到整个序列的中点，将 X 和 Y 分别划分为两个部分 X_1, X_2 和 Y_1, Y_2，满足：

❏ X_1, Y_1 的所有元素小于 X_2, Y_2 的任何元素；

❏ X_1 和 Y_1 序列的总长度为 n_1，X_2 和 Y_2 序列的总长度为 n_2。

此时，可以使用两个线程独立地对 (X_1, Y_1) 以及 (X_2, Y_2) 进行归并，归并结果分别放在 Z 的前半段和后半段。这两个归并的结果数据区完全不重叠，可以由两个线程并行完成。对于两个有序序列的归并，上述求"中点"算法的复杂度为 $O(\log n)$。考虑到归并排序的复杂度为 $O(2n)$，因此求"中点"的计算开销是可以接受的。随着归并的不断深入，需要将数据段分解为更多的子序列。在此步的最后一级，需要将两个有序序列分为 T 段，由 T 个线程并行归并。

在第二阶段需要完成 N/M 个有序序列的归并，特别需要注意的是每个序列的长度都是片上 Cache 的容量，因此所产生的结果将大于 Cache 容量。这就需要使用局部多路归并的方法，以提升 Cache 的利用率，如图 4-14 所示。图中的 L 是前一阶段所获得的有序序列，B 是容量为 F 的缓冲。局部多路归并是每次仅归并两个子缓冲中的数据到上一级缓冲中，即如果归并缓冲的两个子节点已经具有了 $F/2$ 个元素，则该归并缓冲处于 ready 状态。动态调度 T 个线程，执行处于 ready 状态的节点，直至所有 L 中的数据都已经经过最后一级归并缓冲。

上述局部多路归并并行方法一方面解决了归并排序顶层操作可并行成分少的问题，另一方面通过控制 F 的大小使得上述所有节点的缓冲总容量小于片上 Cache 容量，让待排序的数据在从最初始的有序序列取出到达到最终的位置这整个过程中都在 Cache 中流动，有效地减少了主存和 Cache 之间的数据交换，提升了 Cache 的命中率。

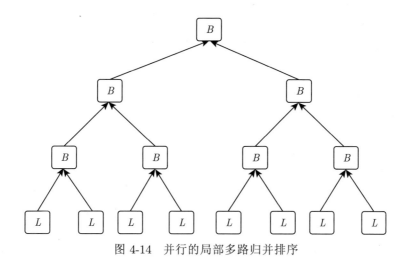

图 4-14　并行的局部多路归并排序

4.6　扩展阅读

在 21 世纪初，各主要微处理器厂商开始在已有处理器的基础上推出多线程处理器，例如 IBM 公司在 Power4 处理器[9]的基础上在一个核内增加了多线程支持而形成 Power5处理器[10]。两者的流水线结构基本相同，后者主要增强了取指、译码、物理寄存器资源和退出等流水线段，以实现双线程的并发多线程结构。

随着晶体管数量的不断增加，在一个芯片上可以集成更多的处理器核。当前的桌面系统或服务器 CPU，例如 Intel 公司的 Ivy bridge[11]、Skylake[12]都广泛地采用了多核结构。在嵌入式 CPU 方面，ARM 公司的 ARM11MP[13]等也都采用了多核结构。

对于核数较少的多核处理器，往往采用总线、Crossbar 等结构连接多个处理器核的Cache 与后一级 Cache 或存储器控制器，且使用监听协议实现 Cache 一致性。在核数较多的情况下，这样的互联结构和 Cache 一致性机制已经无法满足要求。例如，在 IntelXeon Phi（Knight corner）处理器[14]中采用了环形结构连接超过 50 个的核。每个处理器核都有独立的 L2 Cache，使用基于目录的 Cache 一致性协议。在其后一代 KnightLanding 处理器[15]中包含了 72 个处理器核，使用 6 × 6 的二维 Mesh 结构连接 36 个节点，每个节点包含了两个处理器核、每个核独立的 L1 Cache 和两者共享的 L2 Cache。所有的 Cache 均采用了分布式目录的 Cache 一致性协议。关于目录 Cache 一致性协议可以参考 *Computer Architecture: A Quantitative Approach*[16]。

Tanenbaum 的 *Modern operating systems*[17]全面地介绍了操作系统中进程与线程之间的关系以及不同的线程实现方法。文献 [18] 和 [19] 介绍了 Windows 操作系统中多线程机制实现的概况。为了进一步简化多线程编程，还有一些更高层次的多线程编程库，例如 Intel 公司的 TBB[20]。

OpenMP 已经成为当前多线程编程的标准规范。目前，OpenMP 标准已经达到 5.0[21]，应用范围也逐渐扩大。专门介绍 OpenMP 编程的书籍比较常见，典型的如 Pacheco 所著的 *An introduction to parallel programming*[22]。

并行算法设计分为本书介绍的单节点并行算法和多节点并行算法两大类。国防科学技术大学李晓梅教授参与编著的《并行算法》[23]介绍了大量数值计算和部分非数值计算的并行计算方法。

4.7 习题

习题 4.1 如果线程数 $T=4$，循环次数 N 为 200，chunck_size 为 8，求 guided 调度方法下每个工作线程每次执行的循环次数。

习题 4.2 考虑程序示例 4.34 所示的程序片段，其中 pre_compute() 和 write_result() 函数的执行时间都是 1ms，函数 $f(i)$ 的执行时间为 $i$ms。微处理器的核数为 8 个。不考虑 OpenMP 的开销。

（1）串行执行时间是多少毫秒？

（2）请填写程序中的 OpenMP 编译制导指令，使得该程序按照静态调度方法执行。请估算在线程数等于 2 和 8 时该程序的加速比。

（3）请填写程序中的 OpenMP 编译制导指令，使得该程序按照动态调度方法执行，chunck_size 为 16。请估算线程数等于 8 时的加速比。

```
float s;
pre_compute();
//此处加入OpenMP编译制导语句
for(int i=1;i<=1024;i++) s+=f(i);
write_result(s);
```

程序示例 4.34　OpenMP 的循环调度方法

习题 4.3 二维队列在 X 方向上的 M 个队列头，以及在 Y 方向上的 N 个队列头，均以数组方式存储。队列中的每个节点需要同时加入 X 方向和 Y 方向的某个队列，定义如程序示例 4.35 所示。

（1）请实现加入多线程版本的函数 insert(int x, int y, struct node *n)，将节点 n 加入 X 方向的第 x 个队列和 Y 方向的第 y 个队列。

（2）如何设计此函数中的临界区才能避免死锁？

```
struct node{
    int data;           //数据内容
    struct node *nextX; //X方向的队列指针，加入Xheads中的某个队列
    struct node *nextY; //Y方向的队列指针，加入Yheads中的某个队列
};
struct node* Xheads[M]; //X方向的队列头数组
struct node* Yheads[N]; //Y方向的队列头数组
```

程序示例 4.35　二维队列的数据结构

习题 4.4 MESI 协议是 MSI 协议的一个扩展，它增加了一个 exclusive 状态，该状态表示该行数据是干净的，且仅有本处理器拥有此数据。请分析该协议与 MSI 协议的

区别，并说明该协议引入 exclusive 状态的主要益处是什么。

习题 4.5　假设任务之间的通信和同步开销可以忽略不计，请讨论在处理器核数等于 2、$N/2$ 和 N 时，图 4-11 的执行时间、加速比和效率。

习题 4.6　考虑图 4-15 所示的任务图。圈中的数值为任务执行的时间（单位：ms），右上角为任务名称。

（1）求该任务图的总工作量、关键路径、平均并行度。

（2）假设有 4 个线程可以并行执行，且 N 能被 4 整除。不考虑额外开销，请设计图中任务到线程的分配方案，使得每个线程的负载尽可能均衡。

（3）$N = 2021$ 时，如何设计任务到线程的分配方案使得每个线程的负载尽可能均衡？并行计算时间是多少毫秒？加速比等于多少？

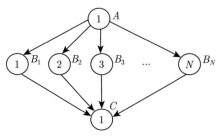

图 4-15　任务图

习题 4.7　请下载并安装以下开源的线性代数计算软件。

❑ OpenBlas, https://www.openblas.net/。

❑ Armadillo, http://arma.sourceforge.net/。

❑ Eigen, https://eigen.tuxfamily.org/。

测试和比较 4096×4096 单精度浮点的矩阵乘法在这些开源软件上所需要的时间，分析这些开源软件实现矩阵乘法的优化技巧。

4.8　实验题

实验题 4.1　（barrier）在 Linux 的线程 API 中仅包含了临界区和条件变量两种线程同步方法，请设计一个 Linux 程序实现 N 栅栏方法，即有 N 个线程调用 barrier() 函数，其中前面 $N - 1$ 次调用会导致调用线程挂起等待，在最后一个线程调用此函数后，所有 N 个线程都将恢复运行。

实验题 4.2　（线程池）请设计一个线程池模块，提供可以创建线程池、为线程池中的一个空闲线程分派工作、检查整个线程池正在工作的线程数、等待所有线程工作结束等的外部接口，如程序示例 4.36 所示。

```
//创建包含n个线程的线程池，每个线程工作时将执行一次fun函数
struct thread_pool *create_thread_pool(int n,    //线程池中的线程数
   void (*fun)(void *));                         //线程的工作函数指针
```

```
//向线程池分派一个任务，直至分派成功
int dispatch_work(struct thread_pool *pl,        //线程池指针
    void *work_data);                            //任务的输入数据

//获得当前工作线程的线程编号
int get_id(struct thread_pool *p);               //线程池指针

//当前活跃线程的数量
int active_thread_num(struct thread_pool *p);//线程池指针

//主线程等待所有工作线程完成工作
void thread_pool_join(struct thread_pool *p);//线程池指针
```

程序示例 4.36   线程池的接口

实验题 4.3   （win-pro_com）请使用 Windows 的事件机制实现功能类似于程序示例 4.13的生产者–消费者模型。

实验题 4.4   （Horner）使用 OpenMP 方法加速实验题 3.2中基于 Horner 算法数值积分的 SIMD 程序。

实验题 4.5   （矩阵乘法）使用 T 个线程计算矩阵乘法 $C = A \times B$ 时，可以将结果矩阵 C 划分成 T 个部分，每个线程计算一部分。对 C 的划分有两种方法，一种是网格化划分，一种是按行或者按列划分。在 $T = 4$ 的情况下，两种划分方式如式 (4.4) 和式 (4.5) 所示。在网格化划分中，四个线程分别计算 C_{00}、C_{01}、C_{10} 和 C_{11}。在按行划分中，四个线程分别计算 C_0、C_1、C_2 和 C_3。

（1）请分析这两种划分方式的差异。

（2）基于实验题 2.4 和实验题 3.6的技术分别编程实现这两种划分方式，并比较性能。

$$\begin{pmatrix} C_{00} & C_{01} \\ C_{10} & C_{11} \end{pmatrix} = \begin{pmatrix} A_{00} & A_{01} \\ A_{10} & A_{11} \end{pmatrix} \begin{pmatrix} B_{00} & B_{01} \\ B_{10} & B_{11} \end{pmatrix} \tag{4.4}$$

$$\begin{pmatrix} C_0 \\ C_1 \\ C_2 \\ C_3 \end{pmatrix} = \begin{pmatrix} A_0 \\ A_1 \\ A_2 \\ A_3 \end{pmatrix} B \tag{4.5}$$

实验题 4.6   （radix-sorting）基于实验题 2.5，使用多线程方法实现基数排序。

实验题 4.7   （stream-merge）请使用多线程方法实现图 4-14的局部多路归并排序，并与 qsort() 的性能进行对比。

参考文献

[1] KONGETIRA P, AINGARAN K, OLUKOTUN K. Niagara: A 32-Way Multithreaded Sparc Processor[J]. IEEE Micro, 2005, 25(2): 21-29.

[2] MARR, DEBORAH, T., et al. Hyper-Threading Technology Architecture And Microarchitecture [J]. Intel Technology Journal, 2002.

[3] SUGGS D, SUBRAMONY M, BOUVIER D. The amd "zen 2" processor[J/OL]. IEEE Micro, 2020, 40(2): 45-52. DOI: 10.1109/MM.2020.2974217.

[4] KAHLE J A, DAY M N, HOFSTEE H P, et al. Introduction To The Cell Multiprocessor[J]. IBM Journal of Research and Development, 2005, 49(4.5): 589-604.

[5] HAOHUAN FU J Y L W X H C Y W X F Q W Z X Y C H W G J Z Y W G Y, Junfeng LIAO. The Sunway Taihulight Supercomputer: System And Applications[J]. SCIENCE CHINA Information Sciences, 2016, 59(7).

[6] CORP. A. big.little technology: The future of mobile[R/OL]. 2013. https://www.arm.com/files/ pdf/big_LITTLE_Technology_the_Futue_of_Mobile.pdf.

[7] MASSINGILL T G M A S L. Patterns for parallel programming[M]. Reading: Addison-Wesley Professional, 2004.

[8] SATISH N, KIM C, CHHUGANI J, et al. Fast sort on CPUs and GPUs: a case for bandwidth oblivious SIMD sort[C/OL]//ELMAGARMID A K, AGRAWAL D. Proceedings of the ACM SIGMOD International Conference on Management of Data, SIGMOD 2010, June 6-10, 2010. ACM, 2010: 351-362. https://doi.org/10.1145/1807167.1807207.

[9] TENDLER J M, DODSON J S, FIELDS J S, et al. Power4 system microarchitecture[J/OL]. IBM Journal of Research and Development, 2002, 46(1): 5-25. DOI: 10.1147/rd.461.0005.

[10] KALLA R, BALARAM SINHAROY, TENDLER J M. Ibm power5 chip: a dual-core multi-threaded processor[J/OL]. IEEE Micro, 2004, 24(2): 40-47. DOI: 10.1109/MM.2004.1289290.

[11] PAPAZIAN I E, KOTTAPALLI S, BAXTER J, et al. Ivy bridge server: A converged design [J/OL]. IEEE Micro, 2015, 35(2): 16-25. DOI: 10.1109/MM.2015.33.

[12] DOWECK J, KAO W, LU A K, et al. Inside 6th-generation intel core: New microarchitecture code-named skylake[J/OL]. IEEE Micro, 2017, 37(2): 52-62. DOI: 10.1109/MM.2017.38.

[13] GOODACRE J, SLOSS A N. Parallelism and the arm instruction set architecture[J/OL]. Computer, 2005, 38(7): 42-50. DOI: 10.1109/MC.2005.239.

[14] CHRYSOS G. Intel® xeon phi coprocessor (codename knights corner)[C/OL]//2012 IEEE Hot Chips 24 Symposium (HCS). 2012: 1-31. DOI: 10.1109/HOTCHIPS.2012.7476487.

[15] SODANI A, GRAMUNT R, Corbal J, et al. Knights Landing: Second-generation intel xeon phi product[J/OL]. IEEE Micro, 2016, 36(2): 34-46. DOI: 10.1109/MM.2016.25.

[16] JOHN L. HENNESSY D A P. Computer Architecture: A Quantitative Approach [M]. 6th edition. Burlington: Morgan Kaufmann, 2017.

[17] ANDREW S. TANENBAUM H B. Modern operating systems [M]. the 4th edition. London: Pearson Press, 2015.

[18] DAVID A. SOLOMON M E R. Inside microsoft® windows 2000[M]. Redmond: Microsoft Press, 2001.

[19] PAVEL YOSIFOVICH D A S A I, Mark E. Russinovich. Windows internals, part 1: System architecture, processes, threads, memory management, and more [M]. 7th edition. Redmond: Microsoft Press, 2016.

[20] REINDERS J. Intel threading building blocks: Outfitting c++ for multi-core processor paral-lelism 1st edition[M]. Sevastopol: O'Reilly Media, 2007.

[21] Openmp application programming interface, ver5.0[R/OL]. 2018. https://www.openmp.org/wp-content/uploads/openmp-5.0.pdf.

[22] PACHECO P. An introduction to parallel programming [M]. 1st edition. Burlington: Morgan Kaufmann, 2011.

[23] 李晓梅, 蒋增荣. 并行算法[M]. 长沙: 湖南科学技术出版社, 1992.

第 5 章

GPU的优化方法

GPU（Graphics Processing Unit）是当前高性能计算的重要加速部件，而且在手机、自动驾驶等嵌入式领域中也得到了广泛应用。与 CPU 相比，GPU 中集成了更多的计算部件，可以提供更为强大的计算能力，适合于计算密集型应用。在实际应用中，CPU 和 GPU 相互结合，互为补充，形成异构计算系统。

5.1 节和 5.2 节分别介绍了 GPU 体系结构的特点和基本编程方法，5.3 节将介绍 GPU 程序优化的基本方法，5.4 节将介绍 GPU 软件优化的若干实例。

5.1　GPU 体系结构

目前，GPU 可以分为计算型、消费型和嵌入式型三大类。计算型 GPU 的典型代表是 Nvidia 公司的 P100 和 V100，广泛应用于超级计算机系统。消费型 GPU 往往为一般用户的独立显卡，主要分为 Nvidia 公司的 GTX 系列和 AMD 公司的 Vega 系列，应用于 PC 机。嵌入式型 GPU 主要包括 ARM 公司研制的手机核心芯片中的 Mali 系列加速部件，以及 Nvidia 公司研制的面向自动驾驶领域的 Drive AGX 系列等。

5.1.1　面向吞吐率优化的异构计算

CPU 和 GPU 的设计思路不同，前者面向延迟优化，后者面向吞吐率优化。CPU 芯片一半以上的晶体管用于 Cache，以平滑 CPU 和主存之间的访问延迟差距，与此同时 CPU 核提供了超标量、多级流水线等复杂的控制机制，以开发指令级并行性，尽可能减少程序运行的延迟。

在 GPU 中，大部分晶体管都用于算术逻辑单元（ALU），而且 GPU 的处理器核较 CPU 简单很多，集成了数以千计的核。由于没有大容量 Cache 的支持，GPU 访问片外存储器的延迟很高，这使得 GPU 的体系结构、软件编程模型和应用算法等必须能容忍高延迟的存储器访问。在体系结构方面，GPU 上提供了大容量的寄存器文件和局部存储器，尽可能减少对主存的访问。在软件编程模型方面，GPU 软件需要使用大量的线程，通过线程级并行性方法来掩盖访问显存的高延迟。GPU 上每个线程执行的功能都较为简单，而且执行延迟也比较高，但是数以万计的线程采用了细粒度并行方法，可以大幅度提升计算系统的吞吐率。

在 CPU 和 GPU 共同构成的异构计算系统中，CPU 扮演控制者的角色，GPU 扮演计算加速部件的角色。软件的主要控制流程、I/O 操作都在 CPU 软件上完成，计算密集型的部分则在 CPU 软件的控制下，将数据从 CPU 内存传入 GPU，由 GPU 上的程序完成计算工作。计算完成后，再将结果返回 CPU 的内存中，如图 5-1 所示。

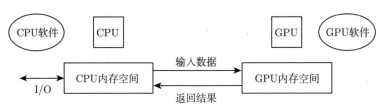

图 5-1 CPU 和 GPU 共同构成的异构计算过程

在计算型和消费型系统中，GPU 和 CPU 往往使用不同的内存空间，两者通过 PCIe 的总线系统交换数据。在嵌入式的 GPU 系统中，GPU 和 CPU 往往集成在一颗 SoC 芯片中，两者具有相同的地址空间。

5.1.2 GPU 总体结构

Fermi 架构 GPU 的总体结构[1] 如图 5-2a 所示，Fermi 架构的核心计算单元为 16 个**流多处理器**（Streaming Multiprocessor，SM）。除此以外，芯片内还包含了二级 Cache，通过存储器访问接口访问显存，通过 PCIe 接口和主 CPU 进行通信。

一个 SM 中包含了多个**流处理器**（Streaming Process，SP）、指令 Cache、纹理 Cache、共享存储器（Shared Memory）或 L1 Cache、用于单精度浮点超越函数计算的特殊功能部件（SFU）、庞大的寄存器文件（一般为 64K 个 32 位寄存器）等，如图 5-2b 所示。在一个 SM 中，数千个线程可以同时执行，每个线程最多可以使用 255 个寄存器，线程的局部变量往往可以分配在寄存器文件中，减少访问显存的压力。

Nvidia 公司的 GPU 历经多代产品，其基本单位依然是 SM，只是每个 SM 中包含的计算部件有所变化，如表 5-1 所示[2-3]。计算能力相同的 GPU 具有相同结构的 SM，计算能力相同但型号不同的 GPU 具有不同数量的 SM。以 RTX 3080Ti 为例，它包括了 6 组 GPC 单元，每组 GPC 拥有 10 个 SM 单元，共 60 个 SM 单元，10,240 个 CUDA 核。

5.1.3 SIMT 机制

GPU 中采用 SIMT（Single Instruction Multi Thread，单指令多线程）机制。在一个 SM 中，32 个线程被组织成一个 Warp，构成线程调度的基本单位。在每个周期中，

SM 的指令调度部件将选择一个其所有线程都处于就绪状态的 Warp 提交给执行部件执行。同一 Warp 中的所有线程具有同样的 PC，并且执行相同的指令。同一个 Warp 中的所有线程虽然执行同样的指令，但是不同线程数据寄存器中的内容不同，其完成的实际计算也不相同。如果一个 Warp 中的线程因为访存等原因被阻塞，GPU 将执行其他 Warp 的指令，从而掩盖被阻塞 Warp 的延迟，提高 GPU 的资源利用率。在图 5-3 中，第 8 个 Warp 的第 11 条指令是一条长延迟的访存指令。在该指令执行后，其他处于就绪状态的 Warp 将被执行（例如第 3 个 Warp 的第 95 条指令），以掩盖第 8 个 Warp 的访存指令带来的延迟。当第 8 个 Warp 的第 11 条指令执行结束后，该 Warp 又重新处于就绪状态，并且执行后续的第 12 条指令。

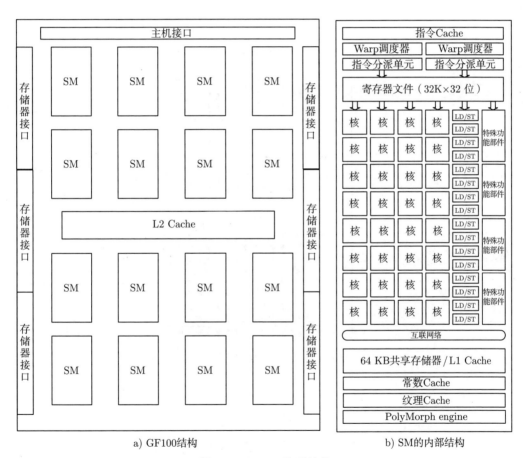

a) GF100结构　　　　　　　　　　　b) SM的内部结构

图 5-2　GF100 体系结构

　　在执行条件分支指令时，一个 Warp 中的线程可能会因为自身数据不同，选择不同的分支方向并执行不同的路径。在 SIMT 机制中，将先执行一条分支的路径（如图 5-4 所示的 True 路径），同时屏蔽不在这个分支路径上的线程，当执行到两个分支的聚合点时再执行另外一条分支的路径（如图 5-4 所示的 False 路径），并同样屏蔽不在此分支路径上的线程。由此可见，如果同一个 Warp 中的线程需要执行不同的路径，则条件分支指令将严重影响 GPU 软件的性能。

表 5-1　Nvidia 公司的 GPU 型号以及一个 SM 中包含的计算部件

代号	计算能力	典型 GPU 卡	SM 中的功能部件
Ampere	8.x	A100、GTX 3080	64 个 FP32 核，32 个 FP64 核，64 个 INT32 核，4 个第三代混合精度张量核，16 个特殊功能部件
Volta	7.x	V100、GTX 2080	64 个 FP32 核，32 个 FP64 核，64 个 INT32 核，8 个混合精度张量核，16 个特殊功能部件
Pascal	6.x	P100、GTX 1080	64(6.0) 或 128(6.1 和 6.2) 个 CUDA 核，16(6.0) 或 32(6.1 和 6.2) 个特殊功能部件
Maxwell	5.x	M60、GTX 980	128 个 CUDA 核，32 个特殊功能部件
Kepler	3.x	K80、GTX 780M	192 个 CUDA 核，32 个特殊功能部件

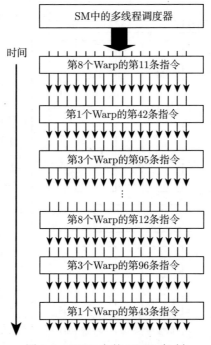

图 5-3　GPU 中的 SIMT 机制

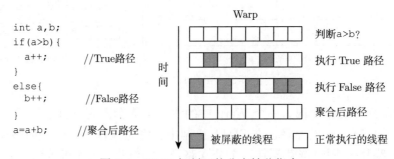

图 5-4　SIMT 机制下的分支转移指令

　　SIMT 以一组线程（Warp）为单位并行执行同一条指令，而 SIMD 是用一条指令并行操作多个通道的数据。SIMT 类型程序按照标量方式描述程序，每个线程的操作对应一个数据通道，而 SIMD 程序需要在一条指令中同时操作多个数据通道。

5.1.4　存储器结构

GPU 的存储器结构比较复杂，分为寄存器文件、常数存储器、纹理存储器、共享存储器、Cache、全局存储器等不同部分。

常数存储器（最大不超过 64KB）和纹理存储器在程序运行前设置为只读数据，在程序运行过程中不能改变。如果只读数据容量超过 64KB，则可以使用一维、二维或者三维纹理存储器。每个 SM 均包含这两种存储器的 Cache，其中常数存储器 Cache 的容量为 4~8KB，纹理存储器 Cache 的容量达到 12~192KB。

每个 SM 中都包含了一个容量为 48~164KB（取决于不同的 GPU 型号）的共享存储器，该类存储器主要用于同一个 SM 上同一个块内不同线程之间的数据交换。共享存储器的数据组织和操作需要软件控制，充分利用共享存储器对于提升 GPU 软件性能具有重要影响。

GPU 计算系统中的全局存储器一般指 GPU 上的显存。早期的显存采用了 GDDR5 存储器，可以提供 384 位的存储器接口。现代 GPU 采用了 HBM（High Bandwidth Memory），存储器接口达到了 4096 位（P100），存储器访问带宽超过 384GB/s。GPU 的 Cache 分为两个层次，其中每个 SM 的共享存储器可以配置为 L1 Cache，整个 GPU 芯片提供 3~4MB 容量的 L2 Cache。

5.2　GPU 基本编程方法

GPU 的编程方法主要有以下几种。

- ❏ 由 Nvidia 公司研发的 CUDA 编程模型和支撑环境。CUDA 的编程环境较为完备，使用方便，但是仅能用于 Nvidia 公司的 GPU 产品。
- ❏ 通用的开放编程模型 OpenCL。该编程模型和框架的使用较为复杂，但是得到了 Nvidia、AMD、ARM、Intel、Xilinx 等厂商的支持。
- ❏ 面向异构计算的 OpenACC 标准。该标准采用了编译制导方法，将传统串行程序中的部分计算由编译器自动完成转化为异构加速部件上的计算。

CUDA 和 OpenCL 是当前广泛使用的两种 GPU 编程方法，其中 CUDA 仅可以用于 Nvidia 公司的 GPU，OpenCL 可以广泛应用 Nvidia、AMD、ARM、Intel 等公司提供的多种硬件平台，两者有很多地方是相近的。

5.2.1　线程的组织结构

在 CUDA 编程模型中，线程组织分为块和网格两个层次，其中一个块最多包含 1024 个线程，网格则可以包含多个块。使用 CUDA 扩展的 dim3 数据类型可以描述为一维、二维或三维的块或网格。

程序示例 5.1 说明了一种 GPU 线程的组织方式。其中，块为二维结构，每个块中

包含了 $16\times16{=}256$ 个线程；网格为二维结构，采用了 $N/16 \times N/16 = 64 \times 64$ 的结构，共计 4096 个块，2^{20} 个线程。每个线程恰好与 1024×1024 矩阵中的每个元素一一对应。

```
#define N 1024
dim3 threadsPerBlock(16, 16);    //块中的线程组织
dim3 numBlocks(N/16, N/16);      //网格中块的组织
//GPU上每个线程对应的矩阵元素(x0,y0)
x0=blockDim.x*blockIdx.x+threadIDx.x;
y0=blockDim.y*blockIdx.y+threadIDx.y;
```

程序示例 5.1　线程的一种组织方式

CUDA 中通过以下内建变量标识 GPU 上的线程。

- ❏ blockIdx 和 threadIdx 标识线程所在块的编号和在块中的编号（都是从 0 开始递增编号）。通过 blockIdx.x 和 blockIdx.y 获得每个块的 x 坐标和 y 坐标，通过 threadIdx.x 和 threadIdx.y 可以获得一个线程在块中的 x 坐标和 y 坐标。
- ❏ gridDim 和 blockDim 可以返回块和网格的维度大小。gridDim.x 和 gridDim.y 分别表示网格的 x 和 y 维度大小，blockDim.x 和 blockDim.y 表示了块的 x 和 y 维度大小。

在程序示例 5.1 所说明的线程结构中，一个 GPU 线程在块中的 x 和 y 坐标均处于 0 到 15 之间，一个块在网格中的 x 和 y 坐标均处于 0 到 63 之间。blockDim.x 和 blockDim.y 均为 16，gridDim.x 和 gridDim.y 均为 64。通过这些参数可以计算出每个线程所对应矩阵中的 x 和 y 坐标 (x_0, y_0)。

OpenCL 中也有类似的线程组织层次关系，其中工作项（work item）对应于 CUDA 中的线程，工作组（work group）对应于 CUDA 中的块。OpenCL 中通过下述内建函数获得线程标识。

- ❏ get_global_id(d) 和 get_local_id(d) 标识第 d 维度的块编号和块中第 d 维度的编号，其中 $0 \leqslant d < 3$。
- ❏ get_global_size(d) 和 get_local_size(d) 分别标识网格和块层次的第 d 维度全局标号。

get_local_id(0) 等价于 threadIdx.x，get_local_size(0) 等价于 blockDim.x，但是 get_global_id(0) 等价于 blockIdx.x*blockDim.x+threadIdx.x，get_global_size(0) 等价于 gridDim.x*blockDim.x。

5.2.2　GPU 函数说明

通过特殊关键字标识 GPU 上运行的函数供编译器识别，以调用 GPU 编译器形成 GPU 的代码。表 5-2 给出了 CUDA 和 OpenCL 的 GPU 函数说明方法。

在 CUDA 中，使用 kernel< < <grid, block> > >(inputs) 扩展的 C 语言关键字启动 GPU 函数，如程序示例 5.2 所示。其中 kernel 为 CPU 调用的 GPU 入口函数，grid 和 block 为线程的组织方式，inputs 为 GPU 函数的输入参数列表。

表 5-2　CUDA 和 OpenCL 的 GPU 函数说明关键字

CUDA	OpenCL	说明
__global__	__kernel	在 GPU 上执行，由主机程序调用，无返回
__device__	__kernel	在 GPU 上执行，由 GPU 程序调用
__host__		在主机上执行

```
kernel<<<Dg, Db, Ns, S >>>(args);
//Dg: dim3类型，指定网格结构
//Db: dim3类型，指定块结构
//Ns: size_t类型，指定每个块中动态需要的共享内存字节数，默认为0
//S:  cudaStream_t类型，关联的流，默认为0
//kernel: GPU函数入口，<<<和>>>是CUDA扩展C语言的关键字（用于说明线程结构）
//args: GPU函数的入口参数列表
```

程序示例 5.2　CUDA 的启动

OpenCL 需要将内核函数加入命令队列以启动 GPU 程序，其函数说明如程序示例 5.3 所示。

```
cl_int clEnqueueNDRangeKernel(cl_command_queue command_queue, //命令队列
    cl_kernel kernel,                //内核函数
    cl_uint work_dim,                //线程组维度，大于0，小于或等于3
    const size_t *global_work_offset, //NULL
    const size_t *global_work_size,   //指向线程组维度结构数组
    const size_t *local_work_size,    //工作组内的线程结构
    cl_uint num_events_in_wait_list,  //程序启动前需要等待的事件数量
    const cl_event *event_wait_list,  //程序启动前需要等待的事件数组指针
    cl_event *event                   //程序结束后产生的事件，NULL表示无返回事件
);
//如果该函数执行正确，则返回CL_SUCCESS，否则返回对应的错误码
```

程序示例 5.3　OpenCL 的 clEnqueueNDRangeKernel

5.2.3　存储器管理以及与主机的数据交换

GPU 的全局存储器由主机程序完成管理，主要包括全局存储器的申请和释放、主机内存和全局存储器之间的数据传输。CUDA 使用程序示例 5.4 所示的接口实现全局存储器的分配、设置、释放以及 CPU 内存和 GPU 全局存储器之间的数据交换。需要注意的是，cudaMemcpy() 为阻塞调用，只有在前面的 CUDA 调用完成后才能启动 GPU 到 CPU 的数据复制，在数据复制完成前 CPU 线程将一直阻塞。CUDA 中主机程序向 GPU 程序传递参数时，只需要在调用 kernel 时传递对应的全局存储器指针或者变量即可。

```
//分配nbytes的内存，结果存储在pointer中
cudaMalloc (void ** pointer, size_t nbytes);

//将pointer指向的内存空间的count个值设置为value
cudaMemset (void * pointer, int value, size_t count);

//释放pointer指向的内存空间
```

```
cudaFree (void* pointer);

//存储器复制
cudaMemcpy(void *dst,   //目的地址
    void *src,                //源地址
    size_t nbytes,            //需要复制的字节数
    enum cudaMemcpyKind direction   //传输方向，包含三种定义：
        //cudaMemcpyHostToDevice: 主机内存到GPU全局存储器
        //cudaMemcpyDeviceToHost: GPU全局存储器到主机内存
        //cudaMemcpyDeviceToDevice: GPU全局存储器内部
);
```

程序示例 5.4   CUDA 中的全局存储器管理

OpenCL 中全局存储器主要有缓冲对象（Buffer Object）、图像（Image）和采样器（Sampler）三种类型，本文将主要介绍广泛使用的缓冲对象类型。一个缓冲对象是一个一维的数组，其元素可以是标量元素，也可以是向量元素，或者是用户定义的结构。程序示例 5.5 中，clCreateBuffer() 用于创建全局存储器中的缓冲对象，如果其中的参数 host_ptr 不为空，且 flags 包含了 CL_MEM_COPY_HOST_PTR，就可以直接实现 CPU 主存到 GPU 全局存储器的复制。clEnqueueFillBuffer() 和 clReleaseMemObject() 分别实现缓冲对象的填充和释放。

```
//创建缓冲对象
cl_mem clCreateBuffer(
    cl_context context,      //该缓冲对象对应的上下文
    cl_mem_flags flags,      //内存访问标志，
        //CL_MEM_READ_WRITE:GPU程序可读可写
        //CL_MEM_READ_ONLY:GPU程序只读
        //CL_MEM_WRITE_ONLY:GPU程序只写
        //CL_MEM_COPY_HOST_PTR:host_ptr不为NULL时有效，从host_ptr中复制数据到此缓冲对象
    size_t size,             //缓冲的字节数
    void *host_ptr,          //主机内存指针
    cl_int *errcode_ret      //错误代码返回
);
//填充缓冲对象
cl_int clEnqueueFillBuffer(
    cl_command_queue command_queue, //命令队列
    cl_mem buffer,                  //缓冲对象
    const void *pattern,            //需要填充的模式指针
    size_t pattern_size,            //模式的尺寸
    size_t offset,                  //填充的起始位置，必须是pattern_size的整数倍
    size_t size,                    //填充的字节数，必须是pattern_size的整数倍
    cl_uint num_events_in_wait_list,//需要等待的事件数
    const cl_event *event_wait_list,//需要等待的事件列表
    cl_event *event                 //返回时产生的事件
);
//释放缓冲对象
cl_int clReleaseMemObject(cl_mem memobj); //内存对象
```

程序示例 5.5   OpenCL 的存储器管理

　　程序示例 5.6 中，clEnqueueReadBuffer() 和 clEnqueueWriteBuffer() 分别实现了将 GPU 存储对象读入 CPU 内存和将 CPU 内存数据写入 GPU 存储对象。

```
//从存储对象读入主机内存
cl_int clEnqueueReadBuffer(
    cl_command_queue command_queue,     //命令队列
    cl_mem buffer,                      //缓冲对象
    cl_bool blocking_read,              //CL_TRUE为阻塞读，CL_FALSE为非阻塞读
    size_t offset,                      //缓冲对象中的偏移量
    size_t size,                        //读出的字节数
    void *ptr,                          //主机内存指针
    cl_uint num_events_in_wait_list,    //需要等待收到的事件数
    const cl_event *event_wait_list,    //需要等待的事件列表
    cl_event *event                     //返回时产生的事件
);

//将主机内存写入存储对象
cl_int clEnqueueWriteBuffer(
    cl_command_queue command_queue,     //命令队列
    cl_mem buffer,                      //缓冲对象
    cl_bool blocking_write,             //CL_TRUE为阻塞写，CL_FALSE为非阻塞写
    size_t offset,                      //缓冲对象中的偏移量
    size_t size,                        //写入的字节数
    const void *ptr,                    //主机内存指针
    cl_uint num_events_in_wait_list,    //需要等待收到的事件数
    const cl_event *event_wait_list,    //需要等待的事件列表
    cl_event *event                     //返回时产生的事件
);
```

程序示例 5.6　OpenCL 的数据传输

　　OpenCL 中需要使用 clSetKernelArg() 来为 GPU 函数绑定输入参数，如程序示例 5.7 所示。

```
cl_int clSetKernelArg(
    cl_kernel kernel,        //kernel对象
    cl_uint arg_index,       //参数的次序，从0开始，从左到右依次递增
    size_t arg_size,         //参数值的大小，如果参数为缓冲对象，则为缓冲对象的大小
    const void *arg_value    //指向参数的指针
);
```

程序示例 5.7　OpenCL 的绑定输入参数

　　CUDA 和 OpenCL 分别扩展了关键字用于声明 GPU 全局存储器、共享存储器与常数存储器的变量及常量，如表 5-3 所示。在 CUDA 中，需要使用专门的 API 访问纹理存储器。

5.2.4　GPU 上线程之间的同步

　　GPU 上同一个块内的线程可能会分属于不同的 Warp，实际执行的先后次序无法事先确定。CUDA 和 OpenCL 均提供了同一个块中的线程同步机制。

表 5-3　CUDA 和 OpenCL 中不同存储器类型变量和常量的关键字

CUDA	OpenCL	存储器类型	说明
___device___	__global	全局存储器	所有线程均可访问
___constant___	__constant	常数存储器	所有线程均可访问，只读，总容量不超过 64KB
___shared___	__local	共享存储器	每个块具有一个实例，仅可以由块中的所有线程访问
	__private		每个线程的私有变量

CUDA 中使用 ___syncthreads() 同步同一个块中的线程，即同一个块中的所有线程都需要执行到此调用后，才能继续向下执行，否则先达到的线程需要在此等待。CUDA还提供了对同一个 Warp 中的线程同步的高效操作方法。

OpenCL 中的 barrier(cl_mem_fence_flags flags) 实现类似功能，差别在于 flags 标识可以取 CLK_LOCAL_MEM_FENCE 或者 CLK_GLOBAL_MEM_FENCE，强制等待 barrier() 之前的存储器访问操作全部完成。

CUDA 和 OpenCL 都不直接支持不同块内线程之间的同步，但是提供了针对全局变量等的一系列原子操作函数。例如程序示例 5.8 中，atomicAdd(int* p,int val) 是将全局或者共享存储器中地址为 p 的值读出，并与 val 相加，然后将相加的结果写入 p 指向的内存中，并返回相加后的结果。上述存储器读写操作为原子操作，即如果两个线程同时对一个地址进行原子操作，则只有一个线程执行此读写过程而且不会被其他线程打断。原子操作分为算术操作和逻辑操作两大类，前者主要包括加法、减法、最大值、最小值、交换、递增、递减等，后者主要包括与、或、异或等。

```
//CUDA的原子加
int atomicAdd(int* p, int val);
//OpenCL的原子加
int atom_add (__global int *p, int val);
```

程序示例 5.8　CUDA 和 OpenCL 的原子加

5.2.5　OpenCL 的程序对象和内核对象

程序对象（program object）是一组内核函数的集合，需要和上下文关联在一起。程序对象的操作主要包括创建、释放、构建（编译和链接）、查询等。常见的程序对象创建方式有两种，一种是基于源代码创建，一种是基于二进制代码创建，如程序示例 5.9所示。

```
//基于源代码创建程序对象
cl_program clCreateProgramWithSource(
    cl_context context,      //对应的上下文
    cl_uint count,           //用于创建的string的指针数
    const char **strings,    //包含了count个string的指针
    const size_t *lengths,   //每个string的长度
    cl_int *errcode_ret      //错误代码返回
);
//基于二进制代码创建程序对象
cl_program clCreateProgramWithBinary(
```

```
  cl_context context,                //对应的上下文
  cl_uint num_devices,               //设备数
  const cl_device_id *device_list,   //设备列表
  const size_t *lengths,             //每个二进制区域的长度
  const unsigned char **binaries,    //每个二进制区域的指针
  cl_int *binary_status,
  cl_int *errcode_ret                //错误代码返回
);
//释放程序对象
cl_int clReleaseProgram(cl_program program);
```

程序示例 5.9　OpenCL 的程序对象

5.2.6　程序实例

CUDA 程序的运行过程可以分为：

（1）识别 GPU 设备；

（2）在主机上准备输入数据，并在 GPU 全局存储器上分配内存；

（3）将主机输入数据复制到 GPU 全局存储器；

（4）设置 GPU 上的线程结构；

（5）启动 GPU 程序；

（6）将 GPU 上的结果复制回主机存储器，释放 GPU 全局存储器上的内存。

程序示例 5.10 给出了使用 GPU 实现两个向量的加法的过程，其基本思路是每个线程完成向量中一个元素的加法。在 GPU_addv() 函数中，GPU 上的每个线程首先计算出自己对应的向量元素编号，然后完成对应元素的加法操作。主机函数 addv() 中，将首先为两个源向量 a 和 b、结果向量 c 分配全局存储器空间，然后将两个源向量的内容复制到 GPU 全局存储器中。主机程序设置每个块中包含 256 个线程，共 $\lceil n/256 \rceil$ 个块。将向量长度、源向量和结果向量在全局存储器中的指针作为参数传递到 GPU 程序中，并启动 GPU 函数 GPU_addv()。计算完成后，将结果向量从全局存储器传输到主机内存，最后释放 GPU 存储器中的空间。

```
__global__ void GPU_addv(int n, float *a, float *b, float *c){
    int i=blockIdx.x*blockDim.x+threadIdx.x;  //每个线程根据线程号计算数组下标
    if(i<n) c[i]=a[i]+b[i];     //每个线程计算一个元素
}
void addv(int n, float *a, float *b, float *c){
    int nblocks=(n+256)/256;    //计算块的数量
    float *d_a,*d_b,*d_c;       //声明全局存储器上的数组

    //在全局存储器上分配数组空间
    cudaMalloc((void **)&d_a, n*sizeof(float));
    cudaMalloc((void **)&d_b, n*sizeof(float));
    cudaMalloc((void **)&d_c, n*sizeof(float));

    //将输入的a和b数组复制到GPU存储器上
    cudaMemCpy(d_a, a, n*sizeof(float), cudaMemcpyHostToDevice);
```

```
    cudaMemCpy(d_b, b, n*sizeof(float), cudaMemcpyHostToDevice);

    //启动GPU计算，其中每个块包含256个线程，共计有nblocks个块
    GPU_addv<<<nblocks, 256>>>(n, d_a, d_b, d_c);

    //将结果复制回主机存储器c数组
    cudaMemCpy(c, d_c, n*sizeof(float), cudaMemcpyDeviceToHost);
    //释放GPU全局存储器上的空间
    cudaFree(d_a); cudaFree(d_b); cudaFree(d_c);
}
```

程序示例 5.10 　 CUDA 的向量加法

　　OpenCL 版本的向量加法（在线编译）如程序示例 5.11 所示，其设计思路与 CUDA 版本完全相同，但是主机上的控制程序相对复杂一些，主要包括：

　　（1）绑定 OpenCL 平台，获得设备编号；

　　（2）创建上下文（context），以管理相关的内存对象和 GPU 核程序，而且一个或者多个上下文可以关联到同一个硬件设备上；

　　（3）创建命令队列（command-queue），多个队列可以绑定在一个上下文中，而无须同步，在同一个命令队列中的执行将顺序完成；

　　（4）GPU 程序在运行时刻编译，需要创建程序对象，编译程序并提取内核对象（kernel object）；

　　（5）在 GPU 全局存储器中创建源向量和结果向量的缓冲对象，并将源向量内容复制到缓冲对象；

　　（6）绑定输入参数，并将内核对象加入命令队列以启动 GPU 程序；

　　（7）等待命令队列结束；

　　（8）将结果向量的缓冲对象内容复制到主机内存。

　　（9）释放缓冲对象、程序对象、内核对象、命令队列和上下文。

```
#include <stdio.h>
#include <stdlib.h>
#include <math.h>
#include <CL/opencl.h>
//以源代码字符串方式说明的OpenCL程序
const char *kernelSource =                                      "\n" \
"#pragma OPENCL EXTENSION cl_khr_fp64 : enable                  \n" \
"__kernel void vecAdd(const unsigned int n,  __global float *a,\n" \
"                 __global float *b, __global float *c )       \n" \
"{                                                             \n" \
"     //根据线程号计算数组索引                                   \n" \
"     int id = get_global_id(0);                               \n" \
"     //每个线程计算一个元素                                     \n" \
"     if (id < n)  c[id] = a[id] + b[id];                      \n" \
"}                                                             \n" \
void addv(int n, float *a, float *b, float *c){
    cl_mem d_a, d_b, d_c;              //缓冲对象
    cl_platform_id cpPlatform;         //OpenCL平台
    cl_device_id device_id;            //设备ID
```

```
cl_context context;                    //上下文
cl_command_queue queue;                //命令队列
cl_program program;                    //程序
cl_kernel kernel;                      //执行内核
size_t globalSize, localSize;
localSize = 256;                       //每个块中包含256个线程
globalSize = (n+256)/256;              //计算块数量
//绑定平台
err = clGetPlatformIDs(1, &cpPlatform, NULL);
//获取设备ID
err = clGetDeviceIDs(cpPlatform, CL_DEVICE_TYPE_GPU, 1, &device_id, NULL);
//创建上下文
context = clCreateContext(0, 1, &device_id, NULL, NULL, &err);
//创建命令队列
queue = clCreateCommandQueue(context, device_id, 0, &err);
//从源代码创建程序
program = clCreateProgramWithSource(context, 1,
    (const char **) & kernelSource, NULL, &err);
//编译程序
clBuildProgram(program, 0, NULL, NULL, NULL, NULL);
//从程序中提取执行内核
kernel = clCreateKernel(program, "vecAdd", &err);
size_t bytes = n*sizeof(float);    //向量的内存容量
//在GPU全局存储器中创建缓冲对象
d_a = clCreateBuffer(context, CL_MEM_READ_ONLY, bytes, NULL, NULL);
d_b = clCreateBuffer(context, CL_MEM_READ_ONLY, bytes, NULL, NULL);
d_c = clCreateBuffer(context, CL_MEM_WRITE_ONLY, bytes, NULL, NULL);
//将数据从主机存储器复制到GPU全局存储器
err = clEnqueueWriteBuffer(queue, d_a, CL_TRUE, 0, bytes, a, 0, NULL, NULL);
err |= clEnqueueWriteBuffer(queue, d_b, CL_TRUE, 0, bytes, b, 0, NULL, NULL);
//绑定核对应的四个参数
err = clSetKernelArg(kernel, 0, sizeof(unsigned int), &n);
err |= clSetKernelArg(kernel, 1, sizeof(cl_mem), &d_a);
err |= clSetKernelArg(kernel, 2, sizeof(cl_mem), &d_b);
err |= clSetKernelArg(kernel, 3, sizeof(cl_mem), &d_c);
//启动内核
err = clEnqueueNDRangeKernel(queue, kernel, 1, NULL, &globalSize, &localSize, 0,
  NULL, NULL);
clFinish(queue); //等待命令队列结束
//将结果读出到主机存储器
clEnqueueReadBuffer(queue, d_c, CL_TRUE, 0, bytes, c, 0, NULL, NULL );
//释放OpenCL的资源
clReleaseMemObject(d_a);
clReleaseMemObject(d_b);
clReleaseMemObject(d_c);
clReleaseProgram(program);
clReleaseKernel(kernel);
clReleaseCommandQueue(queue);
clReleaseContext(context);
return;
}
```

程序示例 5.11　OpenCL 的向量加法

程序示例 5.12 使用了预先编译方法,减少了在线编译的开销。此时,需要事先将所有 GPU 上的程序集中在.cl 结尾的文件中,然后使用相应的编译器将其编译为.clbin 文件。程序运行时,首先将对应的.clbin 文件读入内存,然后使用 clCreateProgramWithBinary() 创建对应的程序,此时不再需要调用 clBuildProgram() 编译 GPU 程序。

```
char fileName[] = "./kernel.clbin";
fp = fopen(fileName, "r");
if (!fp) {
   fprintf(stderr, "Failed to load kernel.\n");
   exit(1);
}
binary_buf = (char *)malloc(MAX_BINARY_SIZE);
binary_size = fread(binary_buf, 1, MAX_BINARY_SIZE, fp);
fclose(fp);
//基于二进制代码创建程序对象
program = clCreateProgramWithBinary(context, 1, &device_id, (const size_t *)&
   binary_size, (const unsigned char **)&binary_buf, &binary_status, &ret);
```

程序示例 5.12　OpenCL 的程序预先编译

5.3　GPU 程序优化方法

5.3.1　指令吞吐率

与 CPU 程序优化设计一样,应尽量选择吞吐率较高的指令执行。不同 GPU 型号的指令吞吐率如表 5-4[3] 所示。

表 5-4　Nvidia 公司 GPU 中每个 SM 中不同类型计算的吞吐率

代号	计算能力	半精度浮点	单精度浮点	双精度浮点	32 位整数	超越函数	典型 GPU 卡
Ampere	8.x	256	64	32	64	16	A100、GTX 3080
Volta	7.x	128	64	32	64	16	V100、GTX 2080
Pascal	6.x	2/128/256	64/128	32/4	64/128	16/32	P100、GTX 1080
Maxwell	5.x		128	4	128	32	M60、GTX 980
Kepler	3.x		192	64	160	32	K80、GTX 780M

GPU 还提供了精度较低但是延迟更短的超越函数(主要包括三角函数、对数函数和指数函数)硬件指令。这类指令可以通过内嵌原语方式调用,例如 __sinf(x) 即为正弦函数的内嵌语言调用。GPU 中支持由硬件实现的乘加融合指令,但是未提供直接使用这些指令的内嵌原语,需由编译器将相关的乘法和加法操作转换为乘加融合指令。

GPU 上一个 Warp 中不同的线程可以执行不同的程序路径,但是在 SIMT 机制下,一个 Warp 中不同的线程将执行不同的分支路径,会导致整个 Warp 的执行延迟为两个不同路径的延迟之和。在 GPU 程序设计中,应尽可能避免导致同一个 Warp 中不同线程执行不同操作的分支指令。

5.3.2　资源利用率

GPU 中采用了 SIMT 的并行化方法，当一个 Warp 发生阻塞时，需要有足够多处于执行状态的 Warp，以保证 GPU 具有较高的资源利用率。为了掩盖阻塞 Warp 产生的延迟，需要考虑两个方面的方法。

（1）增大计算访存比，即程序中不需要访问全局存储器的计算指令和需要访问片外存储器的指令之间的比例，这取决于问题本身和程序优化设计方法；

（2）在一个 SM 上可以同时运行足够多的 Warp（线程）。

在 SM 上可以运行的 Warp 数量取决于每个线程占用的寄存器数量和线程块需要的共享存储器容量，以及对应 GPU 上 SM 的硬件资源。表 5-5 给出了不同 GPU 中每个 SM 的参数。

表 5-5　Nvidia 公司不同 GPU 中每个 SM 的参数

技术参数	计算能力											
	3.5	3.7	5.0	5.2	5.3	6.0	6.1	6.2	7.0	7.2	7.5	8.0
最大线程块数量	16		32								16	32
最大 Warp 数量	64										32	64
最大线程数量	2048										1024	2048
32 位寄存器数量	64K	128K	64K									
共享存储器容量（KB）	48	112	64	96	64		96	64	96		64	164
常数 Cache 容量	8						4		8			
纹理 Cache 容量	12~48						24~48		32~128		32 或 64	28~192

 在 CUDA 编译环境中，可以使用-ptxas-options=-v 参数查看每个线程占用的资源数量。

在 GPU 程序中，尽可能简化每个线程的代码，减少使用变量的数量，从而减少线程占用的寄存器数量，以提高一个 SM 上可以同时容纳的线程数。

例子 5.1　某 GPU 中一个 SM 包含了 64K 个 32 位寄存器和 64KB 共享存储器。当使用如表 5-6 所示的三种不同线程配置时，一个 SM 能容纳的线程数分别是多少？

答：配置一中，从寄存器角度看，一个线程块需要 64×512=32K 个 32 位寄存器，一个 SM 可以包含的块数为 64K/32K=2；从共享存储器角度看，一个线程块需要占用 8KB 共享存储器，一个 SM 可以包含的块数为 64KB/8KB=4。因此，一个 SM 上能并行执行的块数为两者的最小值，即 2 个线程块，共计 1024 个线程。

配置二中，虽然每个线程需要的 32 位寄存器数量仅比配置一多了 1 个，但由于每个块所需要的寄存器数量达到 33,280 个，因此一个 SM 仅能容纳一个块（512 个线程），导致资源利用率大幅度下降。

与配置二相比，配置三中每个线程占用的寄存器数量没有发生变化，但每个块的线程数较少，使得每个块所占用的寄存器数量减少到 8320。此时，一个 SM 上可以容纳 7

个线程块（占据了 58240 个寄存器和 56KB 的共享存储器），共计 896 个线程，较配置二有较大幅度提高。

表 5-6　三种不同的线程配置

配置	每个线程需要的 32 位寄存器数量	每个块的线程数	每个块占用的共享存储器容量
配置一	64	512	8KB
配置二	65	512	8KB
配置三	65	128	8KB

5.3.3　共享存储器

SM 的共享存储器可以提供高带宽和低延迟的存储器访问，其结构为 32 个 32 位宽度且可并行访问的独立存储器体。一个 Warp 中的 32 个线程可以同时访问共享存储器的不同地址，不同的访存地址模式决定了共享存储器的实际吞吐率，分为以下情况。

- ❑ 如果这 32 个地址分别访问不同的存储器体，则这 32 个存储器体可以并行完成存储器请求，达到最佳的性能。
- ❑ 如果这 32 个地址完全相同，则仅访问一次存储器，将读取的内容广播到各个线程，也可以达到最佳性能。
- ❑ 如果这 32 个地址中的部分或者全部地址映射到一个存储器体上，则会产生体冲突，需要对同一个存储器体进行多次访问才能完成对一个 Warp 的所有存储器访问请求，这将降低共享存储器的吞吐率。

图 5-5 说明了在共享存储器中声明的一个整数类型数组在 32 个存储器体中的数据布局，以及不同程序对这个数组三种不同的访存地址模式。

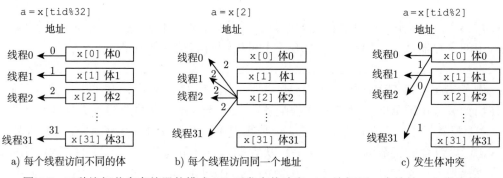

图 5-5　三种访问共享存储器的模式 [a）不发生体冲突；b）访问同一个地址；c）发生体冲突]

在 GPU 程序设计中，常常将全局存储器中常用的数据取到共享存储器中，并在共享存储器中完成计算，这样可以减少全局存储器的访问，充分利用共享存储器的高带宽低延迟特点。

例子 5.2（Stencil 问题） 在一维情况下，输入包括长度为 N 个元素的数组 x 和半径 R，输出是长度为 N 个元素的数组 y，满足 $y[i] = \sum_{i-R \leqslant k \leqslant i+R} x[k]$，设 $x[k] = 0$，$k < 0$ 或 $k \geqslant N$。程序示例 5.13 直接对全局存储器中的输入数组 x 进行计算，每个线程计算一个下标对应的值。由于 x 全部存放在全局存储器中，所以对其访问可能导致很长的延迟。请利用共享存储器提升其性能。

答：使用共享存储器优化的程序如程序示例 5.14 所示，分为三个阶段。

首先，将全局存储器中与本线程块相关的所有数据复制到局部存储器中，每个块需要的数据量为线程数 $+2R$，即将左右两个 R 长度的数据都复制入全局存储器。复制的过程分为两步：第一步中每个线程复制一个元素，第二步中线程块的前 R 个线程复制 x 左右两个方向的 R 个元素。

其次，在线程复制结束后，需要使用 ___syncthreads() 函数设置栅栏，即此块中的所有线程都完成了前述复制工作，才能进行后续的计算。

最后，使用局部存储器中的数据完成计算。

```
__global__ void stencil(int* in, int* out) {
    int globIdx = blockIdx.x * blockDim.x + threadIdx.x;
    int value = 0;
    for (offset = - R; offset <= R; offset++)
        value += x[globIdx + offset];
    y[globIdx] = value;
}
```

程序示例 5.13　未使用共享存储器的 stencil 程序

```
__global__ void stencil(int* in, int* out) {
    __shared__ int shared[BLOCK_SIZE + 2 * R];
    int globIdx = blockIdx.x * blockDim.x + threadIdx.x;
    int locIdx  = threadIdx.x + RADIUS;
    shared[locIdx] = x[globIdx];
    if (threadIdx.x < R) {
        shared[locIdx - R] = x[globIdx - R];
        shared[locIdx + BLOCK_DIMX] = x[globIdx + BLOCK_SIZE];
    }
    __syncthreads();
    int value = 0;
    for (offset = - R; offset <= R; offset++)
        value += shared[locIdx + offset];
    y[globIdx] = value;
}
```

程序示例 5.14　使用共享存储器的 stencil 程序

5.3.4 全局存储器

GPU 中具有容量较小的 L2 Cache，其行大小为 128 字节。当存储器访问指令在 L2 Cache 中命中时，L2 Cache 将一次提供 32 字节的数据。当 L2 Cache 访问全局存储器时，将按照 128 字节对齐的方式访问，并且一次访问全局存储器整个对齐的 128 字节。

当一个 Warp 中的 32 个线程均访问 4 个字节时，全局存储器的访问效率取决于一个 Warp 中 32 个线程所发出的访存地址模式。

- 如果所有的 128 字节均在一个 128 字节的对齐段中，那么不管其访问次序如何，一次存储器操作就可以完成此 Warp 的所有操作。
- 如果所有的 128 字节不在一个 128 字节的对齐段中，则需要多次存储器操作才能完成此 Warp 的操作，将导致全局存储器带宽利用率下降。

当 Warp 中的线程访问 8 字节时，将由两个独立的存储器访问请求实现，每次存储器访问对应于 Warp 中一半的线程。同理，当 Warp 中的线程访问 16 字节时，将由四个独立的存储器访问请求实现。

在一个 Warp 执行非原子存储器访问的写入操作时，如果超过一个线程的写入地址相同，则仅有一个线程可以执行写入操作，而无法定义其他线程的行为。

图 5-6 给出了 128 字节对齐访问和不对齐访问的两种情况。在 128 字节对齐的情况中，仅需要 1 次存储器访问就可以完成 32 个地址的访存，存储器带宽的利用率达到100%；在非对齐情况中，需要两次存储器访问才能满足 32 个地址的访存，带宽的利用率仅为 50%。

5.3.5 掩盖主机和 GPU 之间的数据传输延迟

主机和 GPU 之间通过 PCIe 连接，最大数据传输带宽为 16GB/s。在很多应用中，数据传输的开销往往不容忽视。CUDA 中提供了页面锁定内存（page-locked /pinned memory）、异步传输、流等一系列机制以掩盖数据传输延时，同时使得 CPU 和 GPU 可以并行计算。

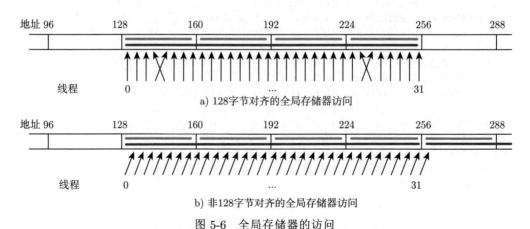

图 5-6　全局存储器的访问

程序通过 cudaHostAlloc() 分配页面锁定内存，通过此方法分配的内存所占用的物理地址将保持固定，可以与 GPU 以更高的数据传输速率交换数据，但是可能会对操作系统的存储器管理带来一定的困难。另外，CUDA 还提供了 cudaMemcpyAsync() 函数实现主机和 GPU 之间的异步数据传输，即该调用启动数据传输后立即返回，而不是等待数据传输结束，相关接口如程序示例 5.15 所示。

```
//申请页面锁定内存
__host__ cudaError_t cudaHostAlloc(void** pHost,//指向主机存储的内存
   size_t size,                              //需要分配的内存大小
   unsigned int flags );                     //cudaHostAllocPortable:为页面锁定内存
//返回:
//cudaSuccess, 申请成功;
//cudaErrorInvalidValue, 错误参数;
//cudaErrorMemoryAllocation, 申请失败

//主机和GPU之间的数据传输
__host__ __device__ cudaError_t cudaMemcpyAsync ( void* dst,//目的地址指针
   const void* src,                          //源地址指针
   size_t count,                             //传输字节数
   cudaMemcpyKind kind,                      //数据传输方向
   cudaStream_t stream = 0 );                //流编号, 默认为0
//返回:
//cudaSuccess, 传输成功
//cudaErrorInvalidValue, 错误参数;
//cudaErrorInvalidMemcpyDirection, 无效存储方向

//创建一个异步流
__host__ cudaError_t cudaStreamCreate ( cudaStream_t* pStream );//流指针

//销毁一个异步流
__host__ __device__ cudaError_t cudaStreamDestroy ( cudaStream_t stream ) ;//流
```

程序示例 5.15　并发 GPU 内核的相关 API

在程序示例 5.16[4] 中，把数据从 CPU 存储器的 a_h 区间复制到 GPU 存储器的 a_d 空间，GPU 上运行的 kernel 程序需要等待数据复制结束后才能执行，但是 cpuFunction() 可以立刻得到执行，从而实现 CPU 程序 cpuFunction() 和 GPU 程序 kernel 的并行执行。需要特别指出的是，cudaMemcpyAsync() 中的主机内存必须是页面锁定内存。

```
cudaMemcpyAsync(a_d, a_h, size, cudaMemcpyHostToDevice, 0);
kernel<<<grid, block>>>(a_d);
cpuFunction();
```

程序示例 5.16　CPU 和 GPU 程序的并行执行

CUDA 还提供了流机制，可以将数据传输分成若干个不同的流，而在 GPU 上运行程序可以依赖于不同的流，从而实现数据传输和 GPU 计算的并发执行。在程序示例 5.17[5] 中，主机需要向 GPU 传输 N 个浮点数，然后在 GPU 上使用 kernel 函数计算。

可以将这 N 个浮点数分解成 nStreams 段，每段对应一个流。在第 i 次循环中，使用异步方式实现主机和 GPU 之间的数据传输，并将其绑定到第 i 个流，GPU 上 kernel 的计算依赖于第 i 个流。由于 cudaMemcpyAsync() 函数的异步特征，在启动传输第 i 段后立刻返回，并将准备传输第 $i+1$ 段数据。在第 i 段数据传输结束后，一方面将启动 GPU 上的 kernel 程序开始计算第 i 段数据，另一方面将启动第 $i+1$ 段的数据传输，从而实现数据传输和 GPU 计算的并行化。

```
size=N*sizeof(float)/nStreams;
for (i=0; i<nStreams; i++) {
    offset = i*N/nStreams;
    cudaMemcpyAsync(a_d+offset, a_h+offset, size, dir, stream[i]);
    kernel<<<N/(nThreads*nStreams), nThreads, 0, stream[i]>>>(a_d+offset);
}
```

程序示例 5.17   掩盖主机和 GPU 数据传输的延迟

5.3.6   动态并行机制

计算能力 3.5 版本以后的 CUDA 提供了动态并行机制，即可以由 GPU 上的程序调用 kernel 函数创建新的 GPU 运行过程。基于此机制，GPU 程序可以在运行时刻根据数据的情况动态地调整并行计算能力，从而避免因将控制权重新传回 CPU，由 CPU 再进行动态调度产生的烦琐过程和额外开销，如程序示例 5.18 所示。

```
//按照流标志创建一个流
__host__ __device__ cudaError_t cudaStreamCreateWithFlags (
    cudaStream_t* pStream, //流指针
    unsigned int  flags ); //流标志
//流标志: cudaStreamDefault, 默认的流创建标志
         cudaStreamNonBlocking, 可以和默认的流并发执行


//阻塞，直至等待设备完成计算
__host__ __device__ cudaError_t cudaDeviceSynchronize ( void );
```

程序示例 5.18   动态并行相关的 CUDA 调用

一个网格中的线程可以使用与主机调用 GPU 程序相同的 kernel< < <grid,block>> >方法来启动新的 CUDA 运行环境，其中包括了新的网格结构、块结构和线程。新创建的 CUDA 运行环境称为子网格、子块和子线程。每个 CUDA 运行环境都可以依赖于特定的流，如果多个子 CUDA 运行环境依赖于同一个流，则它们将按照顺序方式执行，否则可以并行执行。父 CUDA 运行环境可以通过 cudaDeviceSynchronize() 等待子网格运行结束。

父网格和子网格之间共享全局存储器和常数存储器。在共享全局存储器方面，父网格和子网格之间采用了弱一致性存储模型。在程序示例 5.19[3] 中，子网格启动后所见到 data 数组的内容为 data[0]=0,data[1]=1,⋯,data[255]=data[255]。如果去除第一次 __syncthreads()，则由于子网格是由线程 0 启动的，所以只保证 data[0]=0。在子网格结束

后，父网格的线程 0 可以看到子网格对 data 数组的所有修改，但是父网格的其他线程只有在第二次 ___syncthreads() 后才保证能看到 data 数组的所有修改。

```
__global__ void child_launch(int *data) {
    data[threadIdx.x] = data[threadIdx.x]+1;
}
__global__ void parent_launch(int *data) {
    data[threadIdx.x] = threadIdx.x;
    //第一次同步
    __syncthreads();
    if (threadIdx.x == 0) {
        child_launch<<< 1, 256 >>>(data);
        cudaDeviceSynchronize();
    }
    //第二次同步
    __syncthreads();
}
void host_launch(int *data) {
    parent_launch<<< 1, 256 >>>(data);
}
```

程序示例 5.19　父网格和子网格的全局存储器一致性

父网格和子网格分别具有独立的局部存储器和共享存储器，父网格不能使用其局部变量作为向子网格传递的参数。

5.4　GPU 程序实例

5.4.1　矩阵乘法

GPU 上的矩阵乘法 $P = M \times N$ 依然采用分片的思想，即将结果矩阵 P 分为多个子矩阵，每个子矩阵由一个线程块完成，块中的每个线程计算结果子矩阵 P 中的一个元素。矩阵划分如图 5-7 所示，矩阵的长度和宽度均为 Width，子矩阵的长度和宽度均为 TILE_WIDTH。

在程序示例 5.20 中，线程块采用 TILE_WIDTH×TILE_WIDTH 的二维结构，网格采用 Width/TILE_WIDTH×Width/TILE_WIDTH 的二维结构。在调用矩阵乘法的 CUDA 程序 MatrixMulKernel 时，向其传入了线程的组织方式、两个源矩阵（M、N）和结果矩阵 P 在 GPU 上的存储指针，以及矩阵的阶 Width。

程序示例 5.21 描述了每个线程的计算过程。为了提升存储器的访问效率，子矩阵的计算也是采用分片方法，即依次将两个源矩阵中 TILE_WIDTH×TILE_WIDTH 的子矩阵先复制到共享存储器，然后每个线程利用共享存储器中的子矩阵计算结果矩阵中的一个元素。程序中 GetSubMatrix(A,x0,y0,w) 函数用于获得 $w \times w$ 的矩阵 A 中，大小为 TILE_WIDTH×TILE_WIDTH 的子矩阵左上角元素的地址，GetMatrixElement(B,x1, y1) 用于获得全局存储器中子矩阵 B 中坐标为 (x_1, y_1) 的一个元素。

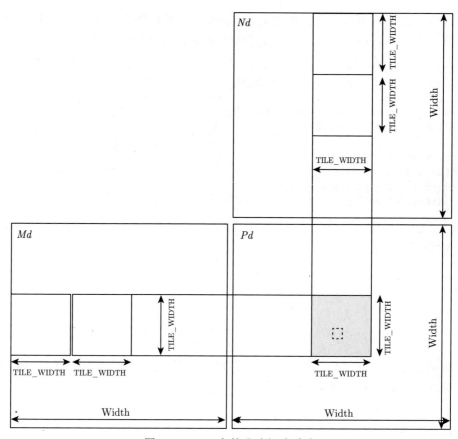

图 5-7　GPU 上的分片矩阵乘法

```
//每个线程块有TILE_WIDTH*TILE_WIDTH个线程
dim3 dimBlock(TILE_WIDTH, TILE_WIDTH);
//有(Width/TILE_WIDTH)*(Width/TILE_WIDTH)个线程块
dim3 dimGrid(Width/TILE_WIDTH, Width/TILE_WIDTH);
//调用GPU函数
//Md, Nd: 源矩阵在GPU上的存储指针
//Pd: 结果矩阵在GPU上的存储指针
//Width: 矩阵的阶
MatrixMulKernel<<<dimGrid, dimBlock>>>(Md, Nd, Pd, Width);
```

程序示例 5.20　矩阵乘法的 CPU 程序

```
__global__ void MatrixMulKernel(double *Md,double *Nd,double *Pd, int Width)
    //获得线程块号
    int bx = blockIdx.x;
    int by = blockIdx.y;
    //获得块内的线程号
    int tx = threadIdx.x;
    int ty = threadIdx.y;

    //Pvalue: 线程计算完成后的子矩阵元素——自动变量
```

```
float Pvalue = 0;
//循环，遍历M和N的所有子矩阵
for (int m = 0; m < Width/TILE_WIDTH; ++m) {
    //获取指向当前矩阵M子矩阵的指针Msub，获取第(x, y)号子矩阵的起始地址
    //GetSubMatrix()的定义: Md + y*TILE_WIDTH*Width + x*TILE_WIDTH;
    Float* Mdsub = GetSubMatrix(Md, m, by, Width);
    //获取指向当前矩阵N的子矩阵的指针Nsub
    Float* Ndsub = GetSubMatrix(Nd, bx, m, Width);

    //共享存储器空间声明
    __shared__float Mds[TILE_WIDTH][TILE_WIDTH];
    __shared__float Nds[TILE_WIDTH][TILE_WIDTH];
    //每个线程载入M的子矩阵的一个元素
    //GetMatrixElement()的定义: *(Mdsub+ty*Width+tx);
    Mds[ty][tx] = GetMatrixElement(Mdsub, tx, ty);
    //每个线程载入N的子矩阵的一个元素
    Nds[ty][tx] = GetMatrixElement(Ndsub, tx, ty);
    //同步，在计算之前，确保子矩阵所有的元素都已载入共享存储器中
    __syncthreads();

    //每个线程计算线程块内子矩阵中的一个元素
    for (int k = 0; k < TILE_WIDTH; ++k)
        Pvalue += Mds[ty][k] * Nds[k][tx];
        //同步，确保重新载入新的M和N子矩阵数据前，上述计算操作已全部完成
        __syncthreads();
};
```

程序示例 5.21　矩阵乘法的 CUDA 程序

每个线程块内应该有较多的线程，以提高计算访存比。当 TILE_WIDTH=16 时，一个块中有 $16 \times 16 = 256$ 个线程。一个 1024×1024 大小的 Pd 矩阵有 $64 \times 64 = 4096$ 个线程块。每个线程块从全局存储器将矩阵 M 和 N 的子矩阵读入局部存储器时，需要从全局存储器中读出 $2 \times 256 = 512$ 个单精度浮点数。完成 16×16 的矩阵乘法需要 $256 \times (2 \times 16) = 8192$ 次浮点计算。在此配置下，浮点计算与全局存储器读出操作的比例达到 16:1。

5.4.2　LU 分解

矩阵的 LU 分解是线性代数计算中常见问题。它将一个 $N \times N$ 的矩阵 A 分解为下三角矩阵 L 和上三角矩阵 U 的乘积。可以使用分片的方式实现 LU 分解，如式 (5.1) 所示，其中 A_{11} 是一个 $N_b \times N_b$ 的矩阵，下三角矩阵 L_{11} 和上三角矩阵 U_{11} 是矩阵 A_{11} 的 LU 分解，即 $A_{11} = L_{11} U_{11}$，且 $N_b < N$。

$$\begin{pmatrix} A_{11} & A_{12} \\ A_{21} & A_{22} \end{pmatrix} = \begin{pmatrix} L_{11} & 0 \\ L_{21} & L_{22} \end{pmatrix} \begin{pmatrix} U_{11} & U_{12} \\ 0 & U_{22} \end{pmatrix} \tag{5.1}$$

由 $A_{12} = L_{11} U_{12}$，$A_{21} = L_{21} U_{11}$，可以求出 $U_{12} = L_{11}^{-1} A_{12}$ 和 $L_{21} = A_{21} U_{11}^{-1}$。

易见，$L_{22}U_{22} = A_{22} - L_{21}L_{12}$。可对矩阵 $A_{22} - L_{21}L_{12}$ 进行 LU 分解得到 L_{22} 和 U_{22}，且分解的结果并不影响已经得到的 L_{11}、U_{11}、L_{21} 和 U_{12}。这样，一个 $N \times N$ 矩阵的 LU 分解就降低为 $(N - N_b) \times (N - N_b)$ 矩阵的分解。对矩阵 $A_{22} - L_{21}U_{21}$ 的 LU 分解依然可以采用这样的方法降低矩阵的阶，直至最终的矩阵足够小。

CPU 比较容易实现小规模矩阵的 LU 分解和求逆操作，GPU 比较适合大规模的矩阵乘法操作，两者协作完成上述分片式 LU 分解。设置 N_b 较小（例如 32 或 64），CPU 完成的工作见图 5-8b，GPU 完成的见图 5-8c 和图 5-8d，即 CPU 完成 A_{11} 的 LU 分解得到 L_{11} 和 U_{11}，并求逆得到 L_{11}^{-1} 和 U_{11}^{-1}。将 L_{11}^{-1} 和 U_{11}^{-1} 传入 GPU 后，由 GPU 完成 $L_{21} = A_{21}U_{11}^{-1}$、$U_{12} = L_{11}^{-1}A_{12}$ 和 $A_{22} - L_{21}U_{12}$。然后，将 $A_{22} - L_{21}U_{12}$ 左上角的 $N_b \times N_b$ 子矩阵传输到 CPU，由 CPU 对其进行下一步的 LU 分解。执行流程如图 5-9 所示。在这种工作模式下，CPU 和 GPU 交替工作，并没有充分地发挥 CPU 和 GPU 之间的并行性。

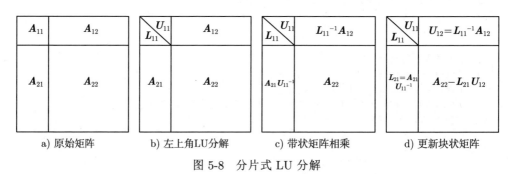

a) 原始矩阵　　　b) 左上角LU分解　　　c) 带状矩阵相乘　　　d) 更新块状矩阵

图 5-8　分片式 LU 分解

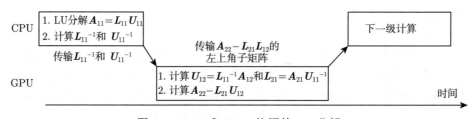

图 5-9　CPU 和 GPU 协同的 LU 分解

在 Look Ahead 方法中，将矩阵 L_{21}、U_{12} 和 A_{22} 进一步划分，如图 5-10 所示。CPU

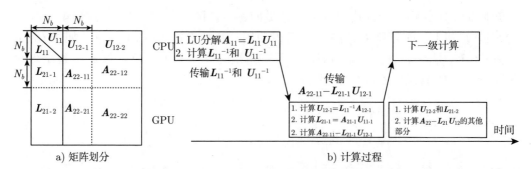

a) 矩阵划分　　　　　　　　　　b) 计算过程

图 5-10　Look Ahead 方法的矩阵划分和计算过程

下一步计算依赖于 $A_{22} - L_{21}L_{12}$ 左上角 $N_d \times N_d$ 的子矩阵。该子矩阵等于 $A_{22\text{-}11} - L_{21\text{-}1}U_{12\text{-}1}$，可以在 GPU 中首先计算这个部分并提交给 CPU，使得 CPU 对这个部分的 LU 分解可以与 GPU 上的计算并行。在 N 远大于 N_b 的情况下，GPU 计算 $A_{22} - L_{21}U_{12}$ 其他部分的时间将远大于计算 $A_{22\text{-}11} - L_{21\text{-}1}U_{12\text{-}1}$ 的时间，可以掩盖 CPU 下一级计算的 LU 分解和小矩阵求逆的时间，从而实现 CPU 和 GPU 的并行计算。

5.5 扩展阅读

Nvidia 公司在 GPU 领域占据着主导地位。早期的 GF6800 中 [6] 包含了用于图形处理的像素处理器、分割处理器等多种类型专用处理器。2008 年推出的 GeForce 8800 [7] 采用了统一的流处理器来完成多种图形计算，并建立了 CUDA 编程模型，使得 GPU 从专用图形计算步入了通用计算的领域。2010 年推出的 Fermi GPU [8] 在通用计算和图形计算上均展现出良好的性能，已经开始在高性能计算领域得到广泛应用。在 2017 年推出的 Pascal GPU [9] 中，引入了高带宽存储器（HBM, High Bandwidth Memory）及多个块 GPU 卡直接互联的 NVLink 技术。2020 年的 Turing GPU [10] 中增强了光线追踪、机器学习等计算能力。

由 CPU 和 GPU 构成的异构计算系统已经成为当前高性能计算机的重要组成。2021 年 11 月，全球性能最强的 10 台超级计算机中有 7 台使用了 CPU+GPU 的结构，其中美国的 Summit 和 Sierra、德国的 JUWELS Booster Module 和意大利的 HCP5 使用了 V100 GPU，美国的 Perlmutter、Selene 和 Voyager-EUS2 使用了 A100 GPU。

科学计算 [11] 是 GPU 应用最为典型的领域。在计算化学、流体力学、结构分析等高性能计算领域，GPU 已经在很多应用软件中得到广泛应用 [12]。机器学习 [13-14] 和图像处理 [15] 也是 GPU 应用中非常活跃的领域。GPU 也广泛应用于数据库系统 [16-17]、图形计算 [18]、离散优化 [19] 等非数值计算领域。GPU 的应用越来越方便，很多领域的应用软件和计算库在内部使用了 GPU，使得用户不需要直接对 GPU 编程。

Kirk 所著的 *Programming Massively Paraallel Processors* [20] 是一本很好的 GPU 编程指导教材。GPU 程序的性能优化需要仔细阅读和分析 Nvidia 公司提供的 CUDA 程序设计指南 [3]。在 GPU 程序设计中，不同的程序优化方法 [21] 具有显著的性能和功耗差距。在 CPU 和 GPU 构成的异构计算系统中 [22]，根据 CPU 和 GPU 不同的特点合理调度任务是提升异构计算系统性能的重要方法。

5.6 习题

习题 5.1 某 GPU 程序中每个线程需要的 32 位寄存器数量为 32 个，每个块所需要的共享存储器容量为 12KB，并包含了 256 个线程。请问在 Ampere 和 Volta 两种 GPU 结构上，每个 SM 可以容纳的块数量和线程数量分别是多少？

5.7 实验题

实验题 5.1（GPU 矩阵乘法） 请参考 5.4.1 节内容，设计一个 GPU 上运行的 4096×4096 单精度矩阵乘法程序，其中矩阵的初始化在 CPU 上完成，并与实验题 4.5 中矩阵乘法的性能相比较。

实验题 5.2（GPU BMP 图像卷积） 请按照实验题 3.5 的要求，实现在 GPU 上完成图像二维卷积的程序。

（1）CPU 负责读入 BMP 图像和卷积核，在 GPU 上实现一张图像的二维卷积，并将得到的图像输出到文件中。

（2）CPU 的内存中包括多张 BMP 图像和一个卷积核，请使用 5.3.5 节描述的流机制，实现输入图像从 CPU 传输到 GPU 的传输、GPU 卷积计算、输出图像从 GPU 到 CPU 的传输这三个操作的并行执行。

（3）对比实验题 3.5 的性能，并分析第 2 步实验中数据传输的延迟是否能被计算延迟掩盖。

参考文献

[1] WITTENBRINK C M, KILGARIFF E, PRABHU A. Fermi GF100 GPU architecture[J/OL]. IEEE Micro, 2011, 31(2): 50-59. DOI: 10.1109/mm.2011.24.

[2] CORP. N. GPU 计算能力 [EB/OL]. https://developer.nvidia.com/zh-cn/cuda-gpus#compute.

[3] NVIDIA CORP. Cuda C++ programming guide v11.0[EB/OL]. 2020. [2023-10-27] https://docs.nvidia.com/cuda/index.html.

[4] NVIDIA CORP. Cuda c++ best practices guide[EB/OL]. 2020. https://zhuanlan.zhihu.com/p/542531023.

[5] MANCA E, MANCONI A, ORRO A, et al. CUDA-quicksort: an improved GPU-based implementation of quicksort[J/OL]. Concurrency and Computation: Practice and Experience, 2015, 28(1): 21-43. DOI: 10.1002/cpe.3611.

[6] MONTRYM J, MORETON H. The geforce 6800[J/OL]. IEEE Micro, 2005, 25(2): 41-51. DOI: 10.1109/MM.2005.37.

[7] LINDHOLM E, NICKOLLS J, OBERMAN S, et al. Nvidia tesla: A unified graphics and computing architecture[J/OL]. IEEE Micro, 2008, 28(2): 39-55. DOI: 10.1109/MM.2008.31.

[8] WITTENBRINK C M, KILGARIFF E, PRABHU A. Fermi gf100 GPU architecture[J/OL]. IEEE Micro, 2011, 31(2): 50-59. DOI: 10.1109/MM.2011.24.

[9] FOLEY D, DANSKIN J. Ultra-performance pascal GPU and nvlink interconnect[J/OL]. IEEE Micro, 2017, 37(2): 7-17. DOI: 10.1109/MM.2017.37.

[10] BURGESS J. Rtx on‐the nvidia turing gpu[C/OL]// 2019 IEEE Hot Chips 31 Symposium (HCS). 2019: 1-27. DOI: 10.1109/HOTCHIPS.2019.8875651.

[11] AL-MOUHAMED M A, KHAN A H, MOHAMMAD N. A review of CUDA optimization techniques and tools for structured grid computing[J/OL]. Computing, 2019, 102(4): 977-1003. DOI: 10.1007/s00607-019-00744-1.

[12] ADDISON SNELL L S. Hpc application support for gpu computing[EB/OL]. 2017. [2023-10-27]. https://www.nvidia.com/content/intersect-360-HPC-application-support.pdf.

[13] BHARGAVI K, BABU B S. Accelerating the big data analytics by gpu-based machine learning: A survey[C]// RAO N S, BROOKS R R, WU C Q. Proceedings of International Symposium on Sensor Networks, Systems and Security. Cham: Springer International Publishing, 2018: 63-83.

[14] LU Y, ZHU Y, HAN M, et al. A survey of GPU accelerated SVM[C/OL]// Proceedings of the 2014 ACM Southeast Regional Conference on - ACM SE '14. ACM Press, 2014. DOI: 10.1145/2638404.2638474.

[15] SHI X, ZHENG Z, ZHOU Y, et al. Graph processing on GPUs[J/OL]. ACM Computing Surveys, 2018, 50(6): 1-35. DOI: 10.1145/3128571.

[16] BRESS S, HEIMEL M, SIEGMUND N, et al. Gpu-accelerated database systems: Survey and open challenges[M/OL]. Berlin, Heidelberg: Springer Berlin Heidelberg, 2014: 1-35. https://doi.org/10.1007/978-3-662-45761-0_1.

[17] DHIRENDRA PRATAP SINGH I J J C. Survey Of GPU Based Sorting Algorithms[J]. International Journal of Parallel Programming, 2018, 46: 1017-1034.

[18] TRAN H N, CAMBRIA E. A survey of graph processing on graphics processing units[J/OL]. The Journal of Supercomputing, 2018, 74(5): 2086-2115. DOI: 10.1007/s11227-017-2225-1.

[19] SCHULZ C, HASLE G, BRODTKORB A R, et al. GPU computing in discrete optimization. part II: Survey focused on routing problems[J/OL]. EURO Journal on Transportation and Logistics, 2013, 2(1-2): 159-186. DOI: 10.1007/s13676-013-0026-0.

[20] KIRK D. Programming Massively Parallel Processors : A Hands-On Approach[M]. Burlington: Morgan Kaufmann Publishers, 2010.

[21] COPLIN J, BURTSCHER M. Effects of source-code optimizations on GPU performance and energy consumption[C/OL]// Proceedings of the 8th Workshop on General Purpose Processing using GPUs - GPGPU 2015. ACM Press, 2015. DOI: 10.1145/2716282.2716292.

[22] MITTAL S, VETTER J S. A survey of CPU-GPU heterogeneous computing techniques[J/OL]. ACM Computing Surveys, 2015, 47(4): 1-35. DOI: 10.1145/2788396.

第 6 章

面向对象程序设计语言的优化方法

以 C++ 和 Java 语言为代表的面向对象程序设计语言广泛应用于大型软件系统。6.1 节将简要介绍 C++ 的语言特征和性能优化方法，6.2 节将介绍 Java 语言的运行原理及其优化机制，6.3 节介绍垃圾回收的机制。

6.1 C++ 的性能优化

6.1.1 C++ 实现简介

1. 方法调用

C++ 语言支持封装、继承、多态等多种面向对象特征，其中封装和继承特征在编译时刻就可以完全实现，并没有显著的运行开销，但是多态特征需要在运行时刻实现。多态的核心机制是在父类中声明虚函数，且在一个或者多个子类中采用不同的方式实现父类声明的虚函数。在运行时刻从父类的角度调用虚函数时，将由子类的类型决定具体的虚函数实现。

C++ 中的对象是类的一个实例。在对应类没有虚函数时，其占用的内存与 C 语言中包含相同数据成员的 struct 结构完全相同。在类有虚函数时，类的存储空间将包含一个虚函数表（virtual function table），每个对象需要增加一个指针指向该类对应的虚函数表。

程序示例 6.1 包含了基类 Shape，以及其两个子类 Rectangle 和 Triangle。Shape 中包含了一个实体函数 setid() 和一个虚函数 circumference()。在两个子类中分别实现了函数 circumference()。在程序中分别创建 Rectangle 类的对象 rec 和 Triangle 类的对象 tri。

```
class Shape{
   public:
   int id;
   void setid(int _id)  {id = _id; }
```

```
    virtual int circumference () = 0;
};

class Rectangle :public Shape{
    public:
    int x,y;
    void set(int _x,int _y){x=_x; y=_y; }
    int circumference () {return 2*(x + y);}
};
class Triangle :public Shape{
    public:
    int x,y,z;
    void set(int _x,int _y,int _z){x=_x;y=_y;z=_z;}
    int circumference () {return (x+y+z) ; }
};

//主程序中的多态
Rectangle *p0=new Rectangle();
p0->set(1,2);
Shape *p=(Shape *)p0;
//设置p指向一个Triangle或者Rectangle类的对象
p->circumference();
```

程序示例 6.1　C++ 中虚函数

这些类和对象的数据结构如图 6-1 所示。

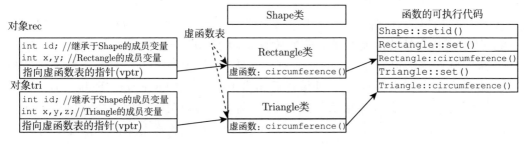

图 6-1　程序示例 6.1 对应的数据结构

调用虚函数时,编译器并不能确定 p->circumference() 是调用 Rectangle 类还是 Triangle 类的 circumference() 函数,所产生的代码旨在从该对象的虚函数表指针 (vptr) 中找到对应类虚函数表的函数指针,并调用该函数指针所指向的函数。因此,虚函数调用的开销类似于 C 语言中从函数指针数组中调用函数。

如果一个类 C 继承了多个父类 (类 A 和类 B),且多个父类都包含了虚函数 (即多重继承的虚函数调用),则此时类 C 的虚函数表中包含了多个父类的函数入口指针。在运行时刻调用虚函数时,需要在 vptr 上增加一个偏移量,以确定使用类 A 或者类 B 的虚函数表,这进一步增加了虚函数调用的开销。

在调用非虚函数、非静态函数和非内联函数,例如 rec.setid() 或者 rec.set() 时,编译器可以根据类的继承关系准确判断出调用的函数,将产生直接的函数调用语句,执行开销类似于 C 语言中增加了一个附加数据结构指针参数的函数调用的开销。C++ 程序中很多方法都比较简单，例如程序示例 6.1 中的 set() 和 setid() 方法，可以用 inline 关键字修饰这两个方法，使得编译器尽可能将其优化，完全免去方法调用的开销。

> gcc 编译器中，使用-fdump-class-hierarchy（或者-fdump-lang-class）参数显示 C++
> 程序中对象的存储器布局和虚函数表。
> VS 编译器中，使用/d1 reportSingleClassLayout 参数显示对象的存储器布局和虚
> 函数表。

2. 对象操作

对象是 C++ 程序的基础，对于程序的性能具有重要影响，需要着重考虑对象创建、对象类型转换、对象复制、临时对象等问题。

对象创建不仅需要为对象分配内存空间，而且需要调用对象的构造函数，这将显著增加程序运行的开销，需要尽可能地减少创建对象的操作。

C++ 中的类型转换分为四种：const_cast、static_cast、reinterpret_cast 和 dynamic_cast。前面三种类型转换没有额外的运行开销。由于涉及虚函数表偏移、this 指针位置调整、类型合法性检查等多种操作，因此动态类型转换（dynamic_cast）具有较高的运行开销。动态类型转换又可以分为向上转换（从子类转换为父类）、向下转换（从父类转换为子类）和交叉转换（从多重继承的一个分支转移到另外一个分支）三类，其中向上转换的开销最小，向下转换次之，交叉转换开销最高。

C++ 方法的输入参数类型与实际参数类型不一致时，编译器将自动实现类型转换，可能会带来意料之外的性能开销。例如函数 void f(std::string) 的输入参数为 string 类型，如果实际调用语句为 f("Hello")，则这意味着需要将字符串 "Hello" 转换为 string 对象，并将此对象传入函数 f()，即编译后相当于执行 f(std::string("Hello"))。

C++ 提供了方便的对象赋值与复制方法，前者将源对象的数据完全复制到已经存在的对象中，通过重载赋值运算符 "=" 自定义赋值过程；后者将源对象的数据复制到新创建的对象中，通过重载复制构造函数自定义赋值过程。两者的使用对性能也有较大的影响。

例子 6.1　程序示例 6.2 中，complex 为自定义的复数类，通过对象赋值和复制两种方法实现复数的加法。请比较两种方式的差异。

答：基于对象赋值的复数加法需要完成以下操作。

（1）创建对象 a，并调用默认的构造函数。

（2）创建临时对象 t，存储 $b+c$ 的操作结果。

（3）将 t 的内容赋值给 a。

对象复制方法的开销要更少，主要包括以下两方面。

（1）使用默认的复制构造函数，将对象 b 的数据完全复制到对象 a 中。

（2）在对象 a 的内存中直接存储 $a+c$（等价于 $b+c$）的结果。

```
//对象的赋值
complex a;
a=b+c;
//对象的复制
complex a=b;
a+=c;
```

程序示例 6.2　C++ 的对象赋值和复制

3. 异常处理机制

异常处理机制中引发异常的代码和异常处理的代码可以位于不同的区域，使得程序员可以更加集中精力处理主要流程，各种异常情况的处理更加集中和规范。虽然 C 语言没有 C++ 的异常处理机制，但是通过 setjmp 和 longjmp 调用，可以实现简单的异常处理过程。

```
static jmp_buf env;

double divide(double to, double by){
    if(by == 0) longjmp(env, 1);
    return to / by;
}

void f(){
    if (setjmp(env) == 0) divide(2, 0);
    else printf("Cannot / 0");
    printf("done");
}
```

程序示例 6.3　基于 longjmp 的异常处理机制

此程序的执行巧妙地使用了 setjmp() 调用的特点，即如果是从本 setjmp() 调用返回，则该调用返回值为 0；如果是从 longjmp() 调用返回，则返回 longjmp 的第二个输入参数。这里描述函数 f() 的执行流程。

（1）执行 setjmp() 调用，将当前运行现场保存于 env 中。由于从 setjmp() 调用中返回，所以返回 0。

（2）执行 divide(2,0) 函数。

（3）如果除数等于 0，将在 divide() 函数中执行 longjmp(env,1)。此时程序的运行环境恢复到调用 setjmp() 的位置，即从 setjmp() 调用处返回，且返回值为 longjmp() 中设置的 1。

（4）转至打印错误信息的代码并执行。

C++ 在语言内提供了异常处理机制，分为三部分。

（1）try 块，即需要捕获异常的代码区域。

（2）throw 语句，异常抛出，此时将改变中止 try 块的正常执行流程，而转向 catch 子句。

（3）catch 子句，即异常的处理过程。

C++ 的异常处理机制可以在 C 语言的 setjmp 和 longjmp 基础上实现。

❑ 在执行 try 块前加入 C 语言的 setjmp 函数调用，保存 try 之前的运行环境，并为 try 块的执行在栈中建立新的运行环境。

❑ 将抛出异常转化为 longjmp 函数调用。

❑ 抛出异常时，将中断 try 块的正常执行流程，且回到 setjmp 保持的运行环境中。

与 C 语言不同的是，C++ 异常处理机制还需要自动析构 try 块中创建的对象。为了能够自动析构 try 块中创建的对象，还需要建立额外的对象链表，将所有 try 块中创建的对象都链接在一起。抛出异常后将依次调用这些对象的析构函数。在程序示例 6.4 中，try 块中创建了两个对象 X 和 Y。在 t 等于 0 而发生异常时，将直接跳转到 catch 子句中，而且需要析构对象 X 和 Y。发生异常的过程如图 6-2 所示。

```
try{
    int s=f(1);
    Object X;
    g(s);
}//try块
catch{  //catch子句
    //异常处理
}
int g(int t){
    Thing Y;
    if(t==0) throw 1;  //异常抛出点
    //做其他事情
}
```

程序示例 6.4　C++ 的异常处理机制

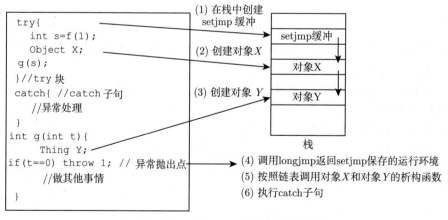

图 6-2　程序示例 6.4 的异常处理机制

这种基于 setjmp 和 longjmp 机制的异常处理方法，在每次进入 try 块时都需要保存当前现场，而且需要维护 try 块中的对象链表，将增加一定的执行开销。

6.1.2　STL

STL（Standard Template Library，标准模板库）为 C++ 程序设计提供了常见的数据组织方式。vector、list、deque、set、map、unordered_set、unordered_map 是 STL 中常见的七种容器。它们可以分为序列式容器与关联式容器，其中 vector、list、deque 是线性结构构成的序列式容器，set、map、unordered_set、unordered_map 是关联式容器。不同的容器采用了不同的实现方式，导致其特征也有明显不同。

vector 采用了连续空间的存储方式。在初始化一个 vector 时，会预先分配容量超过用户需求量的内存空间。插入 vector 的所有元素将按照顺序存储在这块内存中。如果插入 vector 的元素数量大于其内存容量，系统将试图分配已有内存的后续空间。如果后续的内存已经被占用，则需要重新申请新的存储空间，将原有元素复制到新的空间。这样的内存分配方式保证了 vector 的地址连续性，并可以按照下标访问其中的元素，但是当程序所需要的容量较小时，预留的空间会带来内存的浪费；当程序所需要的容量较大时，vector 的内存重整方法需要重新复制、清理与分配大片内存，将消耗大量时间。

list 采用了双向环状链表的数据结构。每种节点中包含了程序的数据，以及指向上一个节点和下一个节点的指针。此外，还具有环开始和结束的标志。向 list 中插入元素时，将首先申请一块内存，并插入环中；从中删除元素时，将环中的节点内存释放，并将环重新连接起来。对于任何位置的元素插入或移除，list 的开销更小。但是，list 的数据结构使得无法直接以下标的方式访问其中元素，而且在排序时需要花费更多时间。此外，它需要储存大量的地址，导致额外的存储开销较大。

deque 采用了基于多缓冲的数据结构，即当首部或尾部的缓冲被全部使用完以后，将增加一个新的缓冲并链接到队列。这使得 deque 具有较高的插入速度，而且队列满时，也不会像 vector 那样需要进行内存重新分配、复制等耗时的操作。但是，这样的数据结构仅支持在队列的头部或者尾部插入和删除元素，不能通过索引直接访问队列中间的元素，而且排序的效率也较 vector 稍低。

set 和 map 都采用红黑树存储，其中每个节点包含 <key,value> 对（set 中的 key 和 value 始终保持一致且不可修改）。这些节点会根据 key 的值按照特定顺序排列。map 和 set 插入与查询操作的时间复杂度均为 $O(\log N)$，并可以使用迭代器按照 key 的顺序遍历所有元素。

unordered_set 与 unordered_map 是基于 Hash 表封装而成的容器。它们的插入和查询操作的平均时间复杂度均为 $O(1)$。但是它们内部的元素无法进行排序，只能按照 key 进行查询。

这 7 种容器基本操作的时间复杂度如表 6-1 所示。需要特别注意的是，表中不同容器虽然在某些特定操作上具有相同的时间复杂度，但是其实际执行性能仍旧有很大的差异。以插入操作为例，vector、deque、list、unordered_map、unordered_set 的时间复杂度均为 $O(1)$，但是 deque 插入的性能往往较 vector 和 list 要高出一个数量级，而 vector 和 list 的插入性能又较 unordered_map、unordered_set 高出一个数量级。

表 6-1　STL 容器基本操作的时间复杂度 (N 为容器中元素的数量)

容器	插入	查询	排序
vector	$O(1)$	$O(N)$	$O(N \log N)$
deque	$O(1)$	$O(N)$	$O(N \log N)$
list	$O(1)$	$O(N)$	$O(N \log N)$
map	$O(\log N)$	$O(\log N)$	
set	$O(\log N)$	$O(\log N)$	
unordered_map	$O(1)$	$O(1)$	
unordered_set	$O(1)$	$O(1)$	

6.2　Java 的性能优化

Sun Microsystems 公司于 1995 年 5 月推出了面向对象的程序设计语言 Java。2009 年，Sun 公司被 Oracle（甲骨文）公司收购，Java 也成为 Oracle 公司的产品。Java 语言与 C 语言和 C++ 语言很接近，但是也具有自己鲜明的特点。

- 纯面向对象的设计语言。支持类之间的单继承，通过接口实现多继承，实现动态链接机制。
- 取消了内存释放调用，提供自动的内存回收机制（垃圾回收）。
- 提供强类型机制，取消了 C/C++ 语言中的指针。
- Java 可执行程序基于可移植的 Java 虚拟机指令系统。

这些优秀的特点使得 Java 语言更安全、易用，移植性更好，成为当前主流程序设计语言之一。针对不同应用场景，Java 也分为三个不同体系：标准版（Standard Edition）用于一般应用环境，企业版（Enterprise Edition）用于服务器场景，微型版（Micro Edition）应用于智能卡等嵌入式场景。

6.2.1　Java 虚拟机简介

每个 Java 类编译后都将得到一个 .class 文件[1]，其结构如程序示例 6.5 所示。

```
ClassFile {
  u4 magic;                //标识class类型的标识, 固定为0xCAFEBABE;
  u2 minor_version;        //次版本号
  u2 major_version;        //主版本号
  u2 constant_pool_count;  //常数池的元素数量
  cp_info constant_pool[constant_pool_count-1]; //常数池内容
  u2 access_flags;         //访问标志
  u2 this_class;           //当前类信息在常数池中的索引;
  u2 super_class;          //超类信息在常数池中的索引;
  u2 interfaces_count;     //接口的数量
  u2 interfaces[interfaces_count]; //接口信息表
  u2 fields_count;         //域的数量
  field_info fields[fields_count]; //域信息表
  u2 methods_count;        //方法数量
  method_info methods[methods_count]; //方法列表
  u2 attributes_count;     //属性数量
  attribute_info attributes[attributes_count]; //属性列表
```

```
}
```

程序示例 6.5　Java 类文件结构

为了保持 class 文件的跨平台能力，Java 程序被编译成字节码（Bytecode）。这是一套虚拟的指令系统，主要特点包括以下几个：

❑ 大部分指令的长度都是一个字节，以减少可执行代码的长度。

❑ 通过栈进行数据交换和计算。

❑ 除包含与 CPU 指令系统类似的算术逻辑运算指令、分支指令外，还支持对象创建、访问对象中的域、按照面向对象的规则调用对象方法等一系列针对面向对象的指令。

程序示例 6.6 经过 javac 命令编译后可以得到 simple.class 文件，使用 javap -c simple 可以查看 set() 和 add() 方法编译后的 Java 字节码。simple 类中 add() 方法的字节码如程序示例 6.7 所示。上述程序运行过程中每条指令执行后栈的情况如图 6-3 所示，其中 this 为当前对象的引用。在程序运行前和 ireturn 运行后，栈的内容均为空。

```
public class simple{
    int alpha;
    void set(int alpha){
        this.alpha=alpha;
    }
    int add(int a,int b){
        return a+b*this.alpha;
    }
}
```

程序示例 6.6　简单的 Java 程序

```
int add(int, int);
0: iload_1   //从当前框架取第1号元素，压入堆栈
1: iload_2   //从当前框架取第2号元素，压入堆栈
2: aload_0   //取当前对象的引用压入堆栈
3: getfield #7 //从当前堆栈中取对象引用，从中取第7个域（alpha），压入堆栈
6: imul      //对栈顶两个整数进行乘法，结果压入栈
7: iadd      //对栈顶两个整数进行加法，结果压入栈
8: ireturn   //将栈顶整数作为方法结果返回
```

程序示例 6.7　程序示例 6.6 中 add() 的 JVM 指令序列

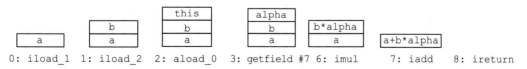

图 6-3　程序示例 6.7 运行过程中栈的变化

6.2.2 Java 字节码的执行机制

Java 虚拟机（JVM）规范定义了 Java 程序的语义行为，具体的 JVM[2] 运行 Java 的 "可执行程序"，一般包括以下主要部分。

❑ 类加载器：用于验证、加载和管理 Java 程序中的类。

❑ Java 字节码执行：Java 字节码与现有微处理器的指令系统都不相同，JVM 需要通过解释或 JIT 方式执行字节码。

❑ 内存管理和垃圾回收：用于管理 JVM 中的内容，并进行自动垃圾回收。

❑ 线程管理：在多核处理器上并行执行 Java 线程或者执行并发的垃圾回收线程。

❑ 异常管理：处理 Java 程序运行过程中的异常。

本节将介绍 Java 字节码的执行机制，下一节将介绍垃圾回收机制。

Java 字节码与宿主机的指令系统存在着很大的差异，JVM 需要通过解释或编译的方法将其转换成宿主机指令系统才能执行 Java 程序。为了减少编译的开销，JVM 往往还使用了即时（JIT，Just in Time）编译技术，仅编译多次执行的方法或者代码块。

1. 字节码的解释执行

解释执行是一般虚拟机中运行不同指令系统的基本方法，一般分为取指、译码（即按照指令编码跳转到指令模拟执行的代码段）、执行（模拟指令的语义执行）等阶段。典型的代码结构如图 6-4 所示。需要注意的是，这样的代码结构为了完成一条指令需要经过三次跳转：主循环跳转、根据指令编码的跳转（可能采用 switch 语句或者跳转表），以及指令结束后的无条件跳转。其中根据指令编码的跳转往往会使用间接跳转语句实现，对于微处理器的转移预测非常不利。可以使用子程序方法[3] 将原始指令替换为对指令虚拟函数的调用，以提升转移预测的有效性。

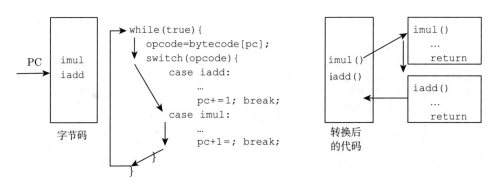

图 6-4　两种不同的执行机制

2. 字节码的编译

为了进一步提高字节码的执行效率，可以将其编译成宿主计算机的指令。在 HotSpot 虚拟机中[4]，字节码将首先转换为高层中间描述（High-Level Intermediate Representation，HIR），在此基础上进行方法内嵌等优化，然后将高层中间描述转换为低层中间描述（Low-Level Intermediate Representation，LIR），最后使用线性寄存器扫描方法为低层中间描述的伪指令完成针对宿主计算机物理寄存器的分配，并进一步加以优化，最终形成宿主计算机的二进制可执行代码。

高层中间描述是将一个方法中的字节码根据控制流分为若干基本块,并由这些块构成控制流图。其中基本块是不包含无条件跳转指令或条件分支指令的最长指令序列。每个块的最后一条指令是无条件跳转指令、分支指令或方法返回指令。

在高层中间描述中可以实现方法内嵌优化。在 Java 程序中大量方法仅包含了几条字节码指令。在能确定调用方法而且调用方法包含的字节码很少(在 HotSpot 虚拟机中是 35 字节)时,将直接把被调用方法的机器码执行序列融合到调用者中,从而减少方法调用的开销。值得注意的是,由于 Java 语言可以重载方法,而且动态加载类,简单的方法内嵌有可能会发生错误,因此需要对类的继承关系进行分析才能确定是否使用方法内嵌。

在高层中间描述阶段还可以进行其他类型的优化:① 常数预计算,即尽可能计算出基于常数的算术结果或者固定为 True 或 False 的条件分支;② 消除同一个块内的公共子表达式;③ 消除不同块之间的公共子表达式;④ 消除不必要的引用是否为 Null 的判断;⑤ 消除不必要的数组访问边界判断等;⑥ 消除功能相同的指令等。

HotSpot 虚拟机的低层中间描述类似于自定义的三操作数机器码,与宿主计算机的指令系统有所区别。简单指令往往可以转换为一条或者多条宿主计算机指令,而对象创建、上锁等复杂指令需要调用相关例程才能实现。为了保证低层、中间层的可移植性,往往使用虚拟寄存器作为自定义机器码的源操作数和目的操作数。在 HotSpot 虚拟机中使用线性扫描方法实现虚拟寄存器到宿主计算机寄存器的分配[5]。

3. 即时编译

解释过程避免了编译开销但是执行速度慢,编译过程可以将字节码转换为效率更高的宿主计算机机器代码执行,但是需要增加额外的编译开销,而且编译优化效率越高所需要的编译时间就越长。JVM 中广泛使用了即时编译技术,即在运行过程中统计各个方法(代码块)的执行频度(或执行时间),对最为常用的方法(基本块)使用更高的优化级别(更耗时)进行优化。这种方法的合理性在于 Java 程序的方法具有很高的重用性,一次编译方法(或基本块)以后可以多次使用[6]。

即时编译的最小粒度可以是一个方法,也可以是方法中的基本块。前者的粒度较大,可能会包含执行次数较少的基本块,需要较高的编译开销,但是统计执行频度的开销较小。后者可以针对最关键的执行代码段进行编译优化,但是将增加频度统计的开销。

IBM 的 Jalapeño 虚拟机[7]采用了基于方法的编译粒度,提供了解释执行和三个层次的编译优化方法。为了减少统计的开销,它并没有记录方法的实际运行次数,而是在线程切换时采样当前正在运行的方法。假设方法 M 是当前处于第 i 层的编译方法,JVM 控制器如果发现存在第 j 层优化方法可以满足 $C_j + T_j < T_i$,就将此方法使用第 j 层编译,其中 C_j 为使用第 j 层编译方法编译 M 所需要的时间,T_j 和 T_i 分别为未来方法 M 在使用第 j 层和第 i 层方法编译后的执行时间。

预测方法未来的执行时间是一个很有挑战性的问题。Jalapeño 虚拟机假设当前程序

还将运行的时间为 T_f，采样方法可以估计特定方法 M 在整个程序运行时间中所占用的比例 P_M，由此可以估计方法 M 在未来的执行时间 $T_i = T_f * P_M$。编译层次 j 的估计运行时间 $T_j = T_f * S_i/S_j$，其中 S_i 和 S_j 分别为第 i 层和第 j 层编译针对解释执行的加速比。

例子 6.2 设某 Java 虚拟机提供了三种编译优化层次，其编译速度和相对于解释执行的加速比分别如表 6-2 所示。设某方法 M 的字节码长度为 1000 字节。在过去的 1s 内处于解释执行状态，且采样中有 15% 的概率处于方法 M，求当前应该使用的优化层次。

答：该程序的预计执行时间 T_f=1s，该方法在解释执行状态的预计执行时间 $T_0 = T_f * 15\% = 150$ms。

三种层次的编译时间分别为 1000/10=100ms、1000/4=250ms 和 1000/2=500ms，预计执行时间分别 150/200=0.75ms、150/300=0.5ms 和 150/500=0.3ms。三种层次编译加上执行的时间分别为 100.75ms、250.5ms 和 500.3ms。可见第 1 个层次的编译和执行时间最短，且小于解释执行时间，故应选择第 1 层编译方法。

表 6-2 某虚拟机不同编译优化层次的参数

编译优化层次	1	2	3
编译速度（字节码/ms）	10	4	2
相对于解释执行的加速比	200	300	500

6.2.3 Java 本地接口

Java 语言可以调用由 C、C++ 等本地语言设计的库函数，从而提升 Java 语言的执行效率，这些库函数称为 Java 本地接口（Java Native Interface，JNI）。其设计过程如图 6-5 所示，分为六步：

（1）在 Java 程序中使用 "native" 关键字声明本地方法。

（2）使用 javac 程序编译 Java 程序得到对应的.class 文件。

（3）使用 javah 程序创建本地 C 语言程序的头文件。

（4）设计 C 语言程序实现本地方法。

（5）将 C 语言程序编译成本地函数库。

（6）将本地函数库放置在 Java 虚拟机可以搜索到的库目录中，运行 Java 虚拟机。

Java 程序在调用本地接口时，将向本地程序传递参数、当前对象的引用、环境对象指针等输入内容，并接收本地程序的返回结果。JNI 定义了 Java 中的基本数据类型，如表 6-3 所示。本地语言程序可以使用与这些 JNI 本地类型一致的类型访问 Java 程序提供的参数。

本地 C 语言程序需要通过特定的接口访问更为复杂的数据类型。例如 Java 语言的字符串对象在 JNI 中描述为 jstring 类型，C 语言可以通过程序示例 6.8 描述的函数访问和构建 Java 中的字符串对象[8]。

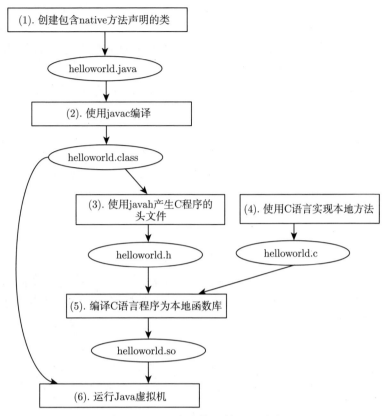

图 6-5　Java 本地接口的设计流程

表 6-3　Java 语言和 C 语言的基本数据类型对应关系

Java 数据类型	JNI 本地类型	含 义	对应的 C 语言类型
boolean	jboolean	8 位无符号	unsigned char
byte	jbyte	8 位有符号	signed char
char	jchar	16 位无符号	unsigned short
short	jshort	16 有符号	short
int	jint	32 位有符号	int
long	jlong	64 位有符号	long
float	jfloat	32 位单精度浮点	float
double	jdouble	64 位双精度浮点	double

```
//获取Java字符串string的长度，UTF格式下的字节数
jsize GetStringUTFLength(JNIEnv *env, jstring string);

//按照UTF格式获取string中的字符串内容
const char * GetStringUTFChars(JNIEnv *env, jstring string, jboolean *isCopy);
//如果isCpoy设置为非NULL，则在复制发生时*isCpoy设置为JNI_True，否则设置为JNI_False;
//如果复制失败，则返回NULL

//创建一个Java字符串对象，其中unicodeChars为字符串内容，len为字符串长度
jstring NewString(JNIEnv *env, const jchar *unicodeChars, jsize len);
```

程序示例 6.8　　Java 字符串对象在 JNI 中的访问接口

6.2.4 Java 的多线程机制

在多核处理器上，现代 Java 虚拟机中可以根据处理器的核数有效地将多个 Java 线程并行化，并可以取得较为明显的加速效果[9]。

Java 多线程的启动程序需要重载 java.lang.thread 中的 run() 方法，或者直接实现 Runnable 接口的 run() 方法。Java 中的线程具有五种状态，如图 6-6 所示。

（1）创建状态。在程序中用构造方法创建了一个线程对象后，新的线程对象便处于创建状态，此时它已经有了相应的内存空间和其他资源，但还处于不可运行状态。可采用 Thread 类的构造方法来创建一个线程对象，例如 "Thread thread=new Thread()"。

（2）就绪状态。创建线程对象后，调用该线程的 start() 方法就可以启动线程。当线程启动时，线程进入就绪状态。此时，线程将进入线程队列排队，等待 CPU 服务，这表明它已经具备了运行条件。

（3）运行状态。当处于就绪状态的线程被调用并获得处理器资源时，线程就进入了运行状态，此时将自动调用该线程对象的 run() 方法。run() 方法定义线程的操作和功能。

（4）阻塞状态。一个正在执行的线程在某些特殊情况下，如被人为挂起或需要执行耗时的输入/输出操作时，会让 CPU 暂时中止对自己的执行，进入阻塞状态。在可执行状态下，调用 sleep()、suspend()、wait() 等方法后，线程都将进入阻塞状态，发生阻塞时线程不能进入队列排队，只有当引起阻塞的原因被消除后，线程才可以转入就绪状态。

（5）死亡状态。线程调用 stop() 方法时或 run() 方法执行结束后，即处于死亡状态。处于死亡状态的线程不具有继续运行的能力。

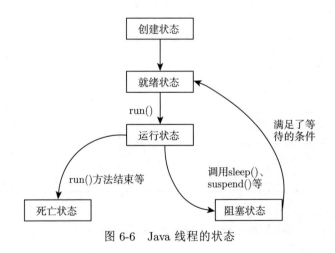

图 6-6 Java 线程的状态

Java 语言中的 java.lang.thread 类提供了调用接口以实现对线程的控制，如程序示例 6.9 所示。

```
//获取当前线程对象
public static Thread currentThread();


//启动当前线程执行
public void start();
```

```
//判断此线程是否依然存活，返回true表示存活，返回false表示不存活
public final boolean isAlive();

//当前线程休眠millis毫秒
public static void sleep(long millis);

//告知调度器减少当前线程的运行
public static void yield();

//Java线程中最大优先级MAX_PRIORITY=10，最小优先级MIN_PRIORITY=1，正常优先级
    NORM_PRIORITY=5
//设置当前线程的优先级
public final void setPriority(int newPriority);

//获取当前线程的优先级
public final int getPriority();

//等待当前线程结束
public final void join();
```

程序示例 6.9　　java.lang.thread 中的相关接口

为了实现线程之间的互斥，java.util.concurrent.locks 提供了一系列的方法，如程序示例 6.10 所示。除此以外，Java 程序中的方法可以增加 synchronized 修饰符，表示此方法为互斥方法，同一时刻仅有一个线程可以运行此方法。它还可以使用 synchronized(obj) 程序块的方法，表示对对象 obj 上锁，后续的程序块为关于 obj 的临界区。

```
//临界区上锁，如果没有获得锁则阻塞
void lock();

//临界区上锁，返回true表示上锁成功，否则表示上锁失败
boolean tryLock();

//临界区解锁
void unlock();

//创建一个新的条件
Condition newCondition();

//在条件中等待
void await();

//唤醒等待此条件的一个线程
void signal();

//唤醒等待此条件的所有线程
void signalAll();
```

程序示例 6.10　　java.util.concurrent.locks 的同步互斥接口

6.3　垃圾回收

在 C 和 C++ 语言中，需要应用程序完成内存管理，非常容易造成内存泄漏等问题。在 Java、Python 等高级语言中引入了垃圾回收机制，即应用程序仅关注内存分配，由系统发现并回收不再使用的内存块（垃圾），从而减少应用程序管理内存的负担，避免内存泄漏等问题。

6.3.1　垃圾回收基本技术

垃圾回收的问题主要分为三个方面：为新对象分配内存空间，确定当前正在使用的对象（或者当前不再使用的对象）集合，回收不再使用对象的内存空间。垃圾回收一般使用可达性来确定某个对象是否正在被使用，即对于特定对象 o，是否存在从根对象集合 R 中的一个对象 o_r 到 o 之间的指针链。如果存在，则认为对象 o 正在被使用，否则认为对象 o 不再被使用，可以作为垃圾被回收。在 Java 语言中，根对象集合 R 主要包括线程栈中的局部对象、活跃的 Java 线程、类中的静态变量等。垃圾回收的技术主要标记–清除、复制回收、分代垃圾回收，以及并行和并发垃圾回收等方面。

1. 标记–清除

标记–清除（Mark-Sweep）算法分为标记和清除两个阶段，其中标记过程指发现并标记能从根集合到达的所有对象，清除过程指遍历堆中所有对象并回收未被标记对象的存储空间。如图 6-7 所示，根集合指向了堆中的对象 A 和 C，对象 A 和 C 又指向了对象 B 和 E。在标记过程后，对象 A、B、C 和 E 都将被标记，而不存在从根集合到对象 D 的指针链，因此对象 D 是不可达的垃圾。在回收过程后，对象 D 所占据的内存空间将被回收。

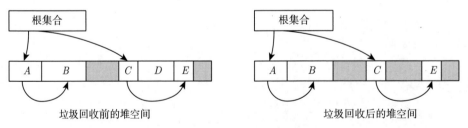

图 6-7　标记–清除垃圾回收示例

在标记–清除方法中，垃圾回收过程在为新对象分配堆空间时启动，如算法 6.1 所示。在分配堆空间时，如果分配成功就直接返回，否则将使用 Collect() 函数启动垃圾回收过程。该函数中包含了标记和清除两个阶段。

算法 6.1

为新对象分配堆空间

Input：

　　m: 需要的存储容量

　1: $p \leftarrow allocate(m)$

2: **if** p=NULL **then**

3: 　 *Collect*()

4: 　 $p = allocate(m)$

5: 　 **if** p=NULL **then**

6: 　　 Print "Out of Memory"

7: 　 **end if**

8: **end if**

9: **return** p

标记过程如算法 6.2 所示。在标记过程中，将根集合中的对象 ref 依次加入工作集合 W，然后遍历并标记 W 中所有对象 r 及这些对象指向的其他对象 $child$。在此算法中，需要注意以下问题。

- ❑ 一般使用栈实现工作集合 W，使得标记过程按照对象的深度优先方式进行搜索。这样可以控制工作集合 W 的尺寸，而且有利于提升 Cache 的效率。
- ❑ 算法中的 ChildPointers() 用于获得对象 r 中所有指向其他对象的集合。这要求使用垃圾回收的编程语言必须是强类型语言。
- ❑ 每个对象都需要有空间用来存储"标记"。它可以存储在应用程序无法访问的对象头中，也可以存储在单独的位图中。

算法 6.2

标记过程

1: $W \leftarrow \emptyset$

2: **for** $ref \in R$ **do**

3: 　 **if** $ref! =$NULL $\wedge \neg$isMarked(ref) **then**

4: 　　 SetMarked(ref)

5: 　　 add(W, ref)

6: 　　 **while** $\neg$ empty(W) **do**

7: 　　　 $r \leftarrow$ remove(W)

8: 　　　 **for** $child \in$ ChildPointers(r) **do**

9: 　　　　 **if** $child! =$NULL $\wedge \neg$isMarked($child$) **then**

10: 　　　　　 SetMarked($child$)

11: 　　　　　 add($W, child$)

12: 　　　　 **end if**

13: 　　　 **end for**

14: 　　 **end while**

15: 　 **end if**

16: **end for**

算法 6.3 给出的清除过程中，将通过 nextObject() 方法遍历堆中的所有对象。为了实现这一点，将在应用程序无法访问的对象头中存储指针，将堆中的所有对象形成一个链表，遍历这个链表就可以访问堆中的所有对象。

算法 6.3

清除过程

1: $p \leftarrow start$

2: **while** $p!=NULL$ **do**

3:    **if** isMarked(p) **then**

4:       unsetMark(p)

5:    **else**

6:       free(p)

7:    **end if**

8:    $p \leftarrow$nextObject(p)

9: **end while**

标记–清除算法易于实现，但是存在以下问题。

❏ 垃圾回收的启动时机。在该算法中仅在堆空间内存容量不足时才启动垃圾回收，这可能会导致运行时突然需要进行垃圾回收，而产生较长的停顿时间。

❏ 对象一旦产生，在堆空间中的位置就不再发生变化。这将导致申请堆空间时产生两个问题：一方面随着时间的推移，堆空间的内存碎片会越来越多，使得难以容纳较大的对象；另一方面在 allocate() 算法中需要使用首次适应或最佳适应算法分配内存，需要遍历堆中的空间内存，导致 allocate() 算法的执行时间较长。

2. 复制回收

复制回收的基本思路是将堆空间分为两个容量相同的区域（称为 from 和 to）。在某个时刻仅在其中的一个区域（例如 from 区域）分配内存，空闲空间起始指针 freep 始终处于此区域中。可以分配的最大空间容量为 HeapSize/2，其中 HeapSize 为堆的总存储容量。

在垃圾回收时，区域 from 中所有被标记的对象（仍然在使用的对象）将被依次移动到区域 to 中。在垃圾回收结束时，区域 from 中均为空闲内存，区域 to 中的对象则是连续存放的，然后对调区域 from 的指针和区域 to 的指针。由于对象的实际存储地址将发生变化，因此需要在对象引用和实际物理地址之间增加一个转换层，通过 getPointer() 函数获得其指针。图 6-8 给出了一个示例，其中 from 区域的 A、B、C、E 对象被标记，且移动到 to 区域。回收结束后，原有 from 区域中未被标记的 D 对象被回收，原有 to 区域中的对象都连续存放，避免了存储器碎片的问题。与此同时，from 区域和 to 区域进行了互换，freep 指针也放置在 from 区域中。

复制回收过程中的对象分配算法 allocate() 如算法 6.4 所示。由于 from 区域中未使用的存储器都是连续的，因此可以直接将 freep 加上需要的存储容量 m 得到新的 freep。

垃圾回收阶段的 collect() 同时包含了标记和对象移动两个操作，如算法 6.5 所示。其中第 2 步将空闲指针 freep 和存储器空间上限 top 更新到 to 区域。如果从根集合访问到的对象 r 处于 from 区域，则表明该对象能够被访问，而且还没有被移动，此时将在

to 区域为它分配内存，且将 r 移动到 to 区域中，并更新此引用对应的指针，如算法中第 11~14 步所示。如果访问到的对象处于 to 区域，则说明该对象已经完成了移动，无须做进一步处理。在标记完成以后，没有被标记过的对象都处于 from 区域，都是可以回收的内存空间。在后续的内存分配中，将直接覆盖这些对象所占用的空间。算法的最后一步完成 from 区域和 to 区域的切换。

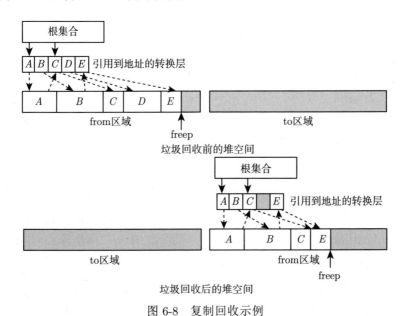

图 6-8　复制回收示例

算法 6.4

allocate()

Input：

　　m: 需要的存储容量

1: $result \leftarrow freep$

2: $newfreep \leftarrow result + m$

3: **if** $newfreep > top$ **then**

4:　　**return** NULL

5: **end if**

6: $freep \leftarrow newfreep$

7: **return** $result$

算法 6.5

collect()

1: $W \leftarrow \emptyset$

2: $freep \leftarrow base\_to, top \leftarrow base\_to + HeapSize/2$

3: **for** $ref \in roots$ **do**

4:　　add(W, ref)

```
5:     for child ∈ ref do
6:         add(W, child)
7:     end for
8:     while W ≠ ∅ do
9:         r ←remove(W)
10:        p ←getPointer(r)
11:        if p ∈ from then
12:            q ←allocate(r.size)
13:            memcpy(q, p, r.size)
14:            setPointer(r, q)
15:        end if
16:    end while
17: end for
18: (from, to) ← (to, from)
```

复制回收方法的优点有两个：① 在每次回收过程中，可以消除内存碎片；② 内存分配过程比较简单。其缺陷在于：① 堆的内存容量仅利用一半；② 移动对象的开销较大。

3. 分代垃圾回收

标记–清除方法中，标记过程所需要的时间正比于当前活跃对象的数量，回收的时间正比于堆的存储容量。复制回收方法中，回收的时间正比于当前活跃对象的数量。要减少垃圾回收的时间，就需要减少每次扫描对象的数量或堆的大小。

对面向对象程序的实际测试表明，大量的对象生存周期很短。这提示我们可以仅扫描"新生"对象集合，从而减少每次垃圾回收过程需要扫描的对象数或存储容量。分代垃圾回收正是根据此程序特点，将对象分为"新生"代和"年老"代，频繁扫描"新生"对象区域，而较少扫描"年老"对象区域，从而减少扫描的开销。图 6-9 为分代垃圾回收的示意图。在分代垃圾扫描机制中有若干问题需要注意。

❑ 在标记"新生"对象时，其根集合已经不是整个系统的根集合，而是包含了指向"新生"对象的根集合对象和"年老"对象（如图 6-9 中的对象 Z）的集合。

❑ 要跟踪"新生"对象的根集合，需要在对引用赋值时设置写栅栏，以检查是否将"年老"对象中的引用指向了"新生"对象。除此之外，当对象从"新生"代转移到"年老"代时，如果它指向其他"新生"对象，则也需要将这些对象加入"新生"对象的根集合。

❑ 在实际系统中，往往将"新生"对象的寿命设置为其经历过垃圾回收的次数。当"新生"对象的寿命大于某个阈值时，将其升级为"年老"对象。

❑ "新生"代和"年老"代之间的内存容量比例应该可以根据应用程序的实际内存使用特征进行调整。这种调整方式可以由程序员在程序运行前指定，也可以由虚拟机系统自动根据应用程序的特征动态调整。前者实现较为简单，但难以适应内存特征大幅度变化的程序；后者的实现难度较大。

❑ "年老"对象的回收需要完成全堆的回收过程，会耗费大量的时间。启动"年老"对象回收过程的时机也是一个重要的问题。较低的回收频率可能导致内存不足，较高的频率则会引起大量的内存复制。一般是在已经消耗的内存容量占总内存容量的比例超过特定阈值时启动回收过程。

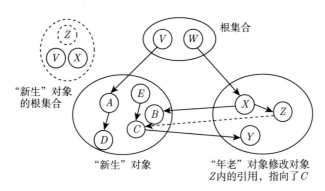

图 6-9　分代垃圾回收示例

4. 并行和并发垃圾回收

现代处理器往往提供了多个处理器核，应用程序往往也同时启动多个线程并行执行。此时垃圾回收与应用程序线程之间呈现复杂的关系，如图 6-10 所示。其中白色条带表示应用程序线程，灰色和黑色条带分别表示两次垃圾回收过程中的线程。这种回收方式的问题主要体现在以下几点。

❑ 垃圾回收过程是由单个线程完成还是由多个线程完成。后者称为**并行**垃圾回收，可以充分发挥微处理器的多核计算能力，减少垃圾回收的时间。

❑ 一遍垃圾回收过程是一次连续完成，还是分多次完成。后者称为**增量**垃圾回收，可以减少垃圾回收暂停应用程序的最大时间。

❑ 垃圾回收过程是否可以和应用程序线程同时执行。如果能同时执行，称为**并发**垃圾回收，此时可以进一步发挥多核微处理器的计算能力，减少暂停应用程序的最大时间。

❑ 垃圾回收过程是否需要暂停应用程序。如果可以不暂停应用程序，则称为**即时**垃圾回收，此时应用程序的最大暂停时间将变为 0。

6.3.2　HotSpot JVM 中的垃圾回收

Oracle 公司的 HotSpot JVM 是当前应用最广泛的 Java 虚拟机之一。它提供了丰富的垃圾回收功能[10]，可以从**最大暂停时间**和**吞吐率**两个方面调整垃圾回收机制的性能。最大暂停时间是指垃圾回收器暂停应用程序运行的最大时间，吞吐率是指垃圾回收时间与应用程序运行时间之比。在不同的应用中，对这两个参数的要求也是不同的。例如 Web 服务应用希望垃圾回收所占用的运行时间更少，而不太在意最大暂停时间。这是因为垃圾回收的暂停时间往往是可以忍受的，或者较网络延迟影响更小。交互式 Java 应用则更希望最大暂停时间越小越好，以提升用户体验。

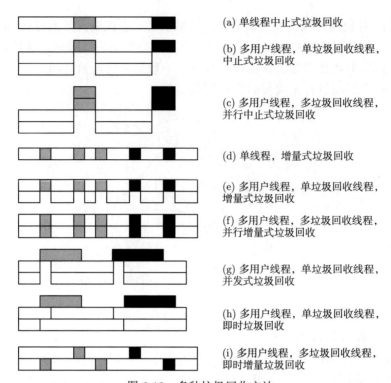

(a) 单线程中止式垃圾回收

(b) 多用户线程，单垃圾回收线程，中止式垃圾回收

(c) 多用户线程，多垃圾回收线程，并行中止式垃圾回收

(d) 单线程，增量式垃圾回收

(e) 多用户线程，单垃圾回收线程，增量式垃圾回收

(f) 多用户线程，多垃圾回收线程，并行增量式垃圾回收

(g) 多用户线程，单垃圾回收线程，并发式垃圾回收

(h) 多用户线程，单垃圾回收线程，即时垃圾回收

(i) 多用户线程，多垃圾回收线程，即时增量垃圾回收

图 6-10   多种垃圾回收方法

HotSpot JVM 提供了不同类型的垃圾回收器以满足不同应用的需求。

❑ 串行回收器。它使用单个线程执行所有垃圾回收工作，避免了多个线程之间通信的开销，适合于单核处理器，或者多核处理器上较小数据集（100MB）的应用。

❑ 并行回收器。它使用多个线程同时运行垃圾回收过程，适合于多核处理器上中等或者较大数据集的应用。

❑ G1 垃圾回收器。它是 HotSpot 默认使用的垃圾回收器，面向从简单微处理器到大型多核处理器系统上的大数据量应用，可以同时满足最大暂停时间和吞吐率两方面的要求。

❑ Z 垃圾回收器。它是一个实验性的低延迟可扩展垃圾回收器，在不暂停应用程序的情况下并发完成垃圾回收，最大暂停时间可以小于 10ms。

堆结构和按代回收机制

HotSpot JVM 的堆空间逻辑上分为新对象区和老对象区两个部分，其中新对象区又分为一个 Eden 区和两个 Survivor 区，如图 6-11 所示。

HotSpot JVM 采用按代回收机制，新对象区满时将启动次回收（minor collection）过程。该过程将收集新对象区的垃圾，并且将部分新对象区的 Survivor 对象移动到老对象区。当老对象区满时将启动主回收（major collection）过程，以回收整个堆中的对象。

Eden 区是对象创建时的区域，两个 Survivor 区域始终有一个保持空闲。在垃圾回收过程中，Eden 区中存活下来的对象和另一个不空闲 Survivor 区中的对象都将被移动到空闲的 Survivor 区。这使得在一次垃圾回收结束后，Eden 区和一个 Survivor 区是空闲的。如果一个对象在两个 Survivor 区之间被来回移动多次，则将这个对象升级到老对象区。

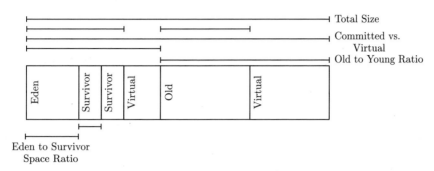

图 6-11　HotSpot JVM 中堆的逻辑结构

HotSpot JVM 可以根据应用的内存使用情况自动调整堆空间大小。用户可以指定堆空间的最大容量和最小容量、最大（最小）空闲堆空间比例、新对象区和老对象区的容量比例，以及其中 Eden 区和 Survivor 区的容量比例等。常见的垃圾回收控制参数如表 6-4 所示。

表 6-4　HotSpot JVM 与垃圾相关的部分控制参数

参数	含义	默认值
-xx:MaxGCPauseMillis=<nnn>	垃圾回收最大暂停时间 <nnn>ms	
-xx:GCTimeRatio=nnn	垃圾回收所占时间比例 1/(1+nnn)	
-xx:Xms=<nnn>	堆的最小尺寸	
-xx:Xmx=<mmm>	堆的最大尺寸	1/4 物理存储器容量
-xx:MinHeapFreeRatio=<min>	最小空闲堆空间比例 <min>	40%
-xx:MaxHeapFreeRatio=<max>	最大空闲堆空间比列 <max>	70%
-xx:NewRatio=<nnn>	新对象和老对象容量比例为 1:nnn	2
-xx:NewSize=<nnn>	新对象区的最小尺寸	1310MB
-xx:MaxNewSize=<nnn>	新对象区的最大尺寸	
-xx:SurvivorRatio=<nnn>	Eden 区与一个 Survivor 区的比例为 nnn:1	8
-xx:ParallelGCThreads=<N>	垃圾回收的并行线程数 N	

6.4　扩展阅读

ISO 曾经对 C++ 的性能进行相近的测量[11]。C++ 的细节可以参见在 Itanium 处理器上[12]的实现方法。除了本书介绍的 setjmp 方法外，还有基于表的异常处理实现方法[13]。有些专门的书籍介绍了 C++[14]、Java[15-16] 程序的一般优化方法。

James 和 Smith 的著作[17]比较全面地介绍了各个层次 JVM 的实现方法。在不同平台上都有特定的 JVM，例如基于 Cell 处理器的 Hera-JVM[18]和面向嵌入式系统的 Taka Tuka[19]等。Android 系统中也使用了 Java 语言，但是编译为 Dalvik 虚拟机的指令系统。

该指令系统没有采用栈结构，而是使用了基于寄存器的虚拟指令系统[20]。Dalvik 虚拟机采用了基于基本块的编译优化技术，较传统 JVM 的粒度更小。Ahead-of-Time（AoT）技术[21] 是在应用程序安装时就完成整个字节码的编译过程，从而完全避免了运行过程中的编译开销。

6.5　习题

习题 6.1　考虑 Java 程序示例 6.11，说明为什么针对 bar() 调用的方法内嵌可能会出现错误。

```
void foo(int x){
  A p=create(x);  //创建一个对象
  p.bar();    //代码内嵌，可能会产生问题
  }
A.create(int x){      //A的create()方法
  //如果x>0，创建A类型的对象，否则创建B类型的对象
  if (x>0) return new A();
  else   return new B();
  }
class A{
  void bar() {…}
  }
  class B extends A{     //类B继承了类A
  void bar() {…}  //重载了A的bar()方法
  }
```

程序示例 6.11　有可能出现问题的 Java 程序

习题 6.2　基于引用计数的垃圾回收是在每个对象中增加一个引用计数字段 Ref-Count。该字段初始化为 0。如果对象 A 中的引用原为指向对象 C，被修改为了指向对象 B，则 B 的引用计数字段加 1，C 的引用计数字段减 1。如果某个对象的引用计数字段为 0，则表明没有其他对象指向它，可以将它作为垃圾进行回收。请说明该回收方法的优点和缺点。

6.6　实验题

实验题 6.1（C++ 的类）　请使用例子 6.1 中的类结构设计一个包含调用虚函数的程序。在 C++ 编译时使用-fdump-class-hierarchy（或者-fdump-lang-class）参数检查对象的存储器布局和虚函数表。

实验题 6.2（STL 性能测试）　考虑 <key, value> 构成的元组，其中 key 和 value 均为 64 位无符号整数，且所有元组的 key 均不相同。使用 STL 中的 vector、list、map、set 等模板完成元素的插入、排序、查询等功能，程序接口如程序示例 6.12 所示。通过实验回答以下问题。

（1）在相同内存容量下，每种模板能够容纳的元组数量分别是多少？哪种模板容纳

的元组数量最多?

(2) 在元组数量为最大元组数的 80% 时, 每种模板每秒分别能完成多少次插入和查询?

(3) 在元组数量为最大元组数的 40% 时, 每种模板对 key 进行从大到小排序的时间分别是多少?

```
static uint64_t key_seed=0;
//产生一个<key,value>对
void generate_key_value(uint64_t *key, uint64_t *value){
    *key=key_seed;
    *value=key_seed+1; //value=key+1, 用于校验查找结果是否正确
    key_seed++;
}
//插入<key,value>构成的元组
void add_key_value(uint64_t key,uint64_t value);

//查找key对应的value值, 如果找到则返回1, 且*value为查找到的结果;
//如果未能找到则返回0, *value值无效
int add_key_value(uint64_t key,uint64_t *value);
```

程序示例 6.12　　STL 的接口程序

实验题 6.3(BMP 图像卷积)　编写一个 Java 程序, 使用 JNI 调用实验题 3.5 开发的图像卷积程序。JNI 的输入为 3 个字符串类型的参数, 分别指明了输入图像文件路径、卷积文件路径和输出图像文件路径。本地接口的输出为整数: 0 表示转换成功, −1 表示输入图像文件路径错误, −2 表示卷积路径文件错误, −3 表示内存分配错误, −4 表示输入的 BMP 图像格式错误, −5 表示输出图像文件路径错误。

实验题 6.4(JVM 垃圾回收)　模拟一个 Web 服务器的内存使用和垃圾回收情况。系统使用的对象分为大对象和小对象两类, 其中大对象的尺寸为 C 字节, 小对象的尺寸为 D 字节。在系统启动时, 将创建 L 个大对象, 然后系统将进入无穷循环。在每次循环中, 系统将模拟每隔 T 毫秒处理一次 Web 访问请求。在每次处理过程中, 将创建 $S+s_c$ 个小对象并释放 $S+s_r$ 个小对象, 然后创建 $U+u_c$ 个大对象并创建 $U+u_r$ 个大对象。其中 s_c 和 s_r 为处于 $[1,S]$ 区间的随机数, u_c 和 u_r 为处于 $[1,U]$ 区间的随机数, $U<L$。一组典型的参数设置如表 6-5 所示。

(1) 设计并实现上述 Java 程序, 并在 HotSpot JVM 上运行, 获得垃圾回收的日志, 并得到其最大暂停时间和吞吐率。

(2) 使用 HotSpot JVM 的串行垃圾回收器, 并调整-Xms(堆的最小尺寸)、-Xmx(堆的最大尺寸)、-XX:NewRatio(新对象代在总堆大小中的占比)、-XX:SurvivorRatio(Survivor 区在新对象代大小中的占比)等参数, 并发现这些参数对最大暂停时间和吞吐率有哪些影响。

(3) 使用 HotSpot JVM 中的并行回收器, 较前一个实验增加-XX:ParallelGCThreads(并行垃圾回收线程数量)参数, 发现这些参数对最大暂停时间和吞吐率的影响, 并比较串行垃圾回收器的性能。

表 6-5　实验 6.4 的典型参数

参数	C	D	L	T	S	U
数值	1MB	10KB	100 个	100ms	1000 个	50 个

参考文献

[1] TIM LINDHOLM G B A B D S, YELLIN F. The Java® virtual machine specification Java SE 14 edition[EB/OL]. [2023-08-08]. https://docs.oracle.com/en/java/javase/14/.

[2] RENOUF C. The IBM J9 Java virtual machine for Java 6[M/OL]. Berkeley: Apress, 2009. https://doi.org/10.1007/978-1-4302-1959-0_2.

[3] SAVRUN-YENICERI G, ZHANG W, ZHANG H, et al. Efficient hosted interpreters on the JVM[J/OL]. ACM Trans. Archit. Code Optim., 2014, 11(1). https://doi.org/10.1145/2532642.

[4] KOTZMANN T, WIMMER C, MÖSSENBÖCK H, et al. Design of the Java HotSpot™ client compiler for Java 6[J/OL]. ACM Trans. Archit. Code Optim., 2008, 5(1). https://doi.org/10.1145/1369396.1370017.

[5] WIMMER C, MÖSSENBÖCK H. Optimized interval splitting in a linear scan register allocator[C/OL]// VEE '05: Proceedings of the 1st ACM/USENIX International Conference on Virtual Execution Environments. New York: Association for Computing Machinery, 2005: 132-141. https://doi.org/10.1145/1064979.1064998.

[6] RADHAKRISHNAN R, VIJAYKRISHNAN N, JOHN L K, et al. Java runtime systems: characterization and Architectural Implications[J]. IEEE Transactions on Computers, 2001, 50(2): 131-146.

[7] ARNOLD M, FINK S, GROVE D, et al. Adaptive optimization in the jalapeño JVM[C/OL]// OOPSLA '00: Proceedings of the 15th ACM SIGPLAN Conference on Object-Oriented Programming, Systems, Languages, and Applications. New York: Association for Computing Machinery, 2000: 47-65. https://doi.org/10.1145/353171.353175.

[8] Oracle Corp. Java native interface specification contents[EB/OL]. [2023-08-08]. https://docs.oracle.com/en/java/javase/15/docs/specs/jni/index.html.

[9] CHEN K Y, CHANG J M, HOU T W. Multithreading in java: Performance and scalability on multicore systems[J/OL]. IEEE Transactions on Computers, 2011, 60(11): 1521-1534. DOI: 10.1109/tc.2010.232.

[10] ORACLE. Hotspot virtual machine garbage collection tuning guide release 14[EB/OL]. 2020. https://docs.oracle.com/en/java/javase/14/gctuning/hotspot-virtual-machine-garbage-collection-tuning-guide.pdf.

[11] ABRAHAMS D. Technical report on c++ performance: ISO/IEC TR 18015:2006(E)[R]. Geneva: International Organization for Standardization/International Electrotechnical Commission, 2006.

[12] Itanium c++ abi[EB/OL]. https://itanium-cxx-abi.github.io/cxx-abi/abi.html.

[13] DE DINECHIN C. C++ Exception Handling[J]. IEEE Concurrency, 2000, 8(4): 72-79.

[14] GUNTHEROTH K. Optimized C++[M]. 1st edition. Sevastopol: O'Reilly Media, 2016.

[15] HUNT C, JOHN B. Java performance[M]. Boston: Addison-Wesley Professional, 2011.

[16] GUIHOT H. Pro Android Apps Performance Optimization[M/OL]. Berkeley: Apress, 2012. https://www.ebook.de/de/product/16499430/herv_guihot_pro_android_apps_performance_optimization.html.

[17]　JAMES E. SMITH R N. Virtual machines[M]. 1st edition. Burlington: Morgan Kaufmann, 2005.

[18]　MCILROY R, SVENTEK J. Hera-jvm: A runtime system for heterogeneous multi-core archi-tectures[C/OL]// OOPSLA '10: Proceedings of the ACM International Conference on Object Oriented Programming Systems Languages and Applications. New York: Association for Com-puting Machinery, 2010: 205-222. https://doi.org/10.1145/1869459.1869478.

[19]　ASLAM F, FENNELL L, SCHINDELHAUER C, et al. Optimized java binary and virtual machine for tiny motes[C]// RAJARAMAN R, MOSCIBRODA T, DUNKELS A, et al. DCOSS' 10: Distributed Computing in Sensor Systems. Berlin, Heidelberg: Springer Berlin Heidelberg, 2010: 15-30.

[20]　OH H S, KIM B J, CHOI H K, et al. Evaluation of android dalvik virtual machine[C/OL]// JTRES '12: Proceedings of the 10th International Workshop on Java Technologies for Real-Time and Embedded Systems. New York: Association for Computing Machinery, 2012: 115-124. https://doi.org/10.1145/2388936.2388956.

[21]　OH H S, YEO J H, MOON S M. Bytecode-to-c ahead-of-time compilation for android dalvik virtual machine[C]// DATE '15: Proceedings of the 2015 Design, Automation, Test in Europe Conference; Exhibition. San Jose: EDA Consortium, 2015: 1048-1053.

第 7 章

系统级软件优化

在计算机系统中还包含硬盘、网卡等大量外部设备。在软件系统中往往需要频繁使用这些外部设备实现文件读写或网络数据传输等功能，针对这些设备的优化技术也成为提升软件性能的重要方面。

计算机系统往往通过 PCIe（Peripheral Component Interconnect Express）总线[1] 将这些外设连接起来，如图 7-1 所示。PCIe 总线最多包含 32 个通道，每个通道均使用低电压差分信号（Low Voltage Differential Signaling，LVDS）技术实现点到点的高速数据传输。可以通过 N 路（$N = 1, 2, 4, 8, 16, 32$）组合以形成不同的带宽，例如 PCIe×16 表示包含了 16 个通道，数据带宽是 PCIe×1 的 16 倍。从 2003 年出现以来，PCIe 已经发展了五代，每一代的数据带宽都比上一代提升一倍，如表 7-1 所示。以第三代 PCIe×16 为例，其单个通道的有效数据传输率为 8Gb/s（1GB/s）。在 16 个通道的情况下，双方向的总数据带宽达到 32GB/s。

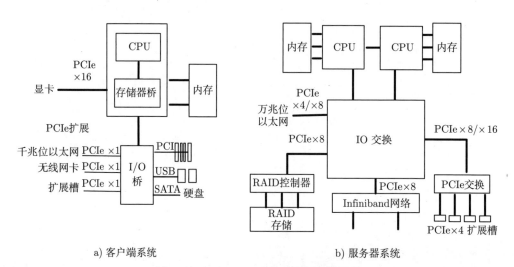

a) 客户端系统   b) 服务器系统

图 7-1 通过 PCIe 总线连接外部设备

表 7-1 PCIe 的总线带宽

PCIe	第一代	第二代	第三代	第四代	第五代
单通道有效数据传输率（Gb/s）	2	4	8	16	32

7.1 硬盘系统与文件系统的性能优化

7.1.1 硬盘系统

1. 机械硬盘与固态硬盘

目前硬盘系统一般有两种类型：基于磁介质存储的机械硬盘和基于 NAND Flash 的固态硬盘。

机械硬盘中包含了多片覆盖磁介质的薄片以存储信息。磁头在薄片的径向上可以来回移动，而且薄片高速旋转。当磁头移动到存储信息的扇区后，就可以从磁介质上读取/写入数据，并通过外部接口向 CPU 传递数据。机械硬盘响应时间由寻道时间和数据传输时间两部分组成。寻道时间指接收到系统指令后，磁头移动到数据所在磁道所需要的时间。一般而言，转速越快，磁头到达指定磁道的时间越短；数据记录密度越高，磁头读写相同容量数据所需要的盘片越少，数据传输时间也就越短。机械硬盘的转速一般分为 5400RPM、7200RPM 等档次，寻道时间一般为 10ms 左右。高转速硬盘的寻道时间可以达到 5ms 左右。

固态硬盘完全由 NAND Flash 构成，在数据访问过程中没有机械运动过程，使得其访问时间大幅度缩短到 0.2ms 左右。表 7-2 列出了两款硬盘的参数对比[2]，其中 IOPS 指每秒能完成的 I/O 次数。

表 7-2 两款机械硬盘和固态硬盘的参数对比

型号	ST4000LM016	ZA2000CM10003
类型	机械硬盘	固态硬盘
接口	SATA 6Gb/s	SATA 6Gb/s
最大数据传输率	130MB/s	顺序读出：560MB/s 顺序写入：540MB/s 随机读取（IOPS）：90,000
工作功耗	1.9~2.1W	2.8W
特有指标	缓存：128MB，转速：5400RPM	

 可以使用 ATTO Disk Benchmark[3]（Windows 系统）或 dd（Linux 系统）等软件测试硬盘的实际读写带宽以及每秒能完成的 I/O 次数。

机械硬盘或固态硬盘的数据传输率都受到每次 I/O 数据量的影响，该数据量较小（机械硬盘小于 8KB，固态硬盘小于 128KB）时，其数据传输率较低；否则，硬盘的数据传输率基本达到峰值。机械硬盘读出和写入的数据传输率基本相当，但是固态硬盘的读出数据传输率明显高于写入数据传输率，这是由于 NAND Flash 在写入时首先要进行擦除操作，影响了写入性能。固态硬盘的数据传输率明显高于机械硬盘。在随机读取时，每次 I/O 的数据量越小能完成的 I/O 次数越多，机械硬盘和固态硬盘的性能并没有明显的区别。

2. RAID 阵列

为了进一步提升硬盘系统的性能，可以使用多块硬盘构成 RAID 阵列。RAID 阵列有多种构成方式，常见的包括 RAID0、1、4、5 等模式，如图 7-2 所示。

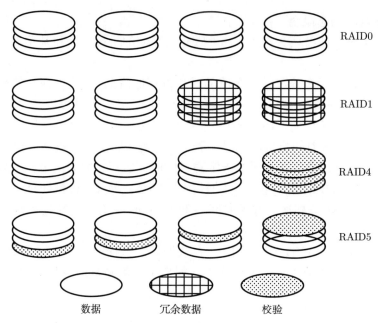

图 7-2 RAID 阵列原理图

- ❑ 在 RAID0 模式下，文件以条带形式分布于多个硬盘中，可以并行读出和写入，但是只要有一块硬盘损坏，整个硬盘系统就失效，不具备容错能力。
- ❑ 在 RAID1 模式下，一份数据被同时存储在两块硬盘上。在读出时可以并行读出，在写入时需要同时写入两块硬盘。此时，一块硬盘损坏并不影响整个磁盘系统。
- ❑ 在 RAID4 模式下，N 块硬盘中专门具有一块硬盘用于存储校验数据（其余 $N-1$ 个数据块的异或值）。在此模式下，一块硬盘损坏时，其数据可以由其他硬盘的数据或校验值恢复。在读出时，$N-1$ 块硬盘可以同时读出。但是在写入时，不仅要写入数据盘，还要写入校验盘。由于每次写入都需要写入校验盘，使得校验盘的负载过重，容易损坏。
- ❑ RAID5 模式与 RAID4 模式的原理相同，但是采用了分布式校验方法，即没有采用单独校验硬盘的方法，而是将校验数据分布到了每个硬盘上，避免了单独校验盘负载过重的情况。

不同的 RAID 模式下，N 块相同硬盘所构成 RAID 阵列的综合性能如表 7-3 所示，其中 N 为硬盘数量，B_R 和 B_W 分别为单块硬盘的读和写峰值数据传输率，C 为单块硬盘的容量。

表 7-3　不同 RAID 模式下的性能（大文件模式）[4]

	RAID0	RAID1	RAID5
容量	NC	$NC/2$	$(N-1)C$
读峰值数据传输率	NB_{R}	NB_{R}	NB_{R}
写峰值数据传输率	NB_{W}	$N/2 \times B_{\mathrm{W}}$	$(N-1)/N \times B_{\mathrm{W}}$
可容忍失效硬盘数	0	最大：$N/2$；最小：1	1

7.1.2　文件系统

1. 文件访问 API

应用程序通过 API 访问文件系统和其中的文件。在 C 语言中，最基本的文件访问 API 主要包括打开文件、关闭文件、读文件、写文件和移动文件指针等，如程序示例 7.1 所示。

```
#include <fcntl.h>

int open(const char *pathname, int flags);
int open(const char *pathname, int flags, mode_t mode);
//pathname: 需要打开的文件名
//flags: 打开文件标志
//mode: 打开文件模式

#include <unistd.h>
int close(int fd);
//fd: 文件句柄
size_t read(int fd, void *buf, size_t count);
ssize_t write(int fd, const void *buf, size_t count);
off_t lseek(int fd, off_t offset, int whence);
off64_t lseek64(int fd, off64_t offset, int whence);
```

程序示例 7.1　文件访问 API

2. 文件缓冲

读取或者写入硬盘系统的基本单位是块，其典型大小是 4KB 左右。硬盘系统中的每个块都具有唯一的标识（称为块号）。操作系统根据块号访问硬盘系统。为了提高硬盘系统的访问效率，操作系统往往会在内存中开辟一块缓冲区。

应用程序读取文件时[5]，操作系统首先将应用程序通过 API 提供的文件名、偏移量等信息转换为硬盘系统中的块号（文件系统的总体结构见图 7-3），然后在缓冲中查找此块是否已经存在。如果此块已经在缓冲中，则操作系统内核将不必产生硬盘访问请求，而直接从缓冲中返回数据。如果此块不在缓冲中，则操作系统内核需要启动硬盘访问，将这一块（或者连续的多块）读取并暂存到缓冲中，再将数据返回给应用程序。应用程序写入文件时，也是将文件名和偏移量转换为块号，并在缓冲中查找。如果此块在缓冲中，则仅更新缓冲中的数据，而不立刻将数据写入硬盘。如果应用程序后续还要读取这个数据块，就可以直接从缓冲中读取，避免了重复的硬盘访问。

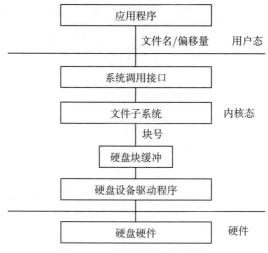

图 7-3 文件系统的总体结构

块缓冲需要占用内存，其容量由操作系统内核动态调度。当缓冲容量不足时，块缓冲需要将缓冲内的某些块替换为当前需要使用的块。往往采用 LRU（Least Recently Used）算法作为块管理的策略，即倾向于替换最近最久没有使用的块所占用的缓冲。

3. 文件在硬盘中的布局

文件在硬盘中的布局对性能也有重要影响。在 Linux 的 Ext2/3 文件系统中，采用了如图 7-4 所示的文件组织方式。在每个文件对应的索引节点中具有少量的块号列表，其中前面的表项（Ext3 文件系统中有 12 个）存储了对应数据块的块号，而最后三个表项存储了一级间接块号、二级间接块号和三级间接块号。

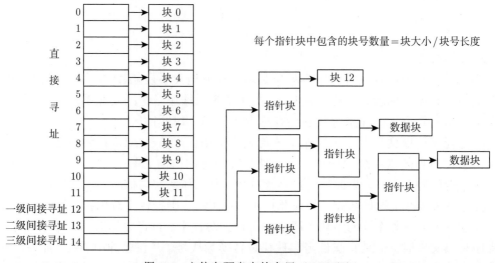

图 7-4 文件在硬盘中的布局（Ext2/3）

如果文件长度大于 12 个块内容的大小，则需要使用后续的间接块号。一级间接块中可以存储块大小/块号长度个数据块的块号。二级间接块和三级间接块则需要在块号列表与数据块之间再加入二级和三级指针块。

例子 7.1 当文件块大小为 4KB，每个块号占 4B 时，Ext2 文件系统的最大文件容量是多少？如果某个文件的容量为 1MB，那么其最后一个数据块的寻址方式是怎样的？

答：在 Ext2 文件系统中，直接块的数量为 12 个，因此使用直接块的文件大小为 $12 \times 4\text{KB}=48\text{KB}$。一个块中可以存放的块号数量 $=4\text{KB}/4\text{B}=1\text{K}$ 个。因此，通过一级间接块可以访问的数据量为 $1\text{K} \times 4\text{KB}=4\text{MB}$，通过二级间接块可以访问的数据量为 $1\text{K}^2 \times 4\text{KB}=4\text{GB}$，通过三级间接块可以访问的数据量为 $1\text{K}^3 \times 4\text{KB}=4\text{TB}$。因此，Ext2 的最大文件容量为 $48\text{KB}+4\text{MB}+4\text{GB}+4\text{TB}$。

1MB 文件需要占用 $1\text{MB}/4\text{KB}=256$ 块。除去前面的 12 个直接块，该块的块号位于一级间接块的第 $256-12=244$ 个块号。

7.1.3 性能优化方法

1. 顺序大块的读/写

从文件系统中读写数据的开销由三个方面组成：① 用户态和操作系统内核态切换的开销；② 在内核的硬盘块缓冲和用户地址空间之间复制数据的开销；③ 内核读取或写入硬盘的开销。第 1 种开销与数据读出/写入的尺寸无关，仅与操作系统调用支持的次数相关；第 2 种开销与访问数据的尺寸有关，但是在总开销中占比很小；第 3 种开销往往是影响性能的关键性因素。

无论是机械硬盘还是固态硬盘，能发挥硬盘最大性能的文件访问方式都是顺序、大块、访问次数少的读写操作。在硬盘访问方面，访问块号连续的磁盘可以有效减少机械硬盘中磁头的移动所带来的寻道时间。在文件结构方面，连续数据块的访问可以有效减少大文件中指针块的访问开销。随机、小块、访问次数多的文件访问模式，将导致严重的性能下降。

例子 7.2 在文件中使用程序示例 2.17 描述的数据结构存储员工的信息，每个员工信息占据 32B，其中工资信息 salary 占据 4B。对应文件系统的每个磁盘缓冲块大小为 512B，最大的读出数据传输率为 120MB/s。在读出 512B 块时，每秒可以完成 30K 次 I/O 操作。考虑两种文件读出方法：① 使用大块顺序读取方法，连续读取文件的内容，此时读取的数据传输率可以达到峰值；② 每次仅读出工资相关的 4B，然后使用 lseek() 移动文件指针。请估计这两种方法分别每秒能读取多少个员工的工资信息。

答：方法 1 中，每秒可以从文件中读取 120MB，其中包含了 $120\text{MB}/32\text{B}=3.84\text{M}$ 个员工的记录，因此每秒可以读出 3.84M 个员工的工资信息。

方法 2 中，在一个 512B 的磁盘块中包含了 $512/32=16$ 个员工信息，所以每 16 次读取就会导致一次实际的硬盘读出操作。由于硬盘每秒能完成 30K 次 512B 的 I/O 操作，因此 1s 内能读取 30K×16=480K 个员工的工资信息。

2. 掩盖读写文件的延迟

程序示例 7.1 给出的文件读写调用是阻塞式的。在操作系统执行这些操作时，相应的线程将被挂起，等待硬盘 I/O 访问结束，CPU 实质上处于闲置状态。

在很多应用中，可以将硬盘 I/O 和 CPU 计算两者并行执行，使用 CPU 的计算时间掩盖 I/O 所带来的延迟。首先需要估计 CPU 计算和 I/O 带宽，在两者比较接近的情况下可以考虑使用 CPU 和 I/O 并行的方法。如果前者明显小于后者，则计算无法掩盖 I/O，I/O 成为系统瓶颈；如果前者远远大于后者，则说明计算占据了大部分时间，掩盖 I/O 延迟的效果并不会很明显。需要将两者并行时，往往采用一个 I/O 线程完成文件读写和一个或者多个 CPU 线程完成计算，I/O 线程和计算线程通过生产者-消费者模型的缓冲相连接。

例子 7.3   遍历指定目录的可执行文件，并采用散列算法 MD5[6] 计算每个文件的散列值（文件指纹）。请估计 CPU 计算和 I/O 的带宽，以确定是否需要采用 CPU 计算和 I/O 并行的方法。如果需要，请给出软件的设计结构。

答：每轮 MD5 操作需要 10 条左右的计算指令。一个 512 位的数据块需要 64 轮操作，即约 640 条指令。在不考虑指令级并行性和存储器访问的情况下，主频为 2GHz 的单核处理器每秒可以完成 3.125M 个 512 位块的 MD5 计算，因此一个 CPU 核进行 MD5 计算的带宽大约为 200MB/s。机械硬盘系统的带宽大约为 100~200MB/s。两者比较接近，可以考虑使用 CPU 和 I/O 并行的方法。

可以采用图 7-5 所示的软件结构，一个读取线程负责查找目录中的可执行文件，并以 4KB 为一块将其读取到缓冲中。MD5 计算线程将获取一个块并计算对应的 MD5 值，并将计算结果（文件指纹）写入文件系统中。

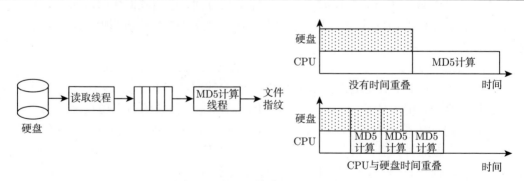

图 7-5　生成文件指纹的软件结构

7.1.4　实例：外排序

在大型数据库系统中，经常需要对一个关系的特定字段排序。关系的数据量又往往超过内存容量，此时需要使用外排序方法对硬盘中的关系文件进行排序。

在数据库系统中，记录是基本的数据存储单元。为了提高文件系统的访问效率，会将一个关系的所有记录以页为单位进行组织，设一个关系中包含了 P 个页。最朴素的外排序方法分为划分排序和多次两路归并排序两个阶段。在划分排序阶段，将从硬盘中依次读入页，对页中的数据排序，然后将排序的结果写入临时文件中。划分排序阶段结束后，将具有 P 个已经排序的部分结果。之后对每两个已经排序的记录页执行归并排序，产生 $P/2$ 个长度为 $2P$ 个页的部分排序结果。不断重复上述归并排序过程，最终将形成 1 个长度为 P 个页的最终排序结果。图 7-6 给出了一个例子，关系中共有 16 个记录，每个页可以包含 2 个记录。两路归并外排序需要进行 1 次划分排序和 3 次两路归并。

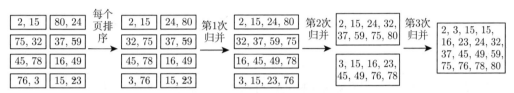

图 7-6　朴素的两路归并外排序例子

在朴素的外排序过程中，需要归并的次数为 $\lceil \log_2 P \rceil$，加上划分排序，总共需要进行 $\lceil \log_2 P \rceil + 1$ 轮。无论是划分排序还是归并排序，每轮读出和写入硬盘的数据量都是 $2P$。因此，朴素排序方法总的 I/O 次数为 $2P(\lceil \log_2 P \rceil + 1)$。在朴素的外排序方法中，归并阶段仅需要 3 个缓冲，每个缓冲对应一个页。这 3 个缓冲中，2 个用于读出部分排序结果，1 个用于写入部分排序结果。

朴素外排序过程的存储器容量要求很小，但是在 P 很大时，归并的次数较多。目前往往使用两阶段多路归并排序方法[7]，如图 7-7 所示。在此方法中，内存中包括 M 个页。在第一阶段中，将反复从关系中读入 M 个页，在内存中对其排序，再写入硬盘中。在第一个阶段结束后，将产生 P/M 个长度为 M 个页的部分排序结果。如果 $P/M \leqslant M-1$，则在第二阶段中，使用 P/M 个页作为输入，1 个页作为输出，进行多路归并排序，并将结果写入磁盘中。由此可以看出，当 $P \leqslant M(M-1)$ 时，两个阶段就可以完成外排序，总的 I/O 次数为 $4P$。当 $P > M(M-1)$ 时，所需要的归并次数为 $\lceil \log_{M-1} \lceil P/M \rceil \rceil$。

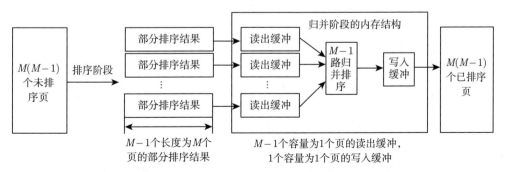

图 7-7　两阶段多路归并排序（$P = M(M-1)$ 的情况）

在两阶段多路归并排序方法中，可以考虑以下方法提升性能。

□ 使用内存中 $M/2$ 个页进行归并排序，使用另外 $M/2$ 个页预先读取部分排序结果。这样使得硬盘读出/写入操作可以和内存中的归并排序并行执行。但是这种方法将占用较多内存，有可能增加归并的次数。

□ 在 CPU 上的多路归并过程可以使用优先队列的数据结构。

例子 7.4 某数据库系统中页大小为 8KB，某关系的一个记录占据 64B，共计 10^9 个记录。① 该关系占用的存储容量和页数是多少？② 朴素的外排序方法所需要的内存容量和总的 I/O 次数是多少？③ 如果使用两阶段多路归并排序方法，最小的内存容量是多少？I/O 次数是多少？

答：该关系占用的存储容量为 $64 \times 10^9 = 64GB$。一个页面中可以存储 $8KB/64 = 128$ 个记录。总页数 $P = \lceil 10^9/128 \rceil = 7,812,500$。

朴素的两路归并外排序方法中需要归并的次数为 $\lceil \log_2 P \rceil = 23$，因此总的 I/O 访问次数为 $2P(\log_2 P + 1) = 375,000,000$。

当 $M = 2796$ 时，满足 $P < M(M-1)$，因此当存储器中包含 2796 个页（22.368MB）时就可以实现两阶段多路归并排序。此时，总的 I/O 次数为 $4P = 31,250,000$。

7.2 网络连接的性能优化

7.2.1 网络连接硬件

网络连接为计算机提供了与其他计算机通信的渠道，由此构成包含多台计算机的并行或分布式计算系统。目前主流的网络连接硬件有以太网和 InfiniBand 两种类型，前者价格低廉、安装维护简便，主要用于一般计算系统；后者带宽高、延迟低，主要用于高性能计算系统，两者实际测试的延迟与带宽如表 7-4 所示。

表 7-4 以太网和 InfiniBand 网络的性能比较

网络连接	延迟（μs）	带宽（MB/s）
Gb 以太网	20~100	112
10 Gb 以太网	12.51	875
DDR InfiniBand	1.72	1482
QDR InfiniBand	1.67	3230

可以采用 TCP 负载引擎（TCP Offload Engine）[8-9] 和远程 DMA（Remote DMA，RDMA）等技术加速网络连接的性能。TCP 协议一般由操作系统中的网络协议栈处理，但是随着网络性能的不断提高，TCP 协议中校验和计算、包重排序、定时器、窗口管理等的开销也越来越大，频繁的中断和计算将严重影响操作系统的性能。为此，高性能网卡使用 TCP 负载引擎直接处理 TCP 协议，以降低 CPU 的负载，缩短网络传输延迟。

在传统的网络协议处理过程中，网卡上接收或发送数据需要经过操作系统内核中转。在网络带宽不断增加时，也将带来严重的开销。RDMA 技术[10-11] 是对网卡上的数据缓冲和用户数据缓冲直接进行 DMA 操作，从而避免了操作系统内核的数据中转开销，如图 7-8 所示。目前 RDMA 有三种方式，分别为 InfiniBand、iWARP（internet Wide Area RDMA Protocol）、RoCE(RDMA over Converged Ethernet)，其中后面两者主要针对以太网。

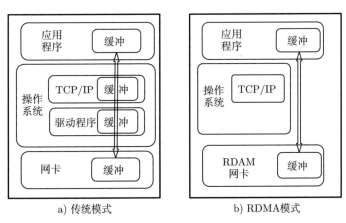

a) 传统模式   b) RDMA模式

图 7-8 RDMA 示意图

7.2.2 网络编程简介

按照 ISO 提出的计算机通信开放系统互联（Open Systems Interconnection，OSI）模型，网络协议栈可以分为七层。其中物理层和数据链路层往往由硬件及其设备驱动程序提供，而网络层和传输层由操作系统内核提供。会话层、表示层和应用层一般由用户进程完成，如图 7-9 所示。

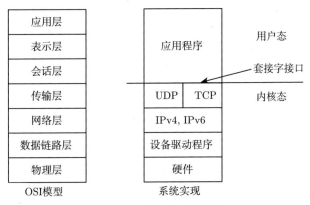

图 7-9 OSI 模型和系统实现

操作系统向应用程序提供套接字作为网络编程的接口。在网络编程前，首先需要使用 socket() 指明套接字的协议类型，如程序示例 7.2 所示。

```
#include <sys/socket.h>
//创建一个套接字，正确时返回大于0的套接字描述符，错误时返回-1
```

```
int socket(int family, //协议族，若为AP_INET，则表示IPv4协议；若为AP_INET6，则表示IPv6
    协议
    int type, //套接字类型，若为SOCK_STREAM，则表示字节流；若为SOCK_DGRAM，则表示数据包
    int protocal //协议类型，若为IPPROTO_TCP，则表示TCP协议；若为IPPROTO_UDP，则表示UDP
    协议
);
```

程序示例 7.2　　socket() 接口

1. TCP 编程简介

现有的网络编程模型中，TCP 分为服务器端和客户端两类。其中服务器端一直处于监听状态，等待客户端向其发送连接请求。双方的通信流程如图 7-10 所示，其中服务器需要使用的套接字接口如程序示例 7.3 所示。

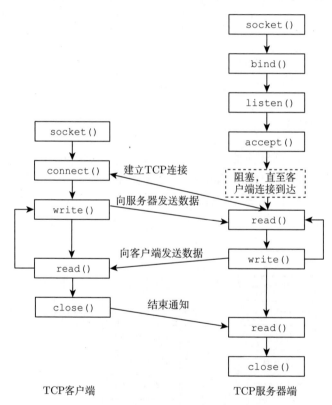

图 7-10　TCP 协议编程模型

```
#include <sys/socket.h>
//将本地协议地址赋予一个套接字
int bind(int socket, //套接字的描述符
    const struct sockaddr *address, //绑定的客户端IP地址和端口号
    socklen_t address_len        //地址结构的长度
);
//将套接字转换为监听状态
int listen(int socket, //套接字描述符
```

```
    int backlog//允许挂起客户连接请求的最大值
);
//接受客户的连接请求，正确时返回新的套接字，错误时返回-1
int accept(int socket, //套接字描述符
    struct sockaddr *restrict address, //客户端的IP地址和端口号
    socklen_t *restrict address_len //此客户端地址结构的长度
);
```

程序示例 7.3　TCP 服务器端使用的接口

TCP 客户端在使用 socket() 指定 TCP 协议类型后，可以直接使用 connect() 连接服务器端，如程序示例 7.4 所示。

```
#include <sys/socket.h>
//客户端连接服务器端
int connect(int socket, //套接字的描述符
    const struct sockaddr *address, //服务器端的IP地址和端口号
    socklen_t address_len//地址结构的长度
);
```

程序示例 7.4　TCP 客户端使用的接口

在客户端和服务器端建立 TCP 连接后，可以使用 write() 函数向对方写入字节流，使用 read() 函数接收来自对方的字节流。在通信完成后，使用 close() 关闭特定的套接字。

2. UDP 编程简介

客户端和服务器端在使用 UDP 通信时，不需要首先建立连接，可以直接使用 sendto() 向对方发送一个数据包，使用 recvfrom() 接收对方的一个数据包。两者的通信流程如图 7-11 所示，所需要使用的接口如程序示例 7.5 所示。

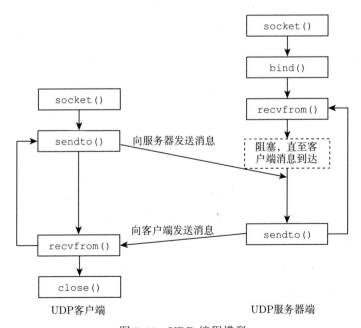

图 7-11　UDP 编程模型

```
#include <sys/socket.h>
//向指定的IP地址和端口号发送一个消息，返回实际发送消息的字节数
ssize_t sendto(int socket, //套接字的描述符
    const void *message, //指向需要发送的一个消息
    size_t length, //消息的长度
    int flags, //标志
    const struct sockaddr *dest_addr, //接收方的IP地址和端口号
    socklen_t dest_len   //地址长度
);
//接收一个消息，返回实际接受消息的字节数
ssize_t recvfrom(int socket, //套接字的描述符
    void *restrict buffer, //接收的缓冲指针
    size_t length, //缓冲的最大长度
    int flags, //标志
    struct sockaddr *restrict address, //发送此消息的IP地址和端口号
    socklen_t *restrict address_len //地址长度
);
```

程序示例 7.5   UDP 协议使用的接口

7.2.3 性能优化方法

1. 选择网络协议

TCP 和 UDP 是两种基本的网络协议。使用 TCP 时，在通信前需要建立连接，并且保证发送端的数据可以按照发送顺序无差错地到达接收端，但是协议的实现较为复杂，而且由于 TCP 的消息确认机制，会导致数据传输的延迟较长。使用 UDP 时，不需要事先建立连接，也没有数据确认机制，这使得数据传输的延迟较短，实现开销较小，而且能支持多播（从一个发送端同时发送消息到多个接收端），但是不能保证接收端一定按照消息的发送顺序接收消息，而且可能存在丢失消息的可能。

这两种协议可以用于不同的应用环境。TCP 一般应用在需要可靠传输的领域，例如电子邮件、远程登录、Web 访问、文件传输等。UDP 应用在可以容忍丢失包的领域，例如 DNS 协议、IP 电话。在局域网环境下，网络传输的丢包率较低，也可以使用 UDP 替代 TCP，例如 TFTP，但是需要应用程序在 UDP 的基础上实现对所接收数据包的重新排序和重发机制。

在 TCP 中，还有长连接和短连接两种设计方法。长连接是指客户端和服务器端即使长时间不进行通信也一直保持连接，短连接指两者仅在通信时才重新建立连接，完成数据交换后立即关闭连接。长连接的优点是再次通信时，不需要重新建立连接，而且可以通过心跳机制检测连接是否正常；缺点在于服务器端需要维持大量的连接，增加了服务器端的开销，在客户端数量较多时有可能成为系统的瓶颈。

2. 配置协议参数

在 TCP 中，发送端向接收方发送数据后，接收方需要向发送方回送 ACK 消息。发送方在接收到 ACK 消息后才确认接收方已经正确接收到数据。从发送方到接收方，再

返回到发送方的时间称为**往返延迟**（Round-Trip Time，RTT）。往返延迟取决于双方之间的距离和网络连接方式。在远程连接时，往返延迟可能达到数百毫秒，在本地局域网下则只有数毫秒。双方通信的最大带宽等于通信链路上带宽的最小值。在双方通信链路确定的情况下，RTT 和通信带宽都是比较稳定且无法改变的值。

虽然，基本的通信链路参数无法改变，但仍然可以通过程序示例 7.6 中所示的 getsockopt() 和 setsockopt() 获取和修改 TCP 中的参数以提升其效率。可以配置的网络协议参数很多，本节仅以 TCP 中常用的发送窗口和禁止延迟参数为例说明其使用方法。

```
#include <sys/socket.h>
//获取套接字的配置参数
int getsockopt(int socket, //套接字的描述符
    int level, //参数控制级别
    int option_name, //选项名称
    void *restrict option_value, //选项值
    socklen_t *restrict option_len //选项值长度
);
int setsockopt(int socket, //套接字的描述符
    int level, //参数控制级别
    int option_name, //选项名称
    const void* option_vale, //选项值
    socklen_t* option_len//选项值长度
);
```

程序示例 7.6　获取和设置套接字的配置参数

TCP 发送端的发送窗口中存储了当前已经发送但是还没有接收到 ACK 消息的数据。易见，TCP 连接的最大发送带宽 = 发送窗口尺寸/RTT。例如，当发送窗口大小为 64KB，RTT 为 120ms 时，最大的发送带宽 =0.53MB/s=4.24Mb/s；当 RTT 为 1ms 时，最大发送带宽 =65.54MB/s=524.32Mb/s。对比表 7-4 中千兆位或者万兆位以太网的传输带宽，可以看出 64KB 大小的发送窗口并不能完全发挥网络带宽的潜力。虽然 TCP 具有自动调整发送窗口尺寸的能力，但是这往往需要经过较长的时间。合理的发送窗口尺寸应该接近于 RTT× 网络带宽。在 getsockopt() 和 setsockopt() 中设置 level 等于 SO_SOCKET，option_name 等于 SO_SNDBUF，即可获取和设置此参数。

TCP 中默认开启 Nagle 算法，即发送窗口中的数据长度小于 MSS（Message Segment Size）时，如果没有收到这些数据的 ACK 消息，就一直等待直至 ACK 消息到来。这样做的目的是减少网络中长度小于 MSS 的包的数量。但是在交互式的应用中，RTT 较长将影响用户体验。图 7-12 给出了一个例子[12]，用户每隔 250ms 输入一个字符，而网络 RTT 为 600ms。在使用 Nagle 算法时，在 0 到 600ms 之间输入的两个字符 "el" 被发送出去后，在 1200ms 时才能接收到 ACK 信息并在用户端显示，这使得用户端感受到较为严重的延迟。通过在 setsockopt() 中设置 level 等于 IPPROTO_TCP，option_name 等于 TCP_NODELAY，可以禁止 Nagle 算法。此时，输入每个字符后，就直接将其发送，用户端可以在间隔 600ms 后获得 ACK 消息并进行显示，从而减少了用户端字符从输入到显示的延迟。

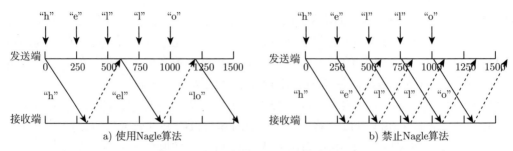

图 7-12　使用和禁止 Nalge 算法的对比

3. I/O 多路复用

在网络通信中，接收方不能预知发送方的数据何时到来。应用程序可以采用不同的模型处理这样的异步事件，典型的模型包括阻塞方式、I/O 多路复用方式、非阻塞方式、信号驱动方式和异步方式，如图 7-13 所示。

- ❑ 阻塞方式是只有当异步事件到达时进程才被操作系统内核唤醒，本书前述的文件输入/输出接口和套接字接口都属于阻塞方式。
- ❑ I/O 多路复用方式也是一种阻塞方式，其特点在于可以同时等待多个异步事件，只要有一个异步事件发生进程就被唤醒。
- ❑ 非阻塞方式是指当异步事件没有到达时，调用立即返回错误标志。如果数据已经到达，则将数据填写到用户缓冲中。
- ❑ 在 UNIX 操作系统中，外部数据到达将产生 SIGIO 信号。信号驱动方式需要首先调用 sigaction() 注册 SIGIO 的信号处理程序。当外部数据到达时，操作系统内核调用已经注册的信号处理程序，在此信号处理程序中将外部数据读入用户缓冲中。
- ❑ POSIX 规范定义了 aio_read() 等异步 I/O 接口。当数据到达时，操作系统将接收到的数据复制到指定的用户缓冲区后，再调用对应的事件处理程序。

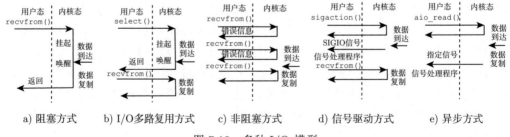

图 7-13　多种 I/O 模型

在这些 I/O 模型中，阻塞方式编程最为简单，但是在用户进程只有一个线程的场景下，该进程在等待外部数据到达时将进入挂起状态而无法处理其他事务。I/O 多路复用方式虽然也会进入阻塞方式，但是它可以同时等待多个异步事件，比较适合服务器端等待多个连接的数据到来的场景。非阻塞方式可以在查询数据到来的间隙处理其他事务，可以提高 CPU 的利用率，但是需要不断查询是否有数据到来，频繁进出操作系统内核。

事件驱动方式可以有效减少开销，但是 TCP 处理过程中，在很多情况下会发出 SIGIO
信号；在 UDP 处理过程中，在消息到达或者发生错误时将产生 SIGIO 信号。所以，事
件驱动方式对 TCP 处理的益处不大，更适合于 UDP 处理。异步方式可以同时发起多
个 I/O 请求（例如网络数据传输和文件读写），开发不同 I/O 设备之间以及和 CPU 之
间的并行性，但是编程较为复杂。

　　本节将主要介绍可以同时处理多个 I/O 源的多路 I/O 复用技术。在 POSIX 接口
中，最常见的 I/O 复用接口为 select()，如程序示例 7.7 所示。调用 select() 前，需要使
用 FD_SET() 将需要等待的描述符设置到特定的描述符集合中。调用 select() 后，可以
根据返回值是否大于 0 来判断等待的 I/O 事件是否已经发生。如果返回值大于 0，则通
过 FD_ISSET() 检查哪些描述符对应的 I/O 事件已经发生。

```
#include <sys/select.h>
int select(int nfds, //所有描述符的最大值加1
   fd_set *restrict readfds, //读出描述符集合
   fd_set *restrict writefds, //写入描述符集合
   fd_set *restrict exceptfds, //异常描述符集合
   struct timeval *restrict timeout //最长等待时间
);
//返回：大于0时表示发生等待到事件的描述符的数量
//      等于0时表示超时
//      -1表示出错
void FD_CLR(int fd, fd_set *set);   //从描述符集合中清除一个描述符
int  FD_ISSET(int fd, fd_set *set);//描述符集合set中是否存在描述符fd
void FD_SET(int fd, fd_set *set);   //在描述符集合set中增加一个描述符
void FD_ZERO(fd_set *set);          //清除描述符集合set
```

程序示例 7.7　多路 I/O 复用的接口 select()

　　系统调用 poll() 也可以完成与 select() 相似的功能，但描述符的组织方式不同，如
程序示例 7.8 所示。在调用需要准备等待 I/O 事件的描述符数组时，数组中每个结构中
的 fd 为描述符，events 描述了该描述符需要等待的事件。在 poll() 返回后，将返回发生
I/O 事件的描述符数量，而且对应描述符的 revents 字段将被设置为发生了何种 I/O 事
件。常见的 I/O 事件包括：POLLIN（读入事件）、POLLOUT（写出事件）、POLLERR
（错误事件）。在调用 poll() 后，用户程序将根据其返回值判断是否有等待的 I/O 事件
发生。如果返回值大于 0，则需要依次检查描述符数组中的 revents 字段，从而判断此
描述符的 I/O 事件是否已经发生。

```
#include <poll.h>
int poll(struct pollfd *fds, //描述符数组
   nfds_t nfds, //描述符数量
   int timeout  //=0, 立即返回；>0, 最大等待毫秒数；INFTIM, 等待直至有事件发生
);
//返回：大于0时表示发生等待到事件的描述符的数量
//      等于0时表示超时
//      -1表示出错
struct pollfd {
   int   fd;   //描述符
```

```
    short events;   //请求的事件
    short revents;  //返回的事件
};
```

程序示例 7.8　多路 I/O 复用的接口 poll()

4. 并行处理多个 TCP 连接

服务器端往往需要能够同时接收并处理多个客户端的 TCP 连接请求。程序示例 7.3 中的 accept() 调用将等待客户端的连接请求。一个客户端的连接请求到达后，该调用将返回一个新的套接字描述符。通过这个新的套接字描述符，服务器端可以发起与此连接的客户端通信。为了能够并行处理多个客户端的 TCP 连接请求，往往采用一个进程或一个线程处理一个连接的方式。

程序示例 7.9 给出了一个线程处理一个 TCP 连接的程序片段。其中，当 accept() 返回后，就使用 pthread_create() 创建一个线程，并将 accept() 返回的客户端连接套接字作为该线程的输入。子线程在 ClientReceive() 中处理该客户端的 TCP 连接，与客户端通信。在完成通信并关闭连接后，线程退出。

```
//主程序片段
//通过socket()、bind()、listen()初始化SourceConnect
int ClientConnect;
pthread_t tid;
while (1) {
  struct sockaddr_in ClientAddr;
  int ClinetSize = sizeof(ClientAddr);
  ClientConnect = accept(SourceConnect, (struct sockaddr*)&ClientAddr, &ClinetSize);
  int ret = pthread_create(&tid,NULL,ClientReceive,(void*)ClientConnect);
}
//子线程的入口程序
void *ClientReceive(void *Connect) {
  //以特定客户端连接的套接字作为输入，处理该客户端的连接请求。关闭此连接时，线程退出
}
```

程序示例 7.9　每个线程处理一个 TCP 连接的程序片段

程序示例 7.9 较容易实现，但是每次建立一个连接时都需要重新创建和销毁一个线程，运行开销较大。更为有效的实现方法是主线程事先构建一个空闲子线程池。客户端连接请求达到后，主线程从线程池中挑选一个空闲子线程，由此子线程处理客户端请求。在客户端请求处理完毕后，子线程并不撤销，而是回到空闲子线程池，等待下一次连接。

7.2.4　实例：Web 服务器的结构

超文本传输协议（HyperText Transfer Protocol，HTTP）是构成互联网的基础，由 Tim Berners-Lee 在 1989 年发明。1999 年 6 月发布的 RFC 2616 定义了当前广泛使用 HTTP 1.1 标准。2015 年 5 月发布的 RFC 7540 定义了 HTTP/2 标准。最基本的 HTTP 基于 TCP 实现，服务器端的主要流程如图 7-14 所示，包括以下步骤：

（1）客户端和服务器端建立 TCP 连接；

（2）客户端通过 GET 命令向服务器端发出请求；

（3）服务器端解析客户端的请求内容，并由此读出硬盘上的一个 HTML 文件；

（4）服务器端向客户端返回 HTML 文件的内容；

（5）关闭 TCP 连接。

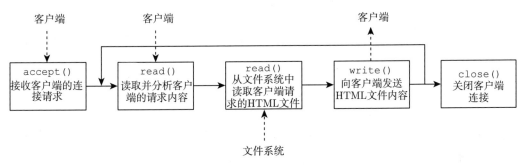

图 7-14　HTTP 协议中服务器端的简要处理流程

评价 Web 服务器性能的主要指标是吞吐率，即同时能处理的客户端数量。为了提高系统的吞吐率，Web 服务器的设计可以采用事件驱动结构、流水线结构和每线程一个连接结构等[13]。

事件驱动结构

最简单的方法是单进程事件驱动结构中，使用 poll() 调用同时监听来自多个客户端的请求，然后一个进程依次按照图 7-14 所示的流程处理来自不同客户端的请求。单进程事件驱动方法在从文件系统读取文件时会产生阻塞，这将严重影响系统性能。为了解决读取文件阻塞的问题，可以进一步增加若干专门读取文件的进程，形成非对称多进程事件驱动结构。

流水线结构

在分级事件驱动结构（Staged Event-Driven Architecture, SEDA）中[14]，按照 HTTP 的处理流程设计了如图 7-15 所示的流水线。每个流水线段中包含了输入事件队列、线程池和事件处理例程。

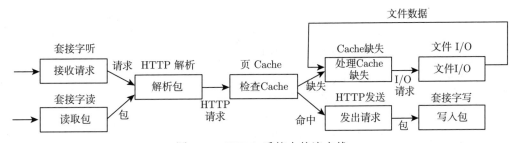

图 7-15　SEDA 系统中的流水线

在流水线结构中，每个流水线段的线程池中的线程数量难以事先确定。SEDA 中采用了根据输入事件队列中事件数量来调整线程池线程数量的动态调度机制。系统将周期性采样输入事件队列，如果队列中事件的数量大于特定的门限值，将在线程池中增加一个线程，直至线程数量达到预定的最大数量。如果线程池中特定线程空闲时间超过了预定的阈值，则将此线程从线程池中移走。

一个线程从线程池中被唤醒后，将在事件处理例程中一次处理多个输入事件，然后回到线程池休眠。这样可以减少线程唤醒和休眠的开销，提高系统的吞吐率。但是如果一次处理输入事件的数量（称为迭代次数）过多，则会导致响应时间过长。SEDA 系统希望能动态地获得满足吞吐率要求的最小迭代次数。它将监测每个流水线段的事件输出速度，并在输出速度不降低的情况下减少迭代次数。如果输出速度有轻微降低，它将稍微增加迭代次数。如果输出速度发生急剧下降，它将把迭代次数增加到预设的最大值。

流水线结构所需要的线程数量较少，但是存在以下缺点：① 完整的处理过程被分解到多个流水线阶段，软件的处理流程不直观，开发过程较为复杂；② 需要针对应用合理划分流水线，而且需要在不同的流水线段之间采用较为复杂的动态负载均衡机制。

每线程一个连接结构

在每线程一个连接结构中，完整的处理流程都体现在一个处理线程中，更易于实现。为了能同时处理大量的客户端连接，需要 Web 服务器支持数十万线程同时运行，对底层系统提出了新的挑战。

Capriccio[15] 是一个支持 Web 服务器的高效率多线程结构。它采用了用户级线程以减少线程创建、切换和同步的开销。同时，它采用了 epoll() 和异步 I/O 方式解决了线程因为 I/O 而阻塞的问题。

每个线程都需要自己独立的栈。在 Web 服务器中，虽然每个线程的栈空间仅为数千字节，但是在一个进程中同时创建数十万个线程，其总存储空间依然很大。Capriccio 采用了动态堆栈分配策略，即根据线程的实际需求适当增加栈空间，当需求减少时将减少栈空间，这使得在特定时刻栈的总空间明显减少。

Capriccio 采用了以资源为核心的调度机制，即一旦某种资源变得稀缺，就提高将释放这些资源的线程的优先级，同时降低需要这些资源的线程的优先级。该系统考虑了CPU、存储器和文件描述符三种资源。与此同时，该系统还将自动化地跟踪与学习程序的特性，形成应用程序的**阻塞图**。该图中的每个节点都是线程执行流程中将发生阻塞的位置。系统将统计图中边的执行时间（两个阻塞点之间的执行时间），以及阻塞点的执行时间，同时标记每个点的资源使用情况。这样，就可以预测线程在未来执行过程中的资源使用情况。在此基础上，根据前述的原则动态调整每个阻塞点上的线程优先级。

广为使用的 Apache Web 服务器[16] 使用了进程和线程组合的方法[17]。除了第一个进程（称为主进程）外，所有的进程具有同样的行为。每个进程使用一个线程接收新的连接，并维护一个工作线程池以处理客户端的请求。主进程的工作是根据当前负载创建或者销毁进程：当空闲线程数小于预设的阈值时，主进程创建一个新的进程。由主进程创建的子进程继承主进程的套接字，并同时由主进程接收新的连接。每个子进程通过共享数据结构向主进程报告当前的空闲线程数。当空闲线程数大于预设的阈值时，主进程在所有子线程共享的管道中发送一个消息。第一个接收到此消息的进程继续它正在完成的请求，然后平滑地退出。

子进程中的工作线程对静态请求和动态请求采用不同的处理方法。静态请求使用 sendfile() 系统调用，直接将文件从缓冲中复制到网络上。动态请求由一系列数量固定的 PHP 进程处理。这些 PHP 进程使用 FastCGI 协议与 Apache 系统交互。它们通过同一个 Unix 套接字等待 FastCGI 请求。每个 FastCGI 请求由一个 PHP 进程处理，并将结果页发送回 Apache 系统。

7.3　软件总体结构的设计考虑

除了性能方面的考虑外，一个完整的软件系统设计还需要考虑其他多个方面的因素：用户友好性、可移植性、错误处理、系统可维护性。

7.3.1　用户友好性设计

用户使用软件的方法主要有两种：① 直接通过软件自身提供的用户界面使用；② 在软件提供外部接口的基础上进行二次开发。前者往往是一个独立和完整的软件系统，后者往往以库或者服务的方式支持用户的其他软件。

1. 用户界面的设计

用户界面一般包括三种类型：命令行、C/S 结构和 B/S 结构。在命令行中，用户直接通过字符终端输入程序命令和运行参数启动软件的运行。这需要用户记忆比较复杂的命令格式，而且在运行过程中仅能显示简单的运行状态，往往适合于专业人员使用，对一般用户并不友好。它的优点在于有利于快速开发，而且可以供外部程序使用 exec() 的方式调用，既具有较好的独立性又易于整合到其他的软件系统中。

C/S 结构是指专门构造特定的用户界面应用程序。C/S 结构界面的针对性很强，可以提供很好的用户体验。它的主要缺点在于两个方面：① 用户界面本身较为复杂，设计、开发和后期维护的工作量都比较大；② 用户界面应用程序往往依赖于特定操作系统，需要较为烦琐的安装过程。

B/S 结构是指用户通过浏览器方式远程使用计算软件。与 C/S 结构相比，B/S 结构的用户端更易于安装和使用。但是由于浏览器的原因，B/S 界面的展现效果有可能稍逊于 C/S。

与一般应用软件相比，计算相关的软件运行时间较长，而且需要占用大量的硬件资源，用户界面应该能向用户及时反馈足够的信息报告当前的运行状态。反馈的信息主要包括两个方面：① 计算程序使用的主要硬件的当前状态，例如 CPU/GPU 的负载、温度和风扇转速、内存使用情况、磁盘的当前容量和数据传输速度、网络数据传输速度等；② 程序运行的进度和预计完成时间等。

与此同时，完整的应用软件还应该向用户提供对当前计算过程的控制，例如暂停、恢复、中止等。当计算软件和用户界面同处于一台计算机上时，长时间的计算过程往往会占用大量的 CPU、内存和硬盘资源，有可能会让用户界面难以对用户输入的控制命令做出及时响应，而出现卡顿的情况，严重影响用户体验。这个问题在 C/S 结构的用户界面设计中尤为突出，此时可以考虑使用多线程方式，使用单独线程来处理计算任务。

应该从以下方面考虑选择何种用户界面。

❑ 用户专业程度。对于专业用户可以考虑采用命令行，但是对于一般性用户建议采用 B/S 或者 C/S 结构的界面。

❑ 用户界面的展现效果。如果用户界面的输出以文本类型为主，那么以浏览器为界面往往具有较好效果，但是如果需要在客户端进一步进行输出处理，则建议开发专用的客户端软件。

❑ 计算程序所需要的运行平台。如果计算程序可以在用户使用的终端上运行，专用客户端软件开发和调试都较为方便，则可以将其作为设计的首选。如果计算程序由于硬件资源等问题无法在用户使用的终端上运行，则需要使用 B/S 结构，或者在专用用户界面上通过远过程调用等方法使用外部计算资源。

❑ 数据传输问题。在计算软件输入或者输出的数据量较大，而且与用户终端处于远程连接状态时，需要在用户界面中加入专门的数据输入/输出模块，并提供数据传输过程中的进度状态和数据完整性校验。

❑ 长时间计算过程的用户体验。提供当前计算任务的控制能力，及时响应用户输入，并向用户展现当前的计算状态和未来的预期时间。

在使用 C/S 结构的用户界面时，用户界面与计算软件之间的相互调用方法可以包括以下这些。

❑ 通过 exec() 等方式调用本地的计算软件，或者使用远过程调用和其他方式调用处于服务器端的计算软件，通过命令行参数或者输入文件控制计算软件的运行，通过输出文件的方式获得结果。这样做的主要优点在于计算软件和用户界面处于不同的进程中，两者相对隔离，计算软件的运行并不会影响用户界面。它的缺点在于，用户界面对计算软件的控制能力较弱，两者需要设计特定的交互方式实现计算过程的中止、暂停等操作，与此同时，计算软件还需要通过特定方式向用户界面返回当前的运行状态。

❑ 将计算软件整合入用户界面进程。这种方法使得用户界面对于计算过程的控制力更强，但是使得计算软件和用户界面软件必须运行在用户使用的终端上，使得计算软件所能使用的计算资源受到限制，较为适合小规模的计算软件。

7.3.2 可移植性设计

在软件完成开发后，真实的运行平台可能会发生变化，从而引起可移植性问题。运行平台的变化可能有硬件和软件两个方面。硬件方面的变化主要包括：① 指令系统发生变化，例如从 x86 指令系统迁移到 ARM 指令系统，或者从 SSE 指令系统迁移到 AVX 指令系统等；② 硬件配置发生变化，例如处理器的核数增加、内存容量增加、从单一硬盘转换到 RAID 阵列、GPU 的核数增加、互联网络性能提升等。软件方面的变化主要包括：① 操作系统变化，例如从 Windows 操作系统迁移到 Linux 操作系统；② 编译器发生变化，例如从 MS VS 迁移到 gcc；③ 关键的基础库发生变化，例如升级到更高版本的库。不断变化的软硬件环境使得软件的可移植性问题日益突出。

在软件初始设计阶段，编程语言和库的选择对于可移植性尤其重要。一般而言，尽可能选择 C、C++ 等成熟稳定的语言作为计算方面的核心语言，使用 Java 或者 Python 语言作为外部控制或用户界面的设计语言，而且不宜使用最新版本的语言标准，尽可能使用编译器普遍支持的语言标准（例如 C99、OpenMP4.0 等）。在库的选择方面，尽可能使用标准库或者在不同微处理器和操作系统平台上获得广泛使用的库，而尽量避免特定平台的库。例如，OpenMP 可以在 Windows 和 Linux 两个操作系统上运行，pthread 库就仅能在 Linux 平台上运行，在 Windows 操作系统上需要额外的库（如 pthread-win32）才能运行。

在软件结构设计方面，应该将硬件平台相关的部分集中起来加以封装，形成抽象的中间层，然后使用中间层作为算法设计的主要接口。例如，fftw 软件中将 SIMD 指令封装成一套公共的函数接口。核心算法使用这套函数接口实现，并在编译时刻选择合适的 SIMD 指令实现。在并行算法设计方面，需要考虑以下因素：① 应尽可能与具体的硬件参数（例如 CPU 的核数、SIMD 的数据宽度、Cache 容量、内存容量等）无关，或者能自动适应硬件参数的变化；② 当 SIMD 的数据宽度、CPU/GPU 的核数等计算能力增加时，并行算法的性能应该具有较好的可扩展性，性能也能随之同步增加；③ 硬件配置参数的变化可能会导致系统瓶颈发生变化，例如通过 RAID 阵列增加硬盘的数据传输率后，原有的 I/O 瓶颈有可能变化为 CPU 计算瓶颈，因此在硬件的计算能力或者存储能力发生重大变化时，需要重新对软件的性能进行详细测试，从而确定硬件平台选择的合理性并及时调整软件系统；④ 并行算法不应该严重依赖于特定硬件平台的特性，这将增加在不同平台移植的难度。

在数据接口方面，不同操作系统往往有其自身特点。例如，Windows 操作系统中采用 UCS-2 编码，而 Linux 操作系统中使用 UTF-8 编码。在系统设计时，需要预先确定数据的标准格式，并在实现时能适应多种平台不同的编码标准。

面向性能优化的软件系统往往需要发挥特定硬件平台和操作系统的特点，这与软件的可移植性要求存在着矛盾，需要设计者在性能与移植能力之间做出合理的选择。

7.3.3　错误处理设计

计算类软件虽在交付用户使用前需要进行大量的测试，但是在使用过程中依然可能会出现软件设计错误导致的故障，也有可能出现硬件故障。计算类软件一旦在长时间的运行过程中崩溃，定位导致错误的代码位置将非常困难。这需要在软件设计和实现阶段做好准备以应对使用过程中可能出现的问题。错误处理的主要工作包括以下部分。

❏ 在运行过程中设立检查点，即在软件运行的关键点上采集运行的上下文现场，并将其保存到磁盘中，与此同时从磁盘中的上下文现场文件中恢复关键点运行状态并继续执行它的功能。在此情况下，软件系统可以在突然发生崩溃时从上个检查点恢复运行，从而避免了一旦崩溃就需要从头运行的问题。检查点机制也可以用于处理用户暂停和恢复计算的功能。

❑ 建立运行日志和调试日志两套日志机制，其中运行日志主要记录计算的启动时间、输入的关键参数、在关键点的处理结果，以及计算结束的时间和主要结果，调试日志则更加详细地记录了程序运行过程中的信息。在软件部署运行后，开启运行日志功能。一旦计算程序崩溃，可以通过运行日志了解导致崩溃的输入情况和大致位置。在发生错误后，可以使用导致错误的输入数据，并开启调试日志，从而快速定位发生错误的位置。

❑ 在软件实现的过程中完善错误处理能力，充分检查用户输入参数和数据的合法性，尽可能捕获程序运行过程中常见的错误（例如无法找到文件、内存分配失败等），并在错误发生时及时向日志系统输出发生错误的位置和原因。必要时，可以使用捕获硬件错误信号方法，使得系统在发生内存访问越界、被 0 除等不可恢复的错误时不会立刻完全崩溃，而能尽可能多地保存供后续分析的信息。通过 dump 文件也可以查找到导致崩溃的代码。

❑ 建立定时的心跳机制，即通过网络链接或者文件定时向外部系统传送正常工作的信号，或者当前的计算进度，便于用户界面软件及时了解当前程序的运行状态。

❑ 建立测试数据库，使用验证过正确性的串行程序或并行程序测试输入数据产生的输出结果，并建立结果自动比对程序，用于软件系统修改后的回归测试，以验证修改后软件的正确性。

7.3.4 系统可维护性设计

软件维护是整个软件生命周期中重要的组成部分，主要完成三类问题：① 修正软件中的错误；② 根据用户需求增加新的功能；③ 优化已有的功能，提升软件的执行效率。可以从下述方面提升软件的可维护能力。

❑ 建立快速的软件更新和发布机制。通过提供专用软件补丁程序、在互联网上提供升级服务等方法，快速地将更新的软件版本发布给用户，便于用户及时获得最新版本。

❑ 不同软件版本之间的数据兼容性考虑。一般而言，新版本的软件应该能兼容前一版本软件产生的数据和特定的网络控制协议，或者能提供专用软件将较早版本软件生成的数据升级到当前版本。

❑ 建立完善的文档机制。一方面，应有较为丰富的文档和代码注释，以适应软件开发人员的变化；另一方面，在用户使用界面发生重大变化时，应及时向用户提供更新后的软件手册，便于用户了解新的使用界面。

❑ 对于新增加的功能，应进行全面和详细的回归测试，特别要验证新功能的导入不会影响原有功能的正确性。

❑ 在优化软件原有功能时，一方面要尽可能将软件的修改集中在特定模块中，另一方面要尽可能保持原有接口的兼容性，防止对其他部分产生影响。

7.4　扩展阅读

　　存储系统是计算机系统的重要组成部分。由于容量大而且价格低廉，磁介质的机械硬盘存储得到了广泛应用，未来单盘的容量可能会达到 20TB 以上[18]。随着半导体技术的不断进步，基于 NAND Flash 技术的固态硬盘容量也在不断提升，而且在数据吞吐率方面具有显著优势，已经可以达到 13GB/s[19]。真实的大规模数据存储系统往往综合了固态硬盘、磁盘等不同类型的设备，以在性能、容量、成本等方面取得合理的折衷[20]。RAID 阵列是存储系统提升容量、可靠性和访问速度的重要方法，针对固态硬盘特点的RAID 系统[21] 将是未来的发展方向。

　　除了传统的机械硬盘、固态硬盘以外，新型材料技术研究催生了多种新型非易失性存储器，主要包括：铁电随机存储器（Ferroelectric RAM，FeRAM）、磁性随机存储器（Magnetic RAM，MRAM）、阻变存储器（Resistive RAM，ReRAM）、相变存储器（Phase Changing RAM，PCM）等。这些存储器掉电后依然能保持数据内容，同时具有容量大、价格低、访问带宽高和延迟低等特点。它们的引入将对已有的计算机存储器层次产生重大影响。以 Intel 公司的 3D-XPoint 技术为例[22]，它采用了与 DRAM 相同的通道接口，可以与 DRAM 搭配使用，提供容量和价格接近于 Flash，且存储器访问带宽和延迟接近于 DRAM 的新型存储部件。这样的存储器部件具有多种使用方法：① 直接将 DRAM 内存作为 Cache，而将非易失性存储器作为整个内存，可以获得存储器访问延迟和带宽接近于 DRAM，而容量达到数太字节的存储器系统；② 将非易失性存储器直接暴露给程序，并提供专门的存储器访问接口（例如 libmemkind）供程序管理和分配存储器空间；③ 直接使用文件系统访问等。

　　海量数据的存储和处理也是影响软件系统性能的重要方面[23]。在数据库领域，对大规模数据文件的处理是必须具备的能力。目前主流的数据库系统，例如 MySQL 等[24]，往往都采用行存储方式。但是在仅访问数据库记录中的某个字段时，这样的数据存储方法可能会浪费大量 I/O 访问带宽。为了解决这个问题，人们提出了列数据库的存储方法[25]，例如 Yahoo 公司的 Everest 系统[26]。在此方法中，数据库记录中不同的字段存储在不同的数据库文件中（类似于第 2 章介绍的 SOA 结构）。如果在数据库操作中仅使用少量字段，就可以大幅度提升硬盘 I/O 传输的效率。与此同时，列数据库还可以与SIMD 指令联合使用[27]，以提高数据库计算过程的效率。

　　大规模数据文件的外排序是一个经典的问题[28-30]。除了本书讨论的通过让 CPU 和I/O 操作并行解决外，还有多种方法提升外排序的性能：内存优化管理[31]、压缩数据减少 I/O 访问量[32]、针对固态硬盘写入速度慢的问题避免中间写入过程[33] 等。

　　除了典型的高性能计算领域外，RDMA 技术可以有效地加速网络文件系统[34]、分布式数据库[35]、深度学习[36-37] 等多种类型应用。

　　在软件生存周期的规范设计、设计和实现、调试和测试、文档、维护、可移植性评估等不同阶段中，都需要解决可移植性问题[38]，需要从语言、库、操作系统和体系结构四个层面提升软件可移植性。软件的可移植性也具有评价指标[39]。

7.5   习题

习题 7.1   某高分辨率图形分析软件需要从硬盘读取图像,并交由 CPU 分析和计算。其中每幅图像的尺寸为 4096×3112 个像素,每个像素占用 3B。单个硬盘的读取数据峰值带宽为 150MB/s,单个 CPU 核每秒可以完成 4 幅图像的分析。可以使用多个硬盘构成的 RAID0 阵列方式提升硬盘的读取性能,其实际性能为峰值带宽的 70%。可以使用多个 CPU 核并行的方式提升性能,且性能与 CPU 的核数成正比。如果需要达到每秒处理 25 帧图像的速度,则其硬件配置该如何设计?

习题 7.2   在某个校园网环境下,台式计算机和服务器之间通过千兆位以太网连接,实际测试 RTT 约为 10ms。请计算 TCP 发送窗口为多大时,能发挥网络连接 70% 的效率。

7.6   实验题

实验题 7.1(行数统计)   大型软件系统中包含了大量的源代码,统计所有源代码的行数(包含注释和空行)是一个比较复杂的工作,请完成一个程序,使之能自动统计指定目录下所有源代码文件的数量以及行数,并能够尽可能快地完成。

命令行参数包括以下两种。

❑ -d dir: 指定源代码存储的目录。

❑ -t xx,xx: 指定文件的类型集合,类型以逗号隔开。例如针对 C/C++ 语言,该参数为-t c,cpp,h,hpp。

如果在 dir 中包含了 N 个指定类型的文件,则输出 $N+1$ 行,其中前 N 行包含源代码文件的完整路径和行数,最后一行包括总文件数和行数。

设计提示:

(1)在 Linux 平台上,每一行都是采用 0xD 作为换行符。因此一个文件中的行数就等于该文件中 0xD 出现的次数。可以考虑使用第 3 章介绍的 SIMD 方法快速统计。

(2)避免每次读入一行,应该是一次读入一个较大的数据块。

(3)读取文件、统计和显示应该由不同线程同时完成。

实验题 7.2(外排序)   某数据库系统的页大小为 8KB。某关系中每个记录的结构如程序示例 7.10 所示,占用 64B。内存中用于外排序的页数量为 1024 个。

(1)两阶段多路归并排序方法能排序的最大记录数 R_{max} 是多少?

(2)设计程序 1 在硬盘中产生一个文件 F_0,其中包含 R_{max} 个记录,且 seq 从 0 开始依次递增,value 为 64 位随机整数,payload 为随机产生的字符串。这个文件大小是多少字节?

(3)使用 7.1 节中介绍的两阶段多路归并排序方法,设计程序 2 对 seq 字段或者 value 字段进行从小到大的外排序。

(4)使用程序 2 对文件 F_0 的 value 字段从小到大排序得到文件 F_1,再对文件 F_1 的 seq 字段从小到大排序得到文件 F_2,比较文件 F_0 和 F_2 是否相同以验证程序 2 的正确性。

（5）在程序 2 中加入状态和进度输出模块，要求：a）将状态输出到指定的状态文件 status，表示正在进行划分排序还是归并排序；b）设计划分排序过程和归并排序过程的进度计算方法（其中进度值为 0 到 100 之间的整数）；c）在排序过程中，将进度输出到进度文件 progress。

（6）测量在程序 2 对文件 F_0 的 value 字段进行从小到大排序过程中的划分排序时间和归并排序时间。它们分别占总排序时间的比例是多少？

（7）在程序 2 的基础上修改归并排序过程形成程序 3，其中将每个缓冲的容量降低为半个页，且使用双缓冲方法使得归并排序过程中读写文件和内存中多路归并并行化。

（8）测量在程序 3 对文件 F_0 的 value 字段进行从小到大排序过程中的划分排序时间和归并排序时间，并与程序 2 的时间进行对比。

```
//一个记录的数据格式
struct record{
    uint64_t seq;
    uint64_t value;
    char payload[48];
};
```

程序示例 7.10　外排序的记录格式

参考文献

[1]　PAUL I. Pcie 4.0: What's new and why it matters[J/OL]. https://www.howtogeek.com/424453/pcie-4.0-whats-new-and-why-it-matters/, June 12, 2019.

[2]　SEAGATE CORP. seagate[J/OL]. https://www.seagate.com/www-content/datasheets/.

[3]　ATTO. Disk benchmark[J/OL]. https://www.atto.com/disk-benchmark/.

[4]　CHEN P M, LEE E K, GIBSON G A, et al. Raid: High-performance, reliable secondary storage[J/OL]. ACM Comput. Surv., 1994, 26(2): 145-185. https://doi.org/10.1145/176979.176981.

[5]　BACH M. The design of the unix operating system[M]. London: Pearson, 1986.

[6]　RIVEST R L. Request for comments: number 1321 The MD5 Message-Digest Algorithm[M/OL]. RFC Editor, 1992. https://rfc-editor.org/rfc/rfc1321.txt. DOI: 10.17487/RFC1321.

[7]　MOLINA H. Database systems : the complete book[M]. New Dehli: Pearson, 2008.

[8]　RUIZ M, SIDLER D, SUTTER G, et al. Limago: An fpga-based open-source 100 gbe tcp/ip stack[C/OL]// 2019 29th International Conference on Field Programmable Logic and Applications (FPL). 2019: 286-292. 10.1109/FPL.2019.00053.

[9]　JI Y, HU Q. 40gbps multi-connection tcp/ip offload engine[C/OL]// 2011 International Conference on Wireless Communications and Signal Processing (WCSP). 2011: 1-5. 10.1109/WCSP.2011.6096913.

[10]　WOODALL T S, SHIPMAN G M, BOSILCA G, et al. High performance rdma protocols in hpc[C]// volume 4192. Berlin: Springer-Verlag Berlin, 2006: 76-85.

[11]　MITTAL R, SHPINER A, PANDA A, et al. Revisiting network support for rdma[C/OL]// SIGCOMM '18: Proceedings of the 2018 Conference of the ACM Special Interest Group on

Data Communication. New York: Association for Computing Machinery, 2018: 313‑326. https://doi.org/10.1145/3230543.3230557.

[12] STEVENS R, FENNER B, RUDOFF A M. Unix network programming: The sockets networking api[M]. 3rd edition. Boston: Addison-Wesley Professional, 2003.

[13] HARJI A. Performance comparison of uniprocessor and multiprocessor web server architectures[D/OL]. UWSpace, 2010. http://hdl.handle.net/10012/5040.

[14] WELSH M, CULLER D, BREWER E. Seda: An architecture for well-conditioned, scalable internet services[C/OL]// SOSP '01: Proceedings of the Eighteenth ACM Symposium on Operating Systems Principles. New York: Association for Computing Machinery, 2001: 230‑243. https://doi.org/10.1145/502034.502057.

[15] VON BEHREN R, CONDIT J, ZHOU F, et al. Capriccio: Scalable threads for internet services[C/OL]// SOSP '03: Proceedings of the Nineteenth ACM Symposium on Operating Systems Principles. New York: Association for Computing Machinery, 2003: 268-281. https://doi.org/10.1145/945445.945471.

[16] APACHE. The apache http server project[EB/OL]. [2023-10-27] http: //httpd.apache.org.

[17] FABIEN GAUD B L G M V Q, LACHAIZE R. Application-level optimizations on numa multi-core architectures: the apache case study: RR-LIG-011[R/OL]. The Laboratoire d'Informatique de Grenoble (LIG, Grenoble Computer Science Laboratory), 2011. http://rr.liglab.fr/research_report/RR-LIG-011.pdf.

[18] NORDRUM A. The fight for the future of the disk drive[J/OL]. IEEE Spectrum, 2019, 56(1): 44-47. 10.1109/MSPEC.2019.8594796.

[19] COUGHLIN T. A solid-state future [the art of storage][J/OL]. IEEE Consumer Electronics Magazine, 2018, 7(1): 113-116. 10.1109/MCE.2017.2755339.

[20] APPUSWAMY R, GRAEFE G, BOROVICA-GAJIC R, et al. The five-minute rule 30 years later and its impact on the storage hierarchy[J/OL]. Commun. ACM, 2019, 62(11): 114‑120. https://doi.org/10.1145/3318163.

[21] BALAKRISHNAN M, KADAV A, PRABHAKARAN V, et al. Differential RAID: Rethinking raid for ssd reliability[J/OL]. ACM Trans. Storage, 2010, 6(2). https://doi.org/10.1145/1807060.1807061.

[22] 李志明, 吴国安, 李翔, 等. 持久内存架构与工程实现 [M]. 北京: 电子工业出版社, 2021.

[23] VITTER J S. External memory algorithms and data structures: Dealing with massive data[J/OL]. ACM Comput. Surv., 2001, 33(2): 209‑271. https://doi.org/10.1145/384192.384193.

[24] PACHEV S. Understanding Mysql Internals[M]. Sevastopol: O'Reilly Media, 2007.

[25] ABADI D J, MADDEN S R, HACHEM N. Column-stores vs. row-stores: How different are they really?[C/OL]// SIGMOD '08: Proceedings of the 2008 ACM SIGMOD International Conference on Management of Data. New York: Association for Computing Machinery, 2008: 967‑980. https://doi.org/10.1145/1376616.1376712.

[26] AHUJA M, CHEN C C, GOTTAPU R, et al. Peta-scale data warehousing at yahoo![C/OL]// SIGMOD '09: Proceedings of the 2009 ACM SIGMOD International Conference on Management of Data. New York: Association for Computing Machinery, 2009: 855‑862. https://doi.org/10.1145/1559845.1559935.

[27] ZHOU J, ROSS K A. Implementing database operations using simd instructions[C/OL]// SIGMOD '02: Proceedings of the 2002 ACM SIGMOD International Conference on Management

of Data. New York: Association for Computing Machinery, 2002: 145-156. https://doi.org/10.1145/564691.564709.

[28] KOZHURIN F D. An external sorting method[J/OL]. Cybernetics, 1970, 6(3): 295-299. https://doi.org/10.1007/BF01073974.

[29] BITTON D, DEWITT D J, HSAIO D K, et al. A taxonomy of parallel sorting[J/OL]. ACM Comput. Surv., 1984, 16(3): 287-318. https://doi.org/10.1145/2514.2516.

[30] GRAEFE G. Implementing sorting in database systems[J/OL]. ACM Comput. Surv., 2006, 38(3): 10-es. https://doi.org/10.1145/1132960.1132964.

[31] LARSON P R, GRAEFE G. Memory management during run generation in external sorting[C/OL]// SIGMOD '98: Proceedings of the 1998 ACM SIGMOD International Conference on Management of Data. New York: Association for Computing Machinery, 1998: 472-483. https://doi.org/10.1145/276304.276346.

[32] YIANNIS J, ZOBEL J. Compression techniques for fast external sorting[J/OL]. The VLDB Journal, 2007, 16(2): 269-291. https://doi.org/10.1007/s00778-006-0005-2.

[33] KANZA YARON Y H. External sorting on flash storage: reducing cell wearing and increasing efficiency by avoiding intermediate writes[J/OL]. The VLDB Journal, 2016, 25(4): 495-518. https://doi.org/10.1007/s00778-016-0426-5.

[34] DONG B, FANG P, FU X, et al. Design and implementation of hdfs over infiniband with rdma[C/OL]// volume 7889. 2013: 95-114. 10.1007/978-3-642-38401-1_8.

[35] TANG W, LU Y, XIAO N, et al. Accelerating redis with rdma over infiniband[C/OL]// volume 10387. 2017: 472-483. 10.1007/978-3-319-61845-6_47.

[36] XUE J, MIAO Y, CHEN C, et al. Fast distributed deep learning over rdma[C/OL]// EuroSys '19: Proceedings of the Fourteenth EuroSys Conference 2019. New York: Association for Computing Machinery, 2019. https://doi.org/10.1145/3302424.3303975.

[37] REN Y, WU X, ZHANG L, et al. irdma: Efficient use of rdma in distributed deep learning systems[C/OL]// 2017 IEEE 19th International Conference on High Performance Computing and Communications; IEEE 15th International Conference on Smart City; IEEE 3rd International Conference on Data Science and Systems (HPCC/SmartCity/DSS). 2017: 231-238. 10.1109/HPCC-SmartCity-DSS.2017.30.

[38] MOONEY J D. Developing portable software[C/OL]// volume 157. 2004: 55-84. https://doi.org/10.1007/b98987.

[39] GHANDORH H, NOORWALI A, NASSIF A B, et al. A systematic literature review for software portability measurement: Preliminary results[C/OL]// ICSCA 2020: Proceedings of the 2020 9th International Conference on Software and Computer Applications. New York: Association for Computing Machinery, 2020: 152-157. https://doi.org/10.1145/3384544.3384569.

推荐阅读

并行程序设计：概念与实践

作者：[德] 贝蒂尔·施密特（Bertil Schmidt）等
译者：张常有 等 ISBN：978-7-111-65666-1

高性能计算：现代系统与应用实践

作者：[美] 托马斯·斯特林（Thomas Sterling）等
译者：黄智濒 等 ISBN：978-7-111-64579-5

多处理器编程的艺术（原书第2版）

作者：[美] 莫里斯·赫利希(Maurice Herlihy) 等
译者：江红 等 ISBN：978-7-111-70432-4

大规模并行处理器程序设计（英文版·原书第3版）

作者：[美] 大卫·B. 柯克（David B. Kirk）
胡文美（Wen-mei W. Hwu）
ISBN：978-7-111-66836-7